Bluetooth/Wi-
USB/音波通信ま 網羅

スマホでI/O! Myアダプタ全集

サッと出してピッ!

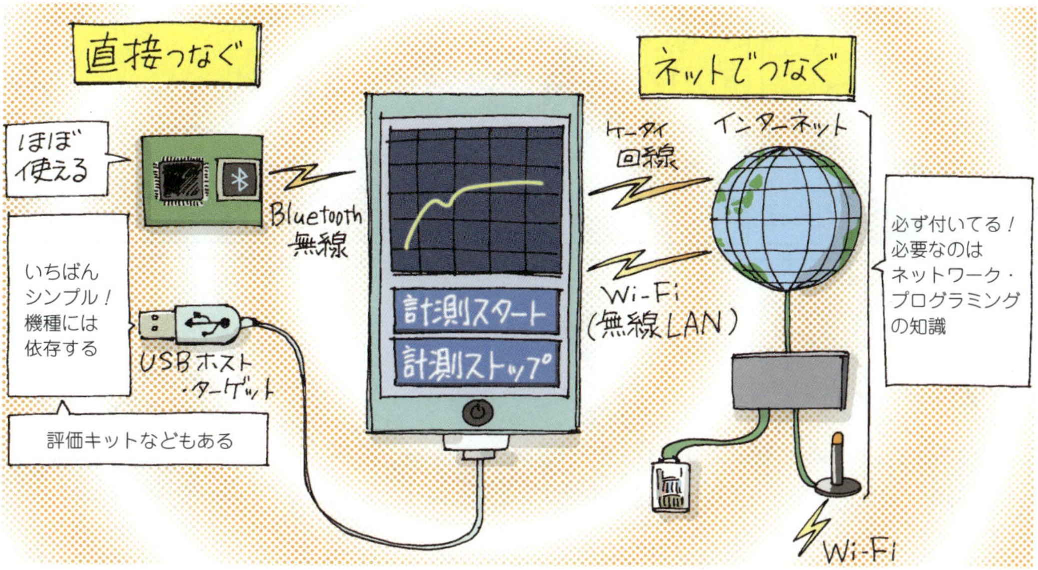

CQ出版社

イントロダクション1 いつでもどこでも即I/O!
実験室なんか飛び出しちゃえ

スマホ×電子回路で広がる世界

編集部

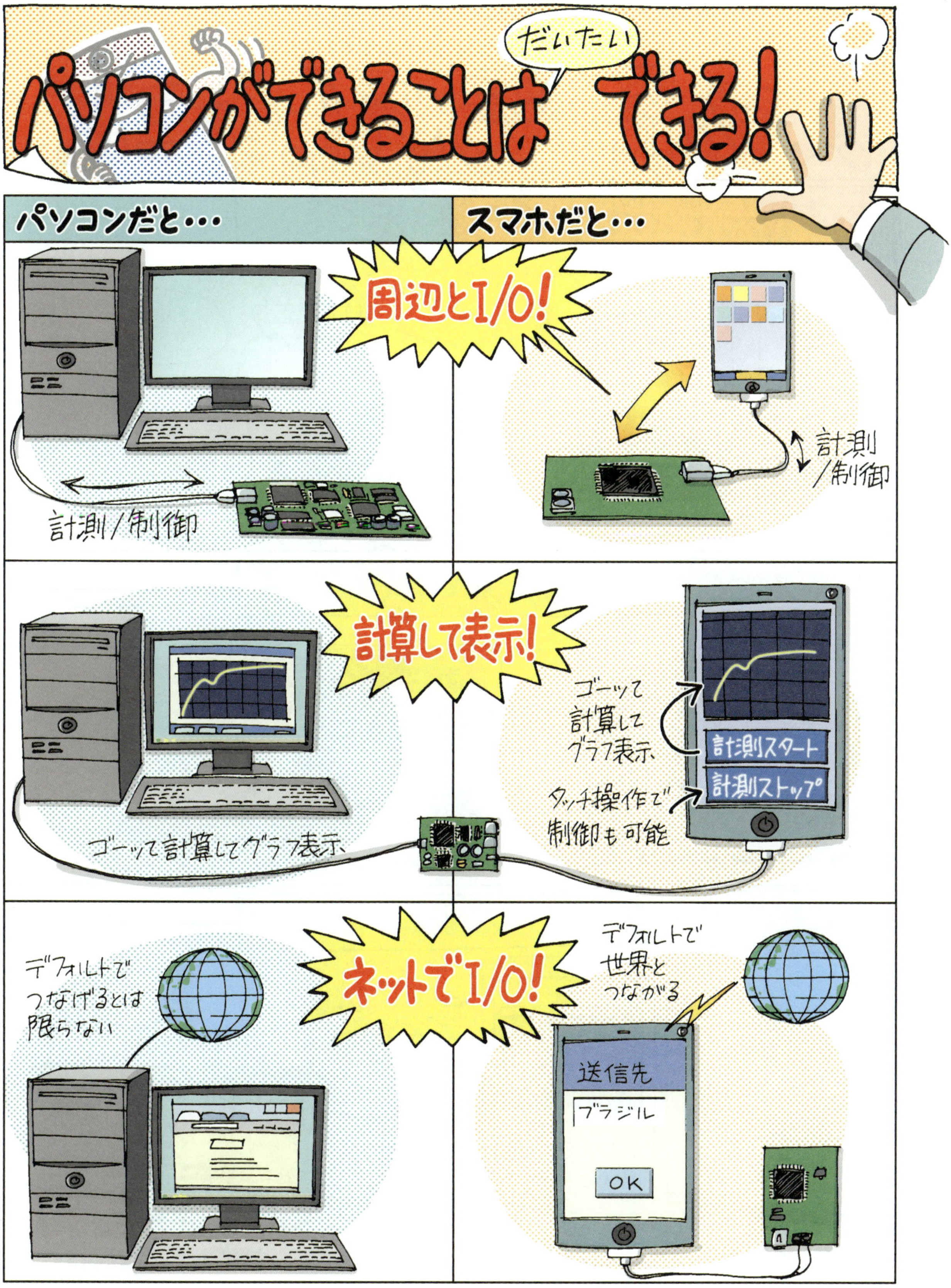

パソコンができることは
だいたい
できる！
パソコンだと…
スマホだと…
周辺とI/O！
計測／制御
計測／制御
計算して表示！
ゴーッて計算してグラフ表示
ゴーッて計算してグラフ表示
計測スタート
計測ストップ
タッチ操作で制御も可能
ネットでI/O！
デフォルトでつなげるとは限らない
デフォルトで世界とつながる
送信先
ブラジル
OK

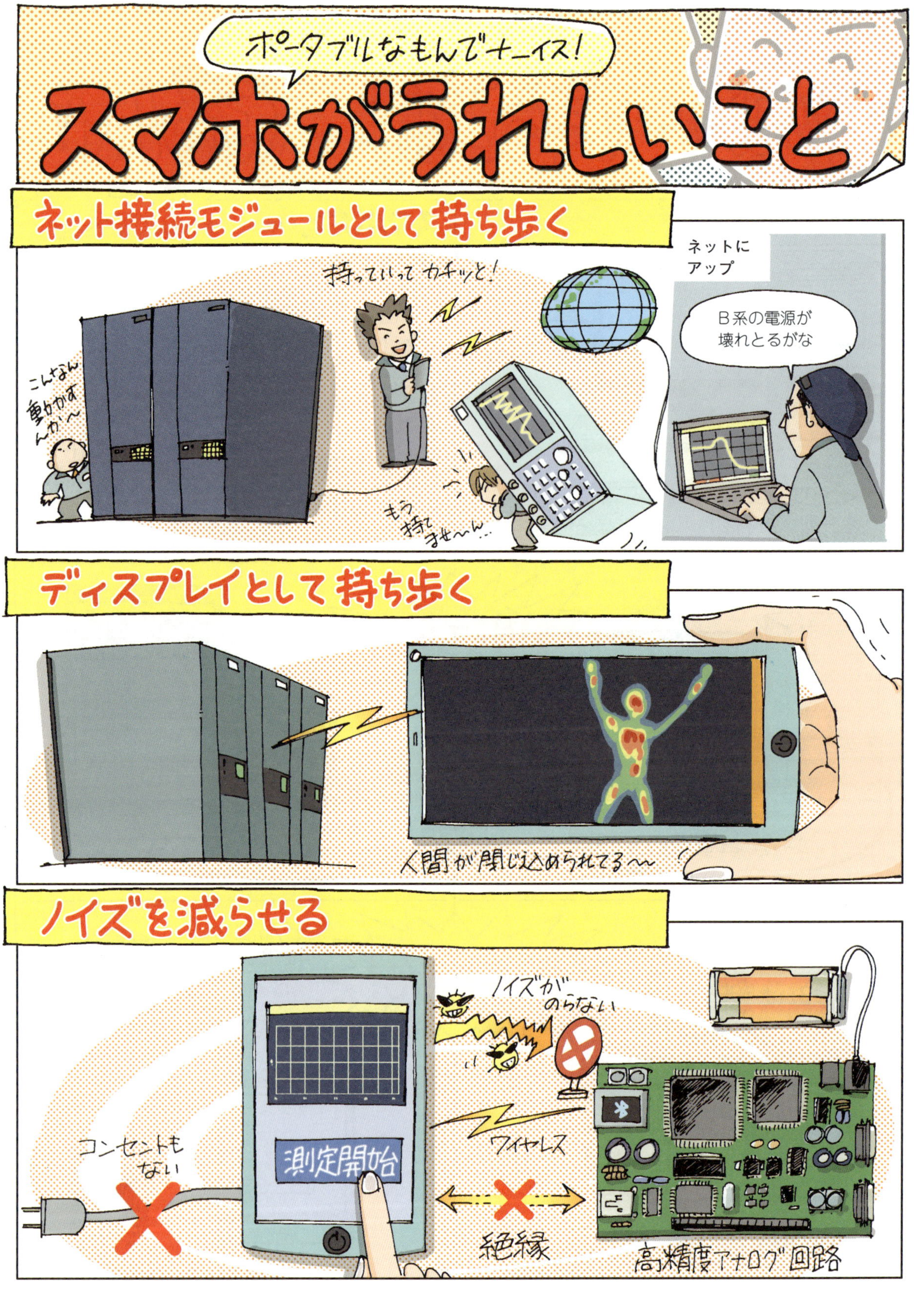
ポータブルなもんでナーイス!
スマホがうれしいこと
ネット接続モジュールとして持ち歩く
こんなん動かすんか～
持っていってカチッと!
もう持てませ～ん…
ネットにアップ
B系の電源が壊れとるがな
ディスプレイとして持ち歩く
人間が閉じ込められてる～
ノイズを減らせる
ノイズがのらない
コンセントもない
測定開始
ワイヤレス
絶縁
高精度アナログ回路

実験室にいなくてもいい！バラ色の未来！

特集ではスマホとマイ電子回路をI/Oします！

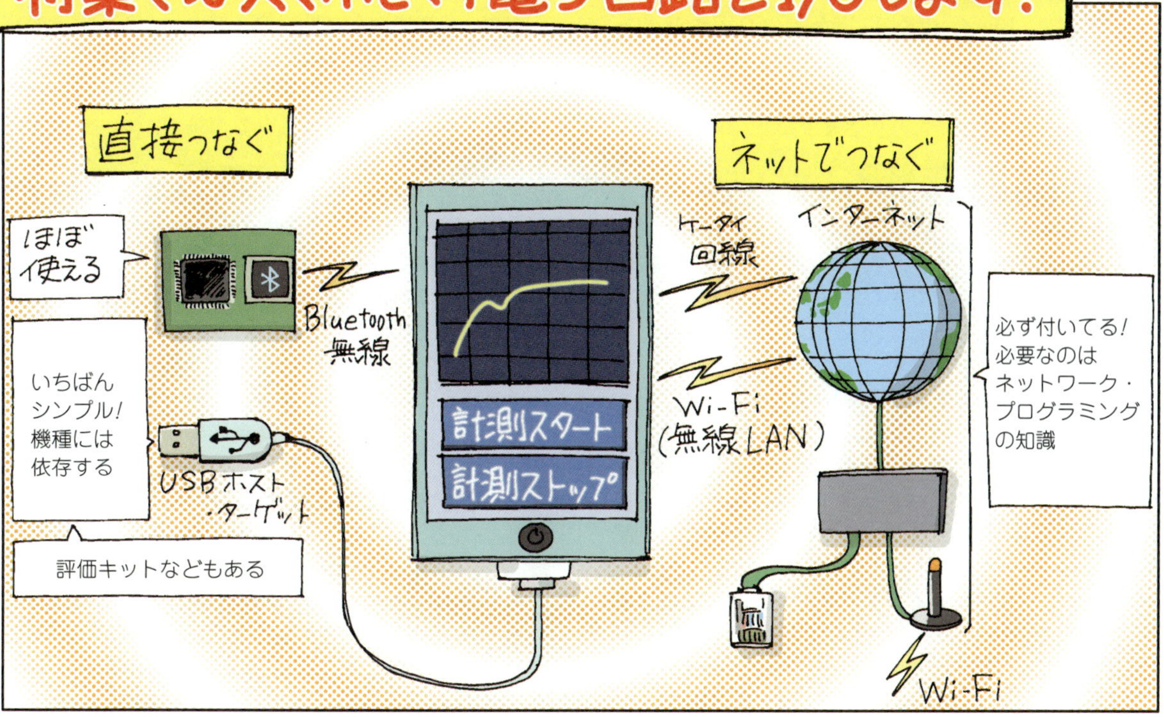

イントロダクション2

どこでも手に入る，無線&ポータブル，ネット対応，カラー表示…

もういいことずくめ！マルチ端末「スマホ」でできること

中本 伸一

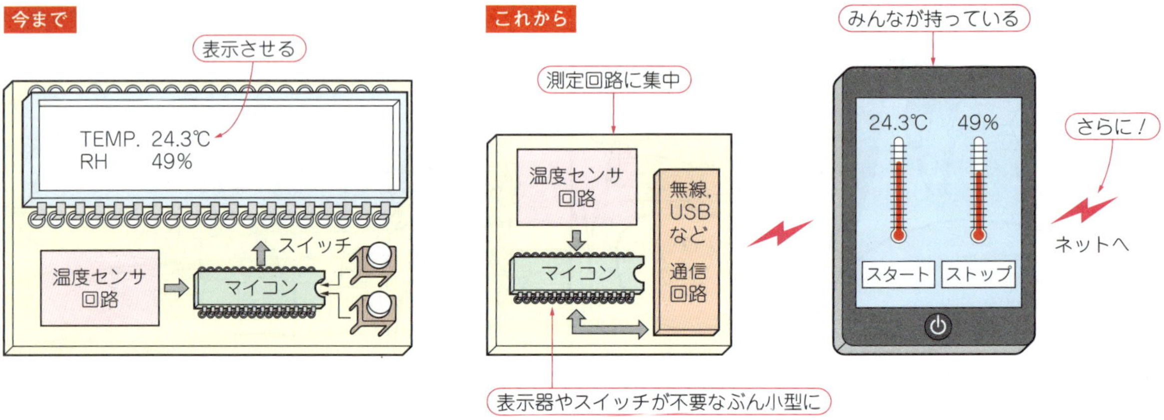

(a) 今まで　(b) これからはスイッチや表示をスマホに任せる

図1 スマホを利用すればスイッチ入力や表示部は作らなくていい．ワイヤレスだしコンパクト．ネット接続もできる

今やほとんどの人が持っているスマートフォンは非常に多機能なので，電子回路と組み合わせるといろいろ便利です．BluetoothやWi-Fiなどのワイヤレスを使ってデータI/Oしたり，データをネット接続でI/Oしたり，タッチ・パネル付きカラー・ディスプレイ・モジュールとして使ったりできます．

● 電子回路は本来実現したい機能に集中できる

本書では，スマートフォン(以下，スマホ)と電子回路の接続に挑戦します．スマホと電子回路を接続することで，今まで体験できなかった新しい電子回路の世界が広がります．例えば**図1**に示すような温度を測定する電子回路を考えます．

▶今まで…スイッチや液晶を取り付ける

電子回路側のマイコンに内蔵しているA-Dコンバータを用いて，温度センサの電圧値を読み込んで，スマホに送信します．スマホ側では**図1(a)**に示すように，受け取った電圧値を実際の温度に変換して液晶画面に表示します．

▶これから…ユーザ・インターフェースはスマホ担当

スマホはカラー・ディスプレイによる美しい表示が得意です．自分専用アプリケーション・ソフトウェア(以下，アプリケーション)を作成すれば，**図1(b)**に示すように，大きなフォントで画面いっぱいに温度を表示したり，カラー・グラフィックス表示させたりできます．最高温度や最低温度を表示したり，温度変化の履歴をグラフ表示させたりするのも簡単です．

つまり本質的なデータを計測するのは電子回路側で担当して，ユーザの目に触れる部分や，ユーザが操作する部分(こうした機能のことをユーザ・インターフェースと呼ぶ)，あるいはネット接続機能などはスマホ側で担当します．両者がお互いに連携することで，見栄えや操作性がよい装置を作ることができます．

このように，電子回路とみんなが持ち歩いているスマホを連携させると，とても直感的でわかりやすいユーザ・インターフェースやネット接続機能を備えた装置を作ることができます．スマホと電子回路を連携させることのメリットを，簡単に紹介します．

できるようになること

● その1：ワイヤレスで操作・表示できる

スマホは，ケータイ回線やWi-Fi(無線LAN)などを通じて，無線で使用することができます．この無線接続という特徴が，スマホの最大の魅力だといえます．**図2(a)**に示すように，スマホと連携した電子回

（a）屋内　（b）屋外

図2　メリット1：ワイヤレスで屋内からも屋外からも電子回路を操作できる
Wi-Fiルータがスマホと電子回路をつないでくれる．いわば長いケーブルといえる

図3　メリット2：簡単なコマンドを送るだけでネット接続してもらえる
ネットワーク接続はスマホの得意分野．電子回路側からはコマンドだけを与えればOK

図4　メリット3：タッチ・パネル付きカラー・ディスプレイが標準装備なので，表示/操作のユーザ・インターフェースは任せられる
ボタン，チェックボックス，トグル・スイッチなどの標準部品はプログラムから呼び出せばすぐに利用できる

路が自分の部屋の棚に置いてあっても，居間から電子回路をリモート・コントロールできます．

もちろんスマホは屋外でも使用できますので，**図2**（b）に示すように，職場や，客先，学校などで自分の電子回路をデモすることも可能です．

つまりスマホは，電子回路と接続するすごく長いケーブルだとも考えられます．

● その2：ネット接続できる

ネットワークを利用した便利な機能は，スマホ側に担当させることで，簡単に利用できるようになります．**図3**に示すように，電子回路側からは簡単なコマンドを送るだけです．

例えば，以下のような使い方ができます．

- 電子回路からスマホに温度データを渡し，Twitterに現在時刻やコメントを付加してつぶやく
- 電子回路の人感センサで侵入者を検出したら，家族全員に一斉メールで知らせる
- 計測したデータをスマホ経由でサーバに渡し，ファイルやデータベースに蓄積する

● その3：タッチ・パネル付きカラー・ディスプレイが美しくて便利！

スマホには高解像度のカラー・ディスプレイと，タッチ・パネルが装備されています．このカラー・ディスプレイには，簡単なプログラムで，任意の文字や画像を描画できます．また**図4**に示すように，タッチ・パネルによる自由な操作も実現できます．

例えば単純なボタンやON/OFFを切り替えるトグル・スイッチなど電子部品で実現できるものだけでなく，チェックボックスにチェックを入れたり外したりするようなユーザ・インターフェース部品が，標準で用意されています．プログラムから呼び出すだけで，簡単に利用できます．

● その4：オーディオ/サウンド入出力は標準装備

スマホは電話という特質上，マイクとスピーカが標準装備されています．

音声信号をマイコンで扱うには意外と手間がかかります．確かに最近のマイコンには，A-D変換やPWM機能が実装されているものがよくありますが，実際にマイクやスピーカを接続するには，アンプなど外付け回路が必要です．

音声信号はそれなりのデータ量になります．連続再生のためには，ある程度の時間分の音声データを蓄積しておくFIFOバッファが必要です．都合のよいことに，スマホにはアンプやフィルタ，大きなFIFOバッファも実装されています．メモリの小さなマイコンでも音声データを扱うことができます．

スマホには音楽プレーヤ機能があります．この機能を利用すれば，従来まではビープ音だったマイコンからの音声出力を，よりゴージャスな音声にできます．電子回路側からは，何番の音声を鳴らせという番号だけをスマホに渡して，スマホ側では，番号によって自由に音声ファイルを再生させればよいわけです．

本体も開発環境も入手が簡単

● その5：スマホ本体が安い

スマホをすでにお持ちの方は，そのスマホを電子回路とつなぐのに利用できます．まだ持っていなかったり，電子回路専用に調達したりしたい方は，新たにスマホを用意することになります．スマホは，一般的に高価だといわれていますので，少し悩むかもしれませんが，どうかご安心ください．

写真1　安価な古いスマホで十分
私が50,000円で購入した2010年6月に発売されたスマホIS01．古い機種だが，機能的には十分だ．現在ネット・オークションで2,000～3,000円程度で入手できる

電子回路とつなぐためのスマホは，ほとんどの場合基本的な機能しか使わないので，旧世代機でも十分です．中に詰まっている先進技術と高度な部品から考えると，型落ちのスマホは極めてお買い得です．スマホは，毎年2回ずつ新しいモデルが発表されているので，安価な旧世代品がじゃんじゃん生まれています．

写真1は私が2年ほど前に購入したIS01というスマホです．当時は5万円ほどの価格でしたが，最近ではネット・オークションで2,000円から3,000円の範囲で落札できます．機能的には，キーボードが使用できますので大変使いやすく，電子回路との連携にも十分に利用できます．

▶入手方法

旧世代のお得なスマホの入手方法を**表1**にまとめてみます．

安く入手したスマホは，Wi-Fiでネットワーク接続しますので，携帯電話会社と回線契約する必要はありません．また外出先でも，ファストフード店や学校や公共施設などの主な生活圏で，無料のWi-Fiが利用できます．使用する場所を工夫すれば，携帯電話会社と回線契約をしなくても問題なくインターネットに接続できます．

● その6：アプリの開発環境が整っている

スマホにはiPhoneやAndroid端末，Windows phone端末などの種類がありますが，いずれも自分でアプリケーションを作成することができます．

各OS用アプリケーションの開発環境を**表2**に示します．

▶iPhone：使用している人は多いが作成が難しい

iPhoneの場合，スマホとしての普及台数は一番です．ただし，iPhone対応アプリケーションを製作したい場合には，年間で$100の開発者登録費用をアップルに支払い，開発ツールとしてApple製のパソコンを使用する必要があります．

開発言語はObjective-Cという，ちょっと変わった言語ですので，まずこの言語に慣れることから始めな

表1　メリット5：スマホはさまざまな方法で入手でき，旧機種は特に安い

順　位	入手方法	価　格	入手しやすさ	ランニング・コスト
1	家族・友人から譲り受ける	0円	低い（運次第）	0円
2	オークションで入手	5,000円以下	安いものは運次第	0円
3	中古ショップで購入	20,000円以下	容易	0円
4	新規契約・他社から乗り換え	0円	極めて容易	2年契約が必要

表2　メリット6：さまざまなOS用の開発環境があるが，どれもそれなりに入手しやすい

機　種	必要なパソコン	開発ツール	ランニング・コスト	アプリケーションの公開	開発の難易度
iPhone	インテル版のiMac	無料	$100/毎年	厳しい審査あり	少し高い
Android	Windows/Linuxマシン	無料	無料	自由	中程度
Windows Mobile	Windowsパソコン	$500程度	無料	自由	比較的容易

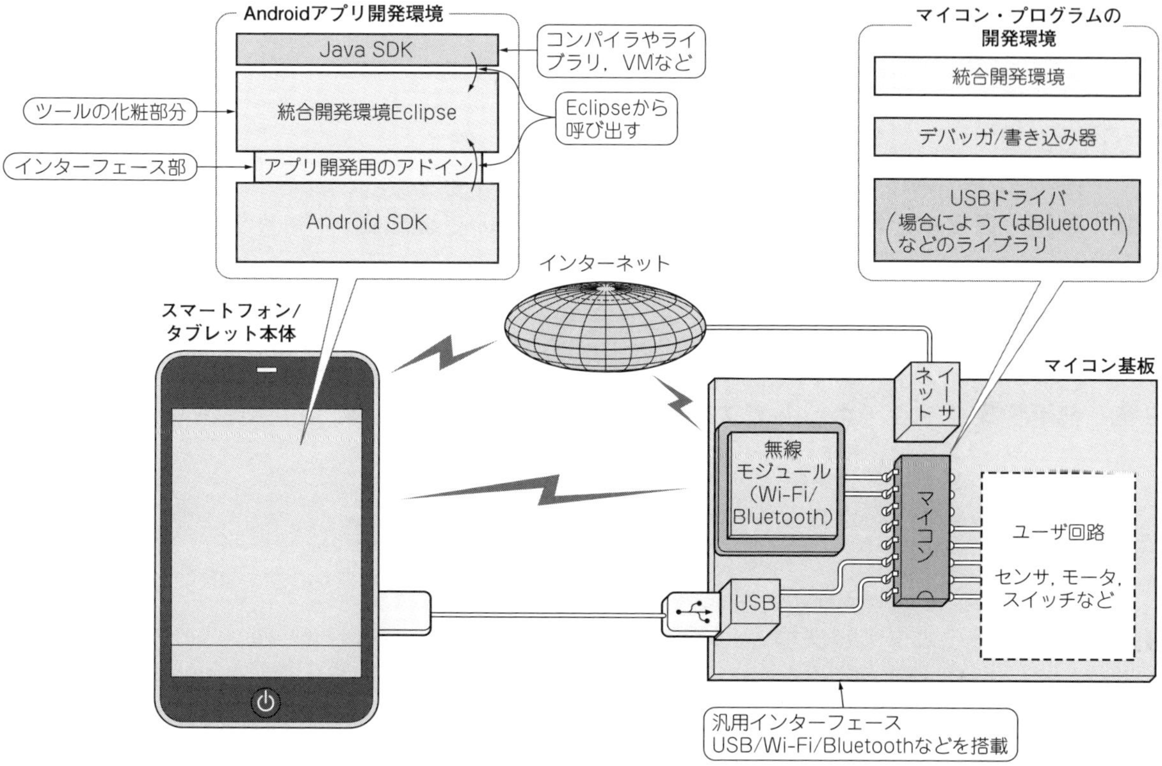

図5　Android端末と電子回路をつなぐのに必要なもの
これだけは要ります

ければいけません．

また開発の難易度という点では，少しレベルが高いので，心してかかる必要があります．

▶ Android端末：アプリ開発環境が無料！

これに対してAndroid対応のアプリケーション開発は，完全に無料で，安いノート・パソコンがあればだれでも可能です．

しかしJavaという言語を使用しますので，Javaの経験がない場合には，最初は少し苦労するかもしれません．

▶ Windows Mobile端末：Windowsプログラムとほぼ同等の開発環境が使える

またWindows Mobileを採用したスマホ用アプリケーションは，最初にVisual Studioという，マイクロソフト製の統合開発環境を購入する必要があります．ある程度の初期費用がかかります．しかし開発言語はC言語で，Windowsでの開発経験やライブラリをそのまま利用できます．Windowsソフトウェア開発に慣れた方であれば，開発の難易度はあまり高くありません．

＊　＊　＊

最初は費用の安いAndroidから始めて，アプリケーション開発に慣れた後にiPhone版に挑戦するとよいと思います．

そこで本書では，Androidを例に解説していきます．Android端末と電子回路をつなぐために必要なものを**図5**に示しておきます．

なかもと・しんいち

スマホでI/O！Myアダプタ全集

本書で解説している各種サンプル・プログラムは，本書サポート・ページからダウンロードできます．
http://shop.cqpub.co.jp/hanbai/books/MIF/MIFZ201404.html
ダウンロード・ファイルはzipアーカイブ形式です．

CONTENTS

第4部　応用編

初出一覧

・イントロダクション1，イントロダクション2，第1章，第2章，第3章，第4章，第7章，第9章，第10章
…「トランジスタ技術」2012年9月号 特集「スマホ×電子回路！ つないでI/O」
・第5章…「インターフェース」2013年4月号「タブレット-ワンチップ・マイコン間の仮想シリアル通信にトライ！」
・第6章…「インターフェース」2013年6月号「定番USB PICマイコン×Android端末でお掃除ロボ“ルンバ”の制御にトライ！」
・第8章…「インターフェース」2013年10月号「最高1MSps ！ Bluetoothオシロスコープ」
・第11章…「インターフェース」2013年8月号「実験研究！ オーディオ・ジャックでスマホとI/O」
・第12章…「トランジスタ技術」2013年3月号「2～5mを2kbpsで！ 超音波ワイヤレスI/Oアダプタ」
・第13章…「インターフェース」2012年11月号「アプリ開発なしではじめるマイコンのスマホ制御」

第1章

USBマイコン側をホストにするかデバイスにするかの使い分けがキモ！

準備…スマホと電子回路をUSB接続するための基礎知識

後閑 哲也

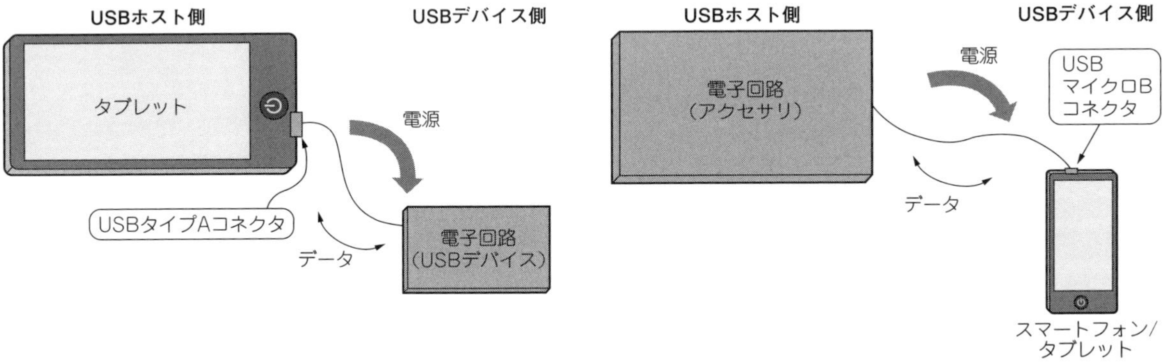

(a) その1：タブレットがUSBホスト(ホスト・モード)

(b) その2：スマートフォン/タブレットがUSBデバイス(アクセサリ・モード)

図1　スマホ/タブレットと電子回路の接続方法

まずは，スマホと電子回路を接続するいちばんシンプルな方法，USB接続について解説します．

Android 3.1以降，およびAndroid 2.3.4にてサポートされるようになったグーグルの「USB API(Application Programming Interface)」により，スマートフォンやタブレットなどのAndroid端末に，USB経由で自作の外部機器を接続することができるようになりました．

これらの外部機器は，USBホストまたはUSBスレーブ(USBデバイス)として接続することができます(**図1**)．

● USBホストにしたいかUSBデバイスにしたいかで対応バージョンが異なる

Android OSを搭載したAndroid端末としてはスマートフォンとタブレットが代表格です(最近は，これ以外の多くの機器にもAndroid OSが搭載されている)．

スマートフォンやタブレットにはUSBコネクタが用意されていますが，USB APIの登場以前は特定のUSB機器だけが接続可能という状況で，自由に使うことはできませんでした．このUSBインターフェースをより有効に使うため，グーグルからUSB APIが提供されました．

USB APIは，Android 3.1以降のフレームワークに標準で組み込まれました．従って，Android 3.1以降を搭載したタブレットには，USBにいろいろな機器を接続することができます．この場合，タブレットをUSBホストにすると，外部機器がUSBデバイスとなります．

さらに，より広範囲にUSB機器が使えるようにするため，Android 2.3.4用の拡張ライブラリとして「オープン・アクセサリ・ライブラリ(Open Accessory Library)」が用意され，これを組み込むことにより，Android 2.3.4を搭載したスマートフォンなどでもUSB経由で外部機器を接続できるようになりました．この場合は，Android端末がUSBデバイスとなり，外部機器がUSBホストとなります．

Android端末と自作電子回路の接続方法

USB APIによるAndroid端末と外部機器の接続方法には，2通りの接続方法があります(**図1**)．

● 自作回路がUSBデバイス…ホスト・モード

図1(a)に示すホスト・モードは，Android端末がUSBホストになって，USB経由で接続された外部機器がUSBデバイスとなります．この場合，Android端末はUSBタイプAまたはマイクロABのコネクタ

を内蔵していて，USBデバイスに対して電源(5V最大500mA)を供給できるようになっている必要があります．さらに，この場合のAndroid端末のOSのバージョンは，Android 3.1以降である必要があります．

現状では，Android 3.1以降を搭載し，USBタイプAコネクタを実装しているAndroid端末はタブレットだけであり，スマートフォンではできません．しかし近い将来，スマートフォンでもホスト・モードで接続可能になるものと思われます．

● 自作回路がUSBホスト…アクセサリ・モード

図1(b)に示すアクセサリ・モードでは，外部機器がUSBホストとなり，Android端末がUSBデバイスとなります．このときの外部機器を「アクセサリ」と呼んでいます[注1]．この場合，Android端末はUSBミニBやマイクロBコネクタを内蔵していればよいことになり，外部機器つまりアクセサリにタイプAコネクタを内蔵していて，アクセサリ側から電源を供給することになります．

さらにこのアクセサリは，「Androidアクセサリ通信プロトコル(Android accessory communication protocol)」に対応するソフトウェアを搭載していなくてはなりません．このプロトコルにより，Android端末にアクセサリを接続したとき，自動的に接続し，通信を開始することができます．

アクセサリ・モードの場合のAndroid端末のOSのバージョンは，Android 3.1以降，またはAndroid 2.3.4以降でUSB APIを実装している必要があります．従って，対応可能なAndroid端末は，タブレットとスマートフォンの両方となります．

ただし，Android 3.1以降，またはAndroid 2.3.4以降を搭載しているから必ずアクセサリ・モードをサポートしているかというと，そうではありません．スマートフォンやタブレットを提供するメーカが，USB APIのアクセサリ・モードを実装するかどうかを決められるようになっています．

システム構成

PICマイコンを例に，もう少し具体的にシステム構成を見てみましょう．

● その1：アクセサリ・モードの例

PICマイコンで構成したアクセサリをスマートフォンに接続する場合のシステム構成は，**図2**のようになります．

PICマイコン機器を「アクセサリ」(USBホスト側)として作成します．PICマイコンのファームウェアは，「Androidホスト・クラス」と「Androidアクセサリ・プロトコル」を搭載して構成します(詳しくは第3章を参照)．このAndroidアクセサリ・プロトコルが，アクセサリに必須のAndroidアクセサリ通信プロトコルをサポートしています．

一方，スマートフォンはUSBアクセサリ・モードで動作する「USBデバイス」として作成します．バージョン2.3.4以降のAndroidに拡張ライブラリ(Open Accessory Library)を追加して，アクセサリ・モードで動作させます．

● その2：ホスト・モードの例

一方，AndroidタブレットをUSBホストとし，それに接続するUSBデバイスをPICマイコンで構成した場合のシステム構成は，**図3**のようになります．

アクセサリ・モードの場合とは逆に，タブレット側がUSBホストとなり，最大5V 500mAの電源をUSBデバイスに供給します．PICマイコン機器は，USBデ

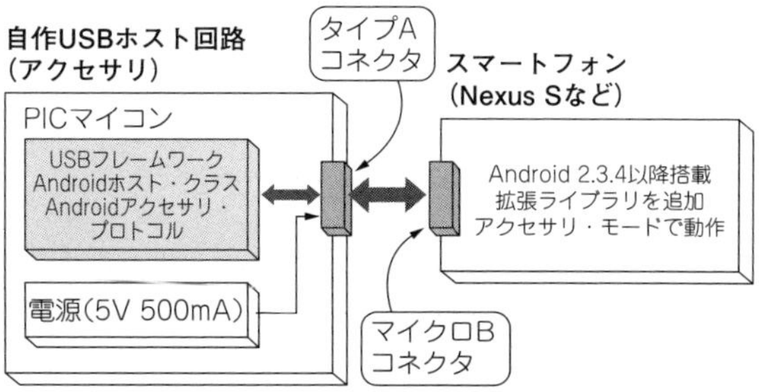

図2　Androidスマートフォン(アクセサリ・モード)と自作回路をつなぐときの構成

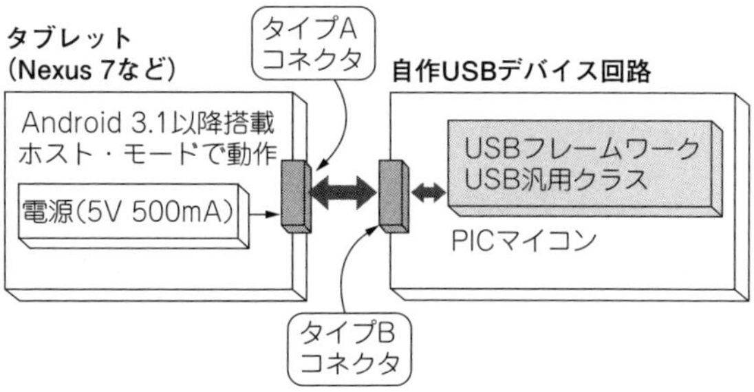

図3　Androidタブレット(ホスト・モード)と自作回路をつなぐときの構成

注1：アクセサリ・モードのときの接続デバイスを「アクセサリ」と呼称するのはちょっとあいまいではあるが，GoogleのAndroid公式APIガイド(`http://developer.android.com/guide/index.html`)にそう書かれているのでしかたない．APIガイドでは，アクセサリ・モードにおいてUSBホストとなる外部機器を「Android USB accessory」，Android端末を「Android-powered device」という名称で記述している．詳しくは，APIガイドの「Connectivity」-「USB」-「Accessory」を参照．

バイスとして構成することになります．

タブレットにはAndroid 3.1以降が実装されていて，タイプAかマイクロABコネクタが実装されていれば使うことができます．マイクロABコネクタしか実装されていないタブレット（Nexus 7など）の場合には，マイクロBとタイプAの変換ケーブルを接続して，タイプAのメスのコネクタに変換して使います．

PICマイコン側は，通常のUSBデバイスとして構成すれば，どのUSBクラスを使っても接続が可能になりますので，USBフレームワークを使って標準的なUSBデバイスとして構成します（詳しくは第4章を参照）．

● 要注意！ USB API対応のAndroid端末を選ばないといけない

Android端末の選択については，OSのバージョンと実装されているコネクタが重要であることを説明してきました．もう一つ知っておいてほしいのは，Android端末がUSB API（USBのホスト・モードやアクセサリ・モード）に対応しているかどうかはハードウェアに依存する，ということです．

スマートフォンの場合は，Android 2.3.4以降を搭載し，USB APIをサポートしているものを使います．例えば，グーグルがリファレンス用として用意した「Nexus S」などを，最新のAndroidにアップデートして使うとよいでしょう．

タブレットの場合は，タイプAのUSBコネクタを実装しているものか，マイクロABコネクタを実装しているものを使います．「Nexus 7」や「ICONIA TAB」が対象となります．

なお，マイクロチップ・テクノロジー社の下記ページには，接続実績のあるスマートフォン/タブレットの一覧が掲載されています．

`http://www.microchip.com/pagehandler/en-us/technology/smartphoneaccessory/resources/androidphones.html`

開発環境

AndroidとPICマイコンを連携させるには，Android側のアプリケーション・プログラム開発と，PICマイコン側のファームウェア開発の両方が必要となります．

● Android側の開発環境はすべてフリーで使える

スマートフォン/タブレットのAndroidのアプリケーション・ソフトウェア（以下アプリ）開発には，**図4**に示すように，パソコン上でEclipse + Java Development Kit + Android SDKで構築した統合開発環境を使います．すべてフリーで使えます．

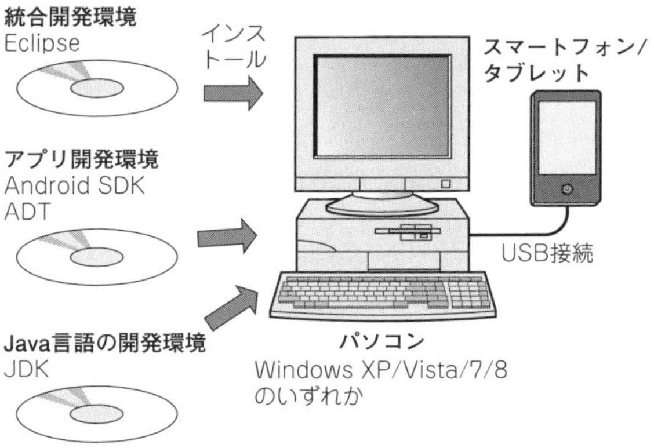

図4 Androidアプリの開発環境

▶ **Java Development Kit (JDK)**

Java Standard Edition (SE)の開発キットで，Java言語のコンパイラです．

▶ **Eclipse IDE**

多くの言語に対応した統合開発環境のひな型で，コンパイラなどと連携させて使います．JDKと組み合わせればJavaの統合開発環境になります．基本的な操作はEclipse上で行います．

▶ **Android Development Tools (ADT)**

Eclipseのプラグインとして用意されたAndroidの開発ツール群です．EclipseでAndroidプロジェクトを生成したとき，自動的にAndroid用の各種ファイルを生成します．

▶ **Android Software Development Kit (SDK)**

パソコン上でAndroidアプリを開発するためのツールです．例えばAndroid各バージョンのパッケージやエミュレータなどを含みます．

▶ **書き込み器**

パソコン上で生成したAndroidアプリはUSB接続でスマートフォンにダウンロードできます．

● パソコンからAndroid端末へUSB経由でダウンロードするための設定

パソコン上で作成したプログラムを，Android端末（スマートフォンやタブレット）にダウンロードするには，Android端末をパソコンと直接USBケーブルで接続し，Android端末側で次のように設定しておきます．

- 設定の「タブレット情報」で「ビルド番号」を7回連続タップして，「{}開発者向けオプション」というメニューを追加する（**図5**）
- 開発者向けオプションを「ON」とする
- 開発者向けオプションで「USBデバッグ」と「ス

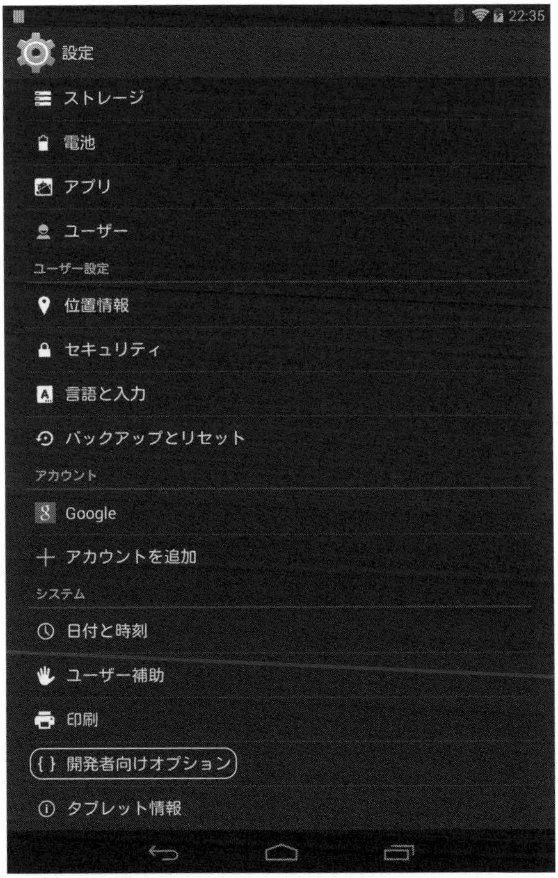

図5　「{ } 開発者向けオプション」が表示された

図6　パソコンへの接続プロトコルは「PTP」を選択する

リープモードにしない」にチェックを入れる

- 設定の「セキュリティ」で「提供元不明のアプリ」にチェックを入れる
- 設定の「ストレージ」でメニュー・アイコンをタップして「USBでパソコンに接続」をタップし，その後「カメラ（PTP）注2」にチェックを入れる（**図6**）
- 「USBデバッグを許可しますか」というダイアログが表示されるので「OK」をタップする

以上の手順で，EclipseからタブレットにUSB経由でダウンロードできるようになります．

● PICマイコンの選び方

第2～4章を含む本書の多くの章では，USB接続する機器側のマイコンにPICを使っています．「アクセサリ（USBホスト）」を作る場合は，マイコンにUSBホストの機能が必要になります．そこで，USB OTGモジュールを内蔵している16/32ビット・ファミリを使います．

「USBデバイス」を作る場合は，USB対応の8/16/32

注2：PTP（Picture Transfer Protocol）は，ISOで標準化された画像転送用のプロトコルである．一方MTP（Media Transfer Protocol）は，Microsoftが策定した，USBで音楽や映像のコンテンツを転送するためのプロトコルである．ここでは，EclipseからNexus 7にダウンロードする場合にMTPではEclipseがNexus 7を認識しないため，PTPを選択している．

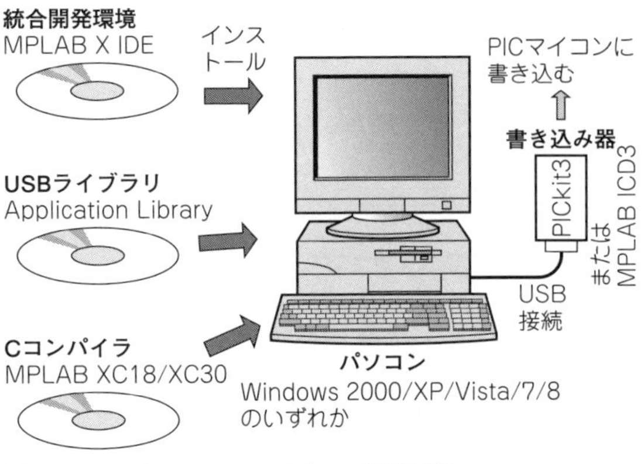

図7　PICマイコンのファームウェア開発環境

ビットいずれでも使うことができます．

● PIC側の開発環境はMPLAB＋USBライブラリ

PICマイコンのファームウェアは，図7に示すように，パソコン上で統合開発環境「MPLAB X IDE」＋Cコンパイラ「MPLAB XC18/XC30/XC32」＋USBライブラリ「USBフレームワーク」を組み合わせた環境で開発します．USBライブラリは「Microchip Application Library」として他のライブラリと一括で提供されています．

すべてフリーで用意されていますが，書き込み器は購入する必要があります．

▶統合開発環境MPLAB X IDE

PICマイコン用の最新の統合開発環境で，Cコンパイラと組み合わせればC言語開発を行えます．開発時の操作はすべてMPLAB X IDE上で行います．

▶CコンパイラMPLAB XC18/XC30/XC32

8ビットPIC18用のXC18と16ビットPIC24用のXC30，32ビット用のXC32があります．いずれもインストールしてMPLAB X IDEの配下で使います．

▶Microchip Application Library

マイクロチップがフリーで提供するライブラリの大部分を一つにまとめたものです．インストールするとライブラリごとのディレクトリが展開されます．USBやファイル・システム，TCP/IPなど，高機能なライブラリもたくさん含まれています．

▶書き込み器

安価なPICkit3と本格的なMPLAB ICD3があり，今回はどちらでもかまいません．

● PIC側USB用ライブラリの入手方法

USBフレームワークは，「Microchip Application Libraries」として他の多くのライブラリと一括で，ウェブ・サイトから自由にダウンロードできます．

入手には，次のURLのウェブ・ページを開きます．

http://www.microchip.com/Android

図8のように，[Resources]タブの中の[Software]タブの中から「Microchip Accessory Framework for Android」をクリックし，次のページで「Microchip Application Libraries Download Page」をクリックし，さらに次のページで下の方にある[Archives]タブを選択してから，「Microchip Libraries for Applications v2013-06-15 Windows」を選択してダウンロードします．

このMicrochip Application Librariesは，マイクロチップ社が提供する各種ライブラリをすべてまとめたもので，非常に多くのライブラリが含まれています．

● PIC側USB用ライブラリのインストール方法

インストールするには，ダウンロードした実行ファイル「microchip-libraries-for-applications-v2013-06-15-windows-installer.exe」を実行します．

最初に開くWelcomeダイアログでは[Next]とし，次のLicenseダイアログで「I accept…」にチェックを入れてから[Next]とすると，ディレクトリ指定ダイアログになります．そのまま[Next]とします．

これで，図9のようなコンポーネント選択ダイアログが開きます．この中でデモ・プログラムに関係するのは，「Accessory Framework for Android」と「USB Framework」だけですので，図のように「USB Demo Projects」と「Android Accessories」だけにチェックを入れてから[Next]とします．

次の「Start Menu…」ダイアログでもそのまま[Next]とします．これで次のダイアログで[Next]とすればインストールが開始されます．ここでのインストールは，ただ必要なファイルを展開するだけで，指定したディレクトリ下に必要なファイルがすべて展開されます．

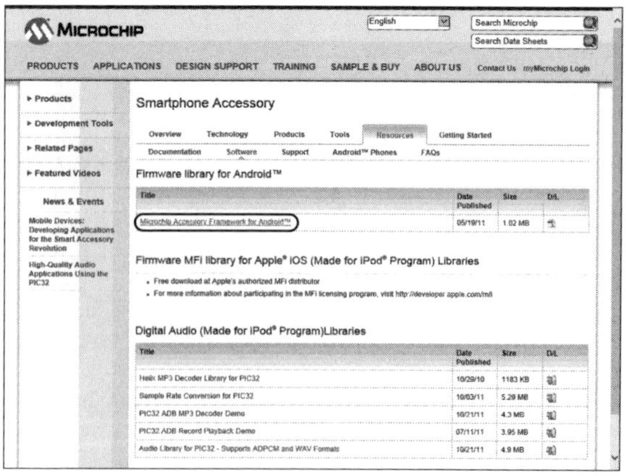

図8　Application Librariesのダウンロード

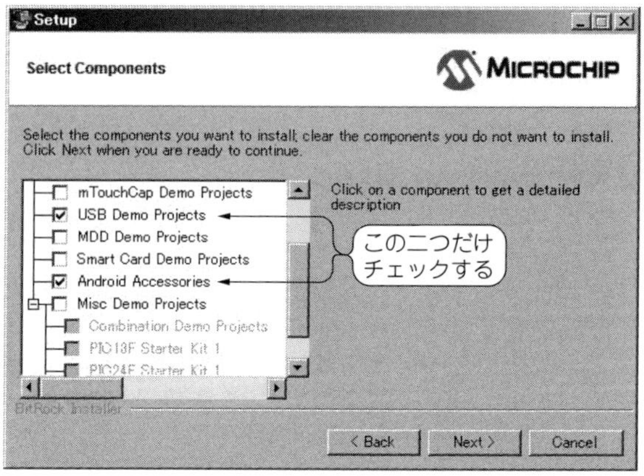

図9　インストール・ライブラリの選択ダイアログ

Application Librariesのインストールが完了すると，Cドライブ下に**図10**のようなディレクトリ構成でUSBフレームワークとデモ・プログラムのソースが生成されます．

▶「App Source Code」フォルダ

Android機器側のデモ・プログラムのソース・ファイルで，Android 2.3.4以降用とAndroid 3.1以降用の2種類が用意されています．

これらのデモ・プログラムは，Eclipse + Java SDK + Android SDKというAndroidプログラミング用の統合開発環境で使うようになっています．

▶「Firmware」フォルダ

PIC側のデモ・プログラムで，多くのマイクロチップ社製のデモ・ボードで動作するようになっています．

こちらは，MPLAB X IDE + MPLAB XC18/XC30/XC32 C Compilerというマイクロチップの統合開発環境で使うようになっています．

▶「Microchip」フォルダ

マイクロチップの提供する各種ライブラリの本体がまとめられており，USBフレームワーク本体もこの中にあります．

▶「USB」フォルダ

USBフレームワークのクラスごとのデモ・プログラムが含まれています．Androidに関連するデモ・プログラムは，「Device-HID-Custom Demos」というHIDデバイス・クラスのデモ・プログラムとして用意されています．

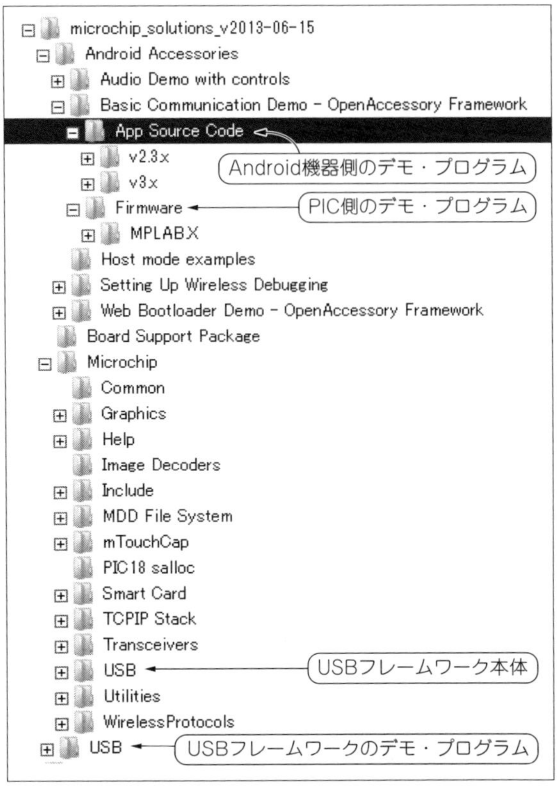

図10　生成されたデモ・プログラムのディレクトリ構成

ごかん・てつや

第2章

USBケーブルでつなぐだけ！
PICプログラム&スマホ・アプリ準備済み！

お手軽スタータ・キットでスマホ-電子回路のI/O初体験

後閑 哲也

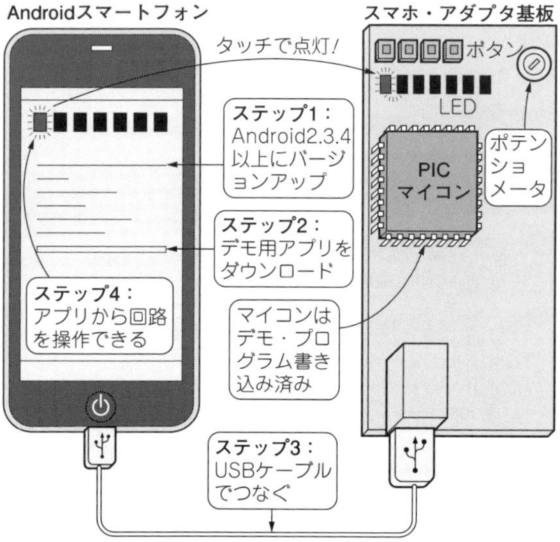

図1　PIC搭載のスマホ・アダプタ基板を使えばすぐにAndroidスマートフォン-電子回路間通信を試せる
スマホ・アダプタ基板はPIC24F Accessory Development Starter Kit for Android

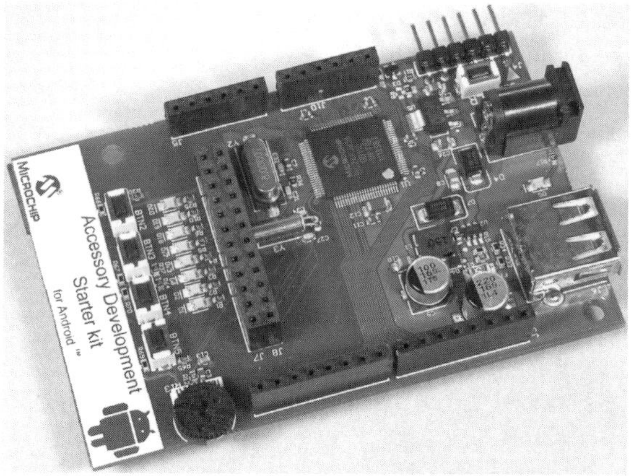

写真1　手軽に試せるスマホ・アダプタ基板 PIC24F Accessory Development Starter Kit for Android

お試し！超お手軽スマホI/O

● PICマイコン搭載スマホ・アダプタ基板

Android OSを提供しているグーグルは，スマートフォンなどのAndroid端末と外部をI/Oするためのリファレンス開発ツールとして「アンドロイド・オープン・アクセサリ開発キット［Android Open Accessory Development Kit（ADK）］」を用意しています[注1]．ADKは，Android OS上で使えるライブラリと，そのライブラリとUSB通信できる外付けのマイコン基板からなります．

数社からADKが提供されていますが，ハードウェアの大部分は電子工作向けの超お手軽マイコン基板Arduinoを基にしています．これはグーグルが提供するADKファームウェアが，Arduinoソフトウェア用として提供されているためです．

マイクロチップ・テクノロジーのADK対応スタータ・キット「PIC24F Accessory Development Starter Kit for Android（DM240415）」は，PICマイコン基板として開発できるので，製品開発などに使えます．執筆時点では，スマートフォンはUSBターゲットの場合が多いので，PICマイコンにはUSBホスト機能が必要です．本基板はUSBホスト対応の100ピンPIC24FJ256GB110を搭載しています．

搭載PICマイコンにはデモ・プログラムがすでに書き込まれています．**図1**に示す手順に従えば，USBケーブルでつなぐだけでいとも簡単にスマホからUSB制御・計測が試せます．

ここでは，このPICマイコン基板（ここではスマホ・アダプタ基板と呼ぶ）を使って，スマホとI/Oをまず試してみます．外観を**写真1**に示します．

● スマホ・アダプタ基板の構成

このスタータ・キットの構成は**図2**のようになっています．**写真1**に見えるように，LEDが8個とスイッチが4個，さらにポテンショメータのPOTが1個，基

注1：ADKとは，USB API（USBを接続するためのインターフェース）を使った，リファレンス用開発ツールの名称である．ADKとUSB APIは同列のものではないことに注意．

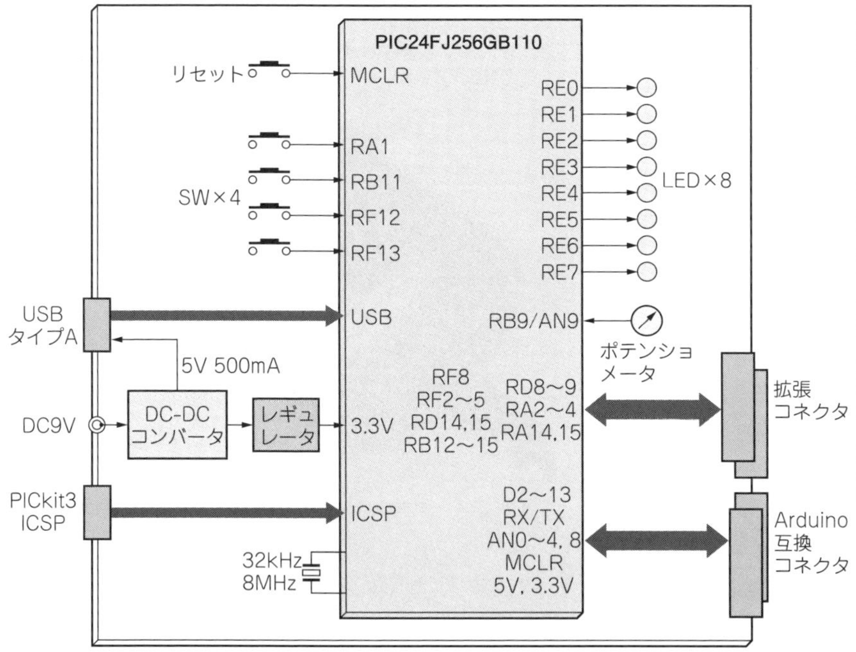

図2　スタータ・キットの内部構成

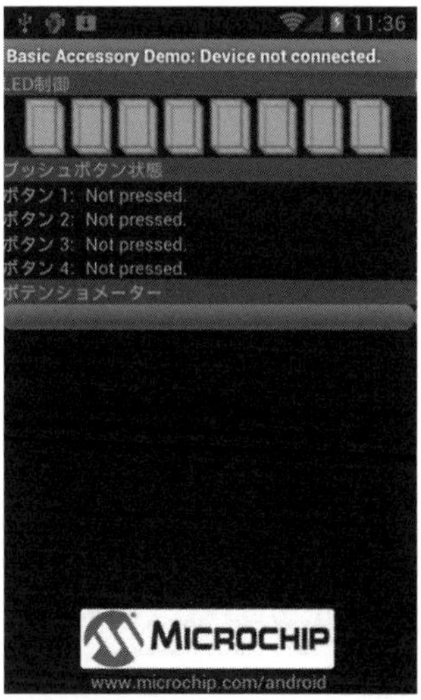

図3　USBケーブルをつなぐとデモ・アプリが起動する

板の端に並んでいます．これがこの基板に実装されている入出力デバイスです．このほかにはArduino互換のコネクタが4個，基板の横端にあり，中央には拡張コネクタが1個用意されています．

電源はACアダプタから供給される9Vから，DC-DCコンバータで5Vを生成し，その5VをUSBコネクタの500mAの電源と，PIC用の3.3Vレギュレータ入力用として供給しています．

プログラム書き込みはPICkit 3を使う前提で，シリアル通信用のピン・ヘッダが用意されています．

PICのクロック用として8MHzのクリスタルが接続されており，さらに時計用クロックとして32kHzのクリスタルも追加されています．

▶詳細はウェブからゲット！

このスタータ・キットの詳細は次のサイトからダウンロードできます．

http://www.microchip.com/android/

これで開くページで，「PIC24F Accessory Development Starter Kit for Android」をクリックすれば，回路図とボードのCADデータ・ファイルがダウンロードできます．

実験の手順

● 手順1：スマホ側Androidのバージョンアップ

スタータ・キットにはあらかじめデモ・プログラムが書き込まれていますから，特に準備することはなく，電源を接続するだけです．

これに接続するスマートフォン側の準備が必要です．まず使用するスマートフォンは，本稿では「Nexus S」(サムスン製)を使います．

このスマートフォンのAndroid OSが2.3.4以降であればそのまま使えますが，それ以前の場合にはバージョンアップが必要です．

バージョンアップの方法については，マイクロチップ社のスタータ・キットに関連するドキュメント「Microchip's Accessory Framework for Android」の中に手順が説明されています．このドキュメントは次の手順でダウンロードできます．

http://www.microchip.com/Android

で開くページで［Resources］を選択し，さらに［Software］を選択して開くページで「Microchip Accessory Framework for Android」をクリックします．これで開くページでダウンロードできます．

ここでは本稿執筆時点での最新バージョンであるAndroid 4.03にバージョンアップして解説しています．

● 手順2：スマホにアプリをダウンロード

次に，このスマートフォンにデモ・アプリケーション・プログラムをダウンロードします．このダウンロード方法についても上記ドキュメントに説明されていますが，簡単な方法はPlayストア(Google Play)からダウンロードする方法です．

スマートフォンで「Playストア」を開き「Microchip」で検索して表示されるプログラム群から「基本的なアクセサリデモ」というプログラムをダウンロードします．これだけで準備が完了します．

● 手順3：スマホとPIC基板をUSBケーブルで接続

あとは実際にスタータ・キットをUSBケーブルで接続するだけです．

これでスタータ・キットを接続すると自動的にデモ・プログラムが起動し，実行の許可を求められます．［OK］ボタンをクリックしてデモ・プログラムの実行を許可すれば実行開始します．

デモ・プログラムの画面構成は**図3**のようになっていて，自動的に日本語化されます．

実験1：スマホとスマホ・アダプタ間でディジタル信号を送受信！

スマホからPICマイコンにディジタルの入出力を行ってみます．

● スマホから出力…LEDの点灯制御

ディジタルON/OFF制御出力の例です．スマートフォンの画面上の上側にある8個のボタンをタップすると，スタータ・キットの対応するLEDが点灯/消灯し，画面の四角のアイコンの色が暗色と明色で変わります．

● スマホに入力…プッシュ・ボタンの押下状態

ディジタルON/OFF状態のイベント入力の例です．スタータ・キットの4個のスイッチを押すと，画面の対応するボタンのメッセージが，「Not Pressed」から「Pressed」に変わり背景色が茶色になります．スイッチを離すと「Not Pressed」に戻ります．

ボタンの変化をイベントとしてスマートフォン側に通知しています．

実験2：スマホ・アダプタ基板でアナログ信号を読んでスマホに送信！

アナログ・データ入力の例です．スタータ・キットのポテンショメータを回すと，回転に比例して画面のプログレス・バーで表示します．

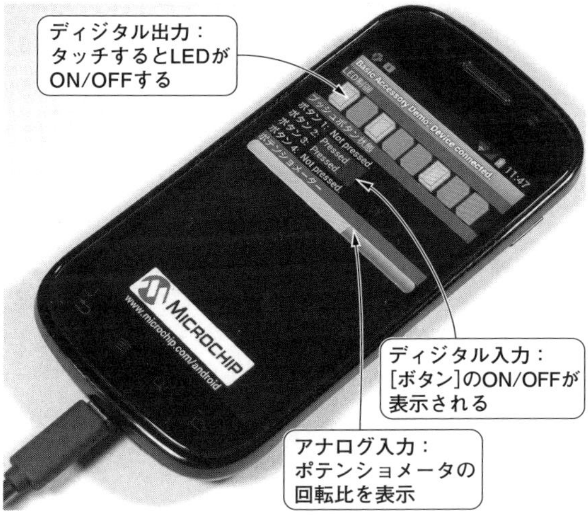

写真2　デモ・アプリでディジタル入出力やアナログ入力が試せる

スタータ・キットでポテンショメータの回転比が電圧で入力されるので，それをA-D変換し，パーセンテージに変換してスマートフォンに送信しています．これで，アナログ・センサなどの計測もデータとして送れます．実際にデモ中のスマートフォンの画面は**写真2**のようになっています．

スマートフォンとスタータ・キットはUSBのバルク転送モードで接続されますので，64バイト単位で送受信が行われています．

したがって，送受信データはUSBのバイナリ・データとして送受信されていますから，ON/OFFデータや計測データだけでなく，メッセージや文字列なども自由に送受信することができます．

ごかん・てつや

第3章

その1：USBホスト対応マイコン× Androidアクセサリ・モード・アプリ

スマホでモニタ！リチウム・イオン電池の充放電器

後閑 哲也

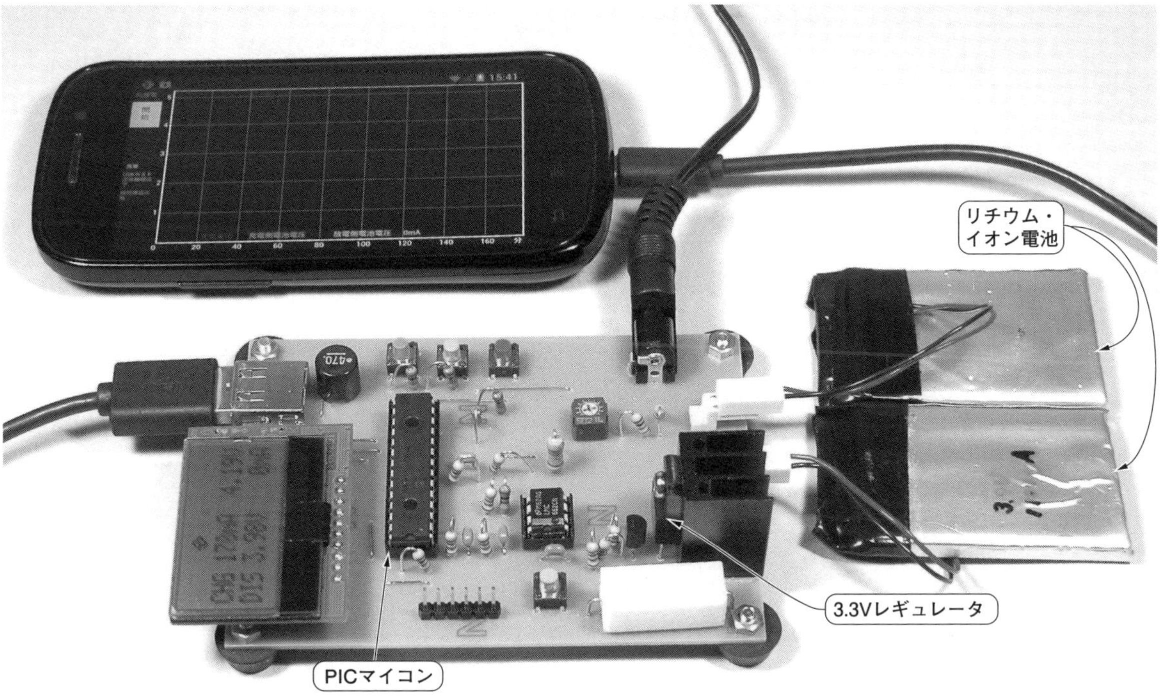

写真1　完成した充放電器の全体の外観

本章では，スマートフォンとそれに接続するUSBホストの外付け回路「アクセサリ」の開発の仕方を説明します．アクセサリには，PICマイコンでUSBホスト機能を持つ16ビットのPIC24Fファミリを使います．

実用的なアクセサリということで，リチウム・イオン蓄電池の充放電器を製作することにします（**写真1**）．

筆者は日ごろPICマイコンで多くの機器を製作していますが，安価に市販されているリチウム・イオン蓄電池（LAB503759C2）をよく使います．この電池には充放電制御回路が内蔵されていないので充電器を自作して使っているのですが，常に本当に充電されているか，放電特性は十分なものかがあいまいで，不安を感じていました．

そこで，電池の特性を確実にわかるようにするためには**写真2**のようなグラフで充放電状態を知ることができればよいと思い，今回の充放電器を製作しました．

スマートフォンで充放電の経過をグラフ表示できま

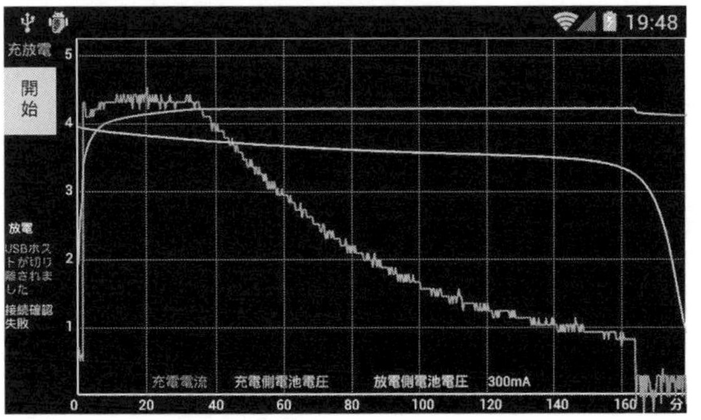

写真2　電池の充電/放電特性グラフ

すので，バッテリの状態を正確に確認できますから，安心して使うことができます．

システムの概要と全体の構成

● システムの基本構成

スマートフォンにアクセサリを接続したシステムの基本構成は，**図1**のようになります．

PICマイコン機器をUSBホスト（アクセサリ）としてとして作成し，スマートフォンはUSBアクセサリ・モードで動作するUSBデバイスとします．

スマートフォンにはAndroid 2.3.4に拡張ライブラリ（オープン・アクセサリ・ライブラリ）を追加して，アクセサリ・モードで動作させます．

アクセサリ側のファームウェアは，USBのホスト・モードで，「Androidホスト・クラス」と「Androidアクセサリ・プロトコル」を搭載して構成します．このAndroidアクセサリ・プロトコルが，アクセサリに必須のAndroidアクセサリ通信プロトコルをサポートしています．

このアクセサリの開発には，アクセサリ側のハードウェア開発とファームウェア開発，さらにスマートフォン側のアプリケーション・プログラム開発の3ステップが必要となります．

● 充放電器の全体構成と機能仕様

リチウム・イオン蓄電池用の充放電器の全体構成は**図2**のようにしました．グラフ表示をスマートフォン側で行うこととし，充電，放電の経過をグラフ表示します．

アクセサリ側では，充電と放電は独立の回路とし，2個のコネクタで電池をそれぞれに接続することとします．そして同時動作も可能とします．

また，液晶表示器を接続し，常時計測値を数値で表示します．スイッチで動作の開始/停止ができるようにし，アクセサリ単体での動作もできるようにします．

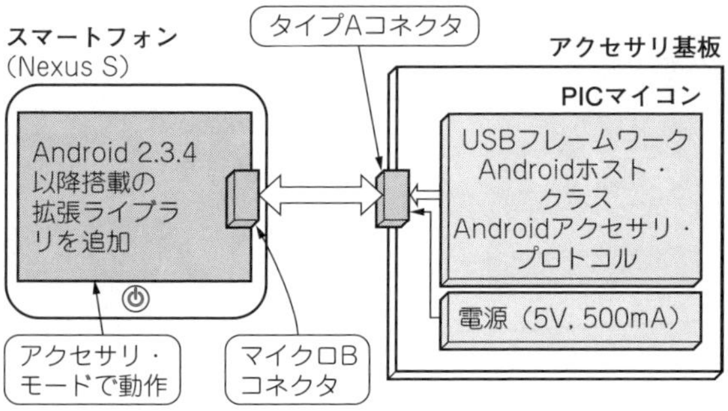

図1 アクセサリの基本構成

充電は，リチウム・イオン充電制御用の専用ICを使うことにしました．これにはマイクロチップ社のMCP73861を使っています．放電には，OPアンプとトランジスタで構成した定電流回路を使います．

この充電と放電の間の，充電側の電池電圧と充電電流，放電側の電池電圧を常に計測し，15秒ごとにPIC内のメモリに保存します．

スマートフォンはアクセサリが動作中いつでも接続/切り離しができるものとし，接続した時点で自動的にアプリケーションを起動し，開始ボタンをタップした時点で，アクセサリ側に保存されている計測データをすべて取得してグラフで表示します．そのほかの機能は**表1**のようにします．

● USB通信データ・フォーマット

この機能を実現するためのUSB通信データのフォーマットを**表2**のようにします．スマートフォンからは常時64バイトで送信し，アクセサリ側からは必要なバイト数のみ送信するものとします．

実際に充放電機能を実行するアクセサリのハードウェアを製作します．USBホストとなりますので，PICマイコンの16ビット・ファミリを使い，充電制御には専用ICを使って構成します．

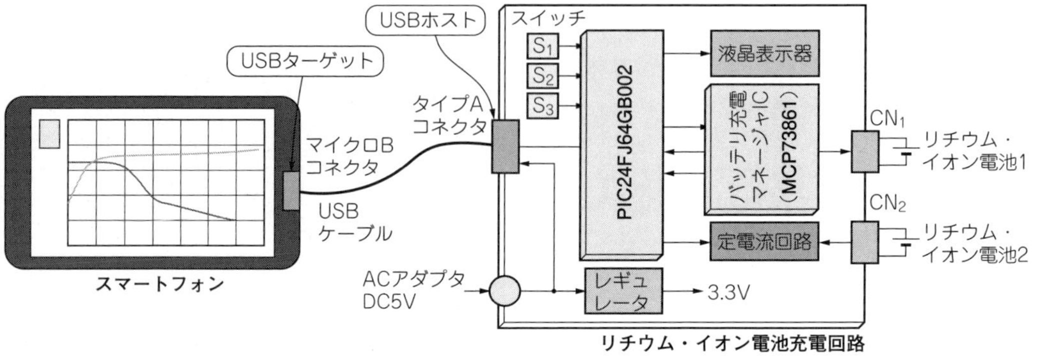

図2 充放電器システムの全体構成

表1　充放電器の機能一覧

機能項目	機能内容，仕様	備　考
電源	DC5 Vで2 A以上のACアダプタ 最大消費電流：約1 A	USBにはこの5 Vを直接供給するので安定化されたDC5 Vである必要がある
スイッチ	Reset：PICマイコンのリセット S_1：充放電開始 S_2：放電電流設定変更（サイクリック切り替え） S_3：充放電停止	—
液晶表示器	計測値を常時表示 充電電流，充電側電池電圧， 放電側電池電圧，設定放電電流	表示フォーマット CHG *xxx*mA *x.xx*V, DIS *x.xx*V *xxx*mA
充電機能	1セル・リチウム・イオン蓄電池充電 電池電圧が4.2Vになるまでは定電流で充電．以降は定電圧（4.20 V）で充電，約2.5時間～3時間で充電終了	電池には充電制御機能がないものとする．充電電流は約100 m～600 mAの範囲で可変抵抗により設定可能（半固定）
放電機能	1セル・リチウム・イオン蓄電池放電 電池電圧が3.0 Vになるまでは定電流で放電 3.0 Vで放電終了し電池開放	放電電流は7段階 70 mA, 140 mA, 210 mA, 280 mA, 350 mA, 420 mA, 490 mA スイッチにより常時設定変更可能
計測機能	充電側：電池電圧（0～5.4 V），充電電流（0～1 A） 放電側：電池電圧（0～5.4 V）	10ビット分解能 15秒ごとにPICのRAMに保存．720回分保存可能
USB接続	USBホストとして動作．5 V 500 mAを供給可能 任意時点でUSBケーブル挿抜可能	Androidアクセサリ・プロトコルを実装

（a）アクセサリ側

機能項目	機能内容，仕様	備　考
表示操作	USB接続時点でアプリケーション自動起動．開始ボタン・タップでデータ収集開始．データ取得後グラフ表示 グラフ解像度　720 × 420ピクセル 横軸　0～180分　15秒ステップ 縦軸　0～5.25 V　12.5 mVステップ／ 0～525 mA　1.25 mAステップ その他：USBの接続状況をメッセージで表示	表示グラフ 赤線：充電電流 緑線：充電側電池電圧 黄線：放電側電池電圧
USB接続	USBスレーブとして動作．オープン・アクセサリ・ライブラリによるアクセサリ・モードで動作	—

（b）スマートフォン側

表2　USB通信データ・フォーマット

機　能	スマートフォン→アクセサリ	スマートフォン←アクセサリ
接続確認	なし	USB接続イベント検出時に自動送信 「0x01，‘O’，‘K’」文字OKを返送
計測開始要求と応答	開始ボタン・タップ時に送信「0x02」	応答として返送「0x02，0xUU，0xLL，0xCU」 UU：計測値個数÷128， LL：計測値個数％128（注）， CU：放電電流設定値 0：0 mA ／ 1：70 mA ／ 2：140 mA ／ 3：210 mA ／ 4：280 mA ／ 5：350 mA ／ 6：420 mA ／ 7：490 mA
計測要求と応答	計測開始要求後計測値個数分だけ取得できるまで各々を繰り返し送信「0x0*n*」 *n*：計測値の種類 3＝電源電圧／4＝シャント抵抗電圧／ 5＝充電側電池電圧／6＝放電側電池電圧	応答として返送「0x0*n*，0xmm，0xD1，0xD2，0xD3，…0xD60」 *n*：計測値の種類（要求と同じ値） D1～D60：計測バッファ内のデータ60バイト分で（計測値÷128）と（計測値％128）の2バイトの組で送信する（注） 60バイト未満の場合も60バイトを送信する
切り離し	アプリ終了時送信「0x7F」	応答なし

注：Android側でバイトも符号付きとして扱うので，正の値として扱えるように128で割り算して上位バイトと下位バイトを分けている

ステップ1：ハードウェアの製作

実際に充放電機能を実行するアクセサリのハードウェアを製作します．USBホストとなりますので，PICマイコンの16ビット・ファミリを使い，充電制御には専用ICを使って構成します．

● 充放電器のハードウェア構成

製作する充放電器のハードウェア構成は，**図3**のようにしました．中心となるのはPICマイコンで，USBホストとする必要がありますので，PIC24FJ64GB002という28ピンの16ビットPICマイコンを使います．

充電制御にはMCP73861というリチウム・イオン蓄電池充電制御用の専用ICを使いました．これで，充電の際の多くの条件が簡単にクリアできます．制御はイネーブル・ピンのON/OFFだけです．

USBコネクタは，アクセサリとしてはタイプAコネクタだけでよいのですが，別途タブレットに接続できるUSBデバイスとしても使えるように，ミニBコネクタも追加しています．これでファームウェアを変更すれば，タブレットに接続できるUSBデバイスとすることもできます．

電源は充電とスマートフォン用に，5V，1A近くの大きな電流を必要としますので，5VのACアダプタから直接供給することとしました．タイプAコネクタには5V，500mAの電源を供給する必要がありますから，これにはACアダプタから直接供給するようにしています．したがってACアダプタにはDC 5V出力のものしか使えませんので注意してください．内部回路用の電源としては，マイコン周りは3.3Vですが，充電制御回路は5Vで動作しています．

液晶表示器にはI^2Cインターフェースのものを使いましたので2本の線だけで接続できます．16文字2行の英数字表示ができます．スイッチは汎用で使えるスイッチを3個用意しました．

PICマイコンのプログラミング用コネクタには，PICkit 3用の6ピンのシリアル・ピン・ヘッダを使っています．

放電回路にはOPアンプとトランジスタで構成した定電流回路を使います．

● 充電制御ICの機能と使い方

リチウム・イオン蓄電池の充電制御には，マイクロチップ社のMCP73861を使いました．このICの特徴は下記のようになっています．

- 電流制御トランジスタを内蔵
- 高精度な出力電圧：±0.5%
- 最大充電電流：1.2A
- 充電時間がプログラマブル
- 異常検出と強制充電終了による保護
- 温度による保護制御も可能

パッケージはSOICを使いましたので，ピン配置は**図4(a)**のようになっています．

電気的な仕様は**表3**のようになっています．ここでは充電電圧を4.2Vの設定で使っています．

標準的な使用回路は**図4(b)**のように単体で動作するようになっていますが，本稿ではEN端子をPICマイコンから制御し，STAT1ピンの状態をモニタする

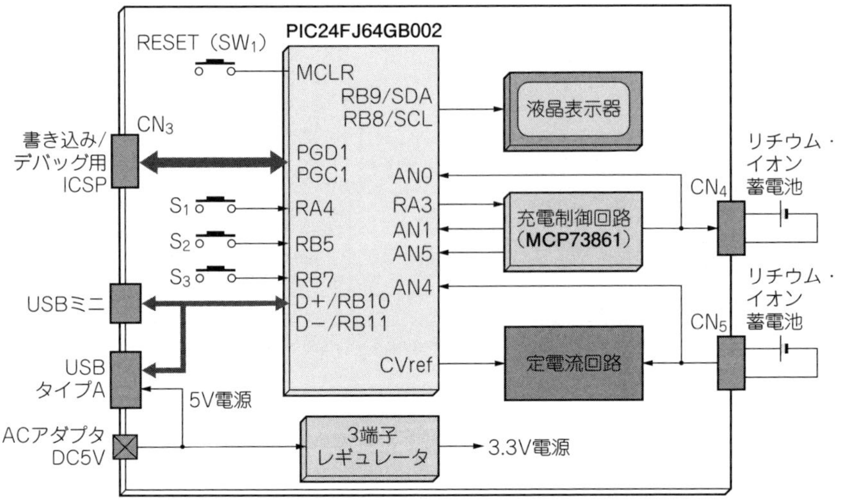

図3 充放電器アクセサリのハードウェア構成

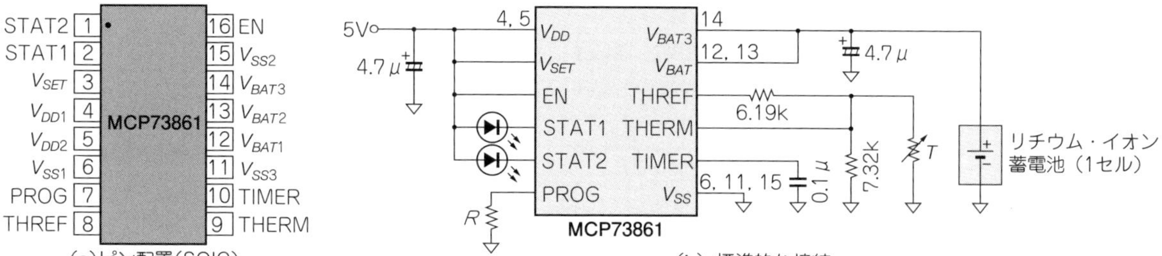

(a)ピン配置(SOIC)　　(b) 標準的な接続

図4　MCP73861のピン配置と標準接続

ことでPICマイコンから開始/停止を制御できるようにしています．

このICではPROGピンの抵抗Rで充電電流を100mA ($R = \infty$) から1.2A ($R = 0$) の範囲で可変できるようになっています．このRに5kΩの可変抵抗を使用して電流を半固定で設定できるようにしました．

ENピンによりIC動作開始停止の制御ができ，“L”にすると動作を強制終了し，内部状態を初期化します．“H”にすると初期化状態から動作を開始します．

STAT1ピンは状態を表し，停止中は“H”で，事前処理開始で“L”となり，正常終了の場合1Hz周期でフラッシュします．何らかの異常の場合は“H”となります．この出力はオープン・ドレインなので，PICマイコンに接続する場合はプルアップ抵抗が必要です．

さらに温度センサTにより温度制御をすることができますが，今回は温度制御は必要ないので固定抵抗で常に正常状態になるようにします．これには，THERMピンに温度スレッショルドの上下限の間の電圧を加えればよいので，THREFピンの電圧を1/3に分圧して入力します．

表3　充電制御IC MCP73861の電気的仕様

項　目	Min	Typ	Max	単位	備　考
供給電源電圧	4.5	—	12	V	
開始電源電圧スレッショルド	4.25	4.5	4.65	V	
停止電源電圧スレッショルド	4.2	4.4	4.55	V	
安定化出力電圧	4.079	4.1	4.121	V	$V_{SET} = V_{SS}$
	4.179	4.2	4.221		$V_{SET} = V_{DD}$
充電電流変動	85	100	115	mA	PROG = Open
	1020	1200	1380		PROG = V_{SS}
	425	500	575		PROG = 1.6k Ω
事前処理電流	5	10	15	mA	PROG = Open
	60	120	180		PROG = V_{SS}
	25	50	75		PROG = 1.6k Ω
事前処理スレッショルド電圧	2.7	2.8	2.9	V	$V_{SET} = V_{SS}$
	2.75	2.85	2.95		$V_{SET} = V_{DD}$
充電終了電流	6	8.5	11	mA	PROG = Open
	70	90	120		PROG = V_{SS}
	32	41	50		PROG = 1.6k Ω
STAT1/TAT2のLow電圧	—	0.2	0.4	V	最大負荷 Typ8 mA
EN入力電圧	1.4	—	0.8	V	High Low
温度センサ用電圧出力	2.475	2.55	2.625	V	
温度スレッショルド	1.18	1.25	1.32	V	上限
	0.59	0.62	0.66		下限
事前処理安全タイマ	45	60	75	分	C_{timer} = 0.1 μFの場合
高速充電安全タイマ	1.1	1.5	1.9	時間	
充電終了タイマ	2.2	3	3.8	時間	

● 充電シーケンス

▶予備充電で電池の異常をチェックする

このICを使った場合の充電のシーケンスは**図5**のようになります．最初に短時間だけ少電流で充電し，電圧が確かに上昇するかを確認します．これで上昇が確認できれば高速充電に移行しますが，一定時間内に一定電圧まで上昇しない場合はエラーとして充電動作を終了します．

▶1セルの最大電圧4.2Vを超えないようにする

高速充電に移行したあとは電池電圧が4.2Vになるまで継続しますが，一定時間内に4.2Vにならない場

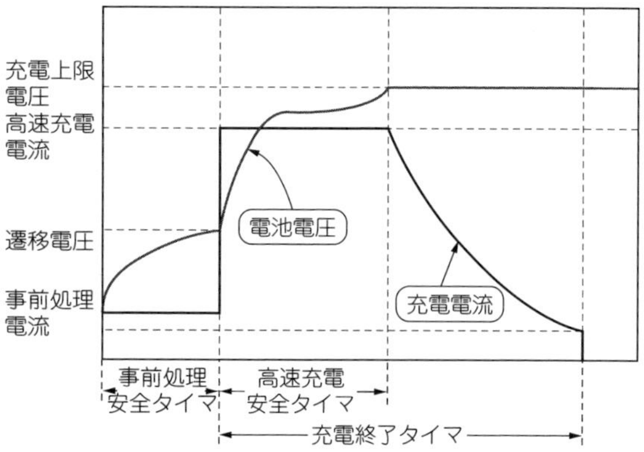

図5　充電シーケンス

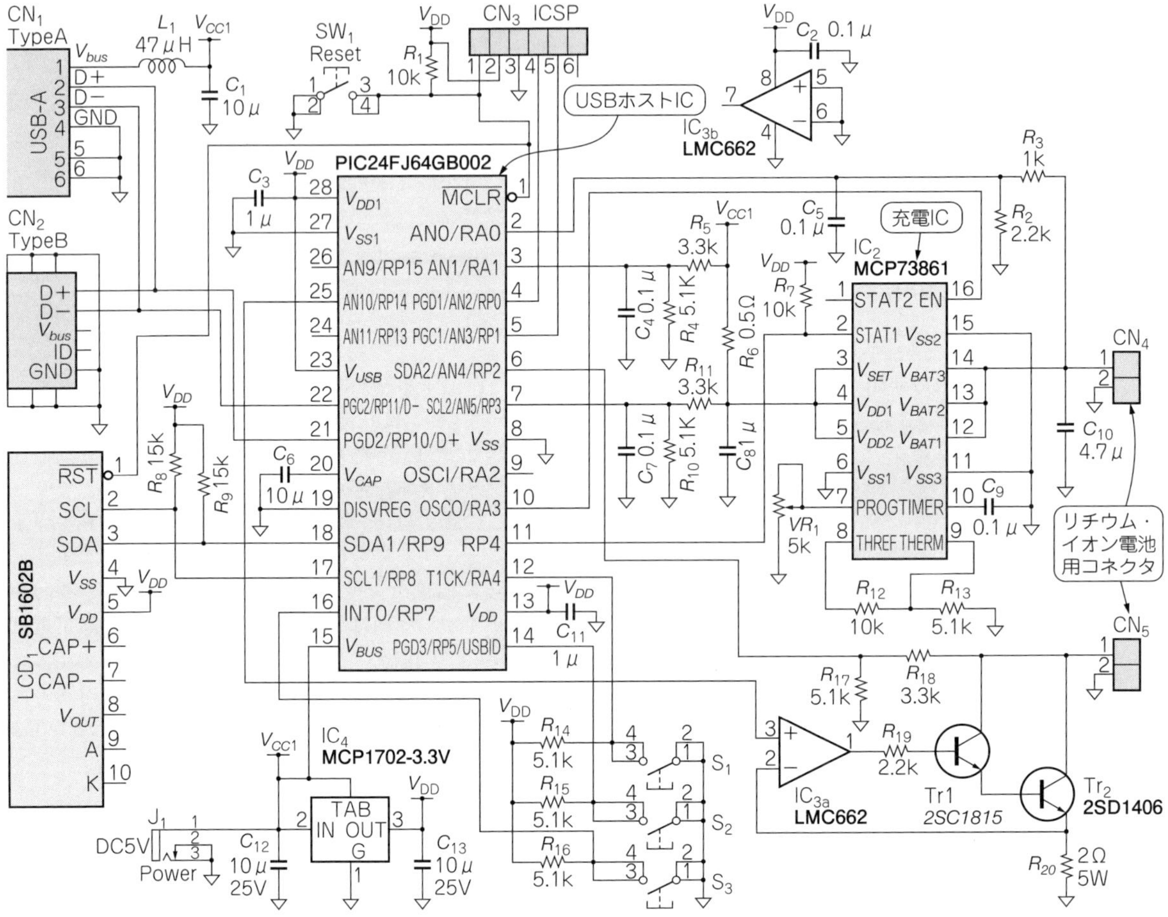

図6　充放電器アクセサリの回路

合は強制終了します．

4.2Vに達したら，電圧が一定になるように充電電流を制限します．充電電流が次第に減少し一定電流以下になるか，一定時間が経過したら正常終了とします．

これらの安全タイマの時間はTIMERピンの外付けのコンデンサで決定されます．

● 回路設計

全体構成図に基づいて作成した回路図を**図6**に示します．PICマイコンはPIC24FJ64GB002の28ピンを使いました．プログラム・サイズがそれほど大きくはないので，PIC24FJ32GB002でも動作します．

USBコネクタはタイプAとミニBを用意しています．ミニBからのUSBバス・パワーは使わないものとします．タイプAにはDC 5V，500mAの供給が必要なので，DCジャックからのDC 5Vをノイズ・フィルタ経由で直接接続します．スマートフォンからのノイズが結構大きかったのでフィルタを追加しました．

液晶表示器にはI^2Cインターフェースのものを使いましたので接続は簡単で，PICマイコンのI^2Cピンに接続するだけです．ただし，I^2Cですのでプルアップ抵抗が必要で，この液晶表示器の駆動能力が小さいので15kΩとちょっと大きめの抵抗にしています．また，リセット・ピンにはリセット・スイッチの信号を接続します．こうしないと，リセットが電源のON/OFFでしかできなくなります．

電源はDCジャックからのDC 5Vを使いますが，PICマイコン，液晶表示器には3.3Vが必要ですので，レギュレータを使って生成します．

タクト・スイッチを3個接続しますが，プルアップ抵抗が必要です．充電ICとの接続も2ピンだけですので簡単です．

電圧計測電圧が最大5Vとなりますから，PICマイコンのA-Dコンバータに接続するため3.3Vに降圧する必要があります．このため，抵抗分圧してからPICマイコンに接続しています．

充電電流の計測は，充電ICへの供給電流を0.5Ωのシャント抵抗の電圧降下を計測して変換することによ

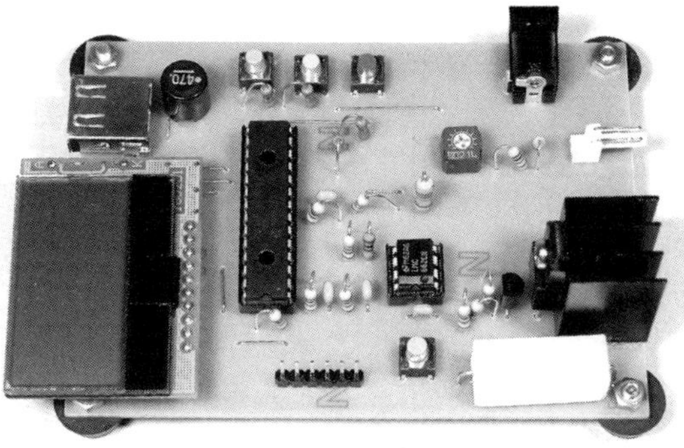

(a)部品面

(b)はんだ面

写真3　製作した基板

り算出しています．このためシャント抵抗の両端の電圧を計測しています．

放電にはOPアンプと2段のカスケード接続のトランジスタと2Ωの抵抗で定電流回路を構成し，一定の電流で放電するようにしています．

この電流をPICマイコンのコンパレータ用リファレンスの5ビットのD-Aコンバータの出力を利用して設定制御しています．最終段のトランジスタは発熱しますから放熱器を付けておきます．また，D-Aコンバータの出力電流がわずかなので，OPアンプにはCMOSタイプのものを使う必要があります．

電池との接続はコネクタとしていますが，このコネクタは読者が使用している電池のものに合わせたほうがよいでしょう．

組み立てが完了した基板が**写真3**です．

部品面は左側に液晶表示器とUSBコネクタ，PICマイコンがあり，中央のOPアンプ周りには結構たくさんの抵抗があります．右側に放熱器付きの放電用トランジスタがあり，電池用のコネクタが2個基板の右端に並んでいます．右上側に充電電流設定用の可変抵抗があり，その上にDCジャックがあります．

はんだ面はレギュレータと充電IC，USBミニBコネクタ，チップ・コンデンサが実装されています．修正用のジャンパ線が1本あります．ミニBコネクタはここでは使いませんので，実装しなくても問題はありません．

ステップ2：PIC24のファームウェア製作

● ファームウェアの全体構成

アクセサリのPICマイコンのファームウェアは，USBフレームワークのAndroidホスト・クラスとして作成します．Androidホスト・クラスをUSBフレームワークで製作する場合のファームウェア全体構成は，**図7**のようになります．

全体がユーザ・アプリケーション部とフレームワーク部で構成されます．USBフレームワーク部は，フレームワーク本体からコピーまたは登録するだけです．

▶ユーザ・アプリ部

メイン関数部とUSBイベント処理部で構成されます．メイン関数部では，初期化部でUSBフレームワークの初期化関数を実行し，メイン・ループに入ります．

▶メイン・ループ

USBのステート関数となる`USBTasks()`を実行します．いわゆるポーリング方式でUSBのステートを進めながらデバイスのデタッチ検出とプラグ&プレイを実行しますので，できるだけ短時間でこの関数を繰り返す必要があります．したがって，ユーザ・アプリもステート方式で作成し，できるだけ短時間内にメイン・ループの最初に戻るようにします．ただし，USBの送受信そのものは割り込みで実行されますので，`USBTasks()`関数を繰り返す時間には特に制限はありません．

USB通信

ユーザ・アプリからUSBの送受信を行う場合には，Androidホスト・クラスに用意されている`Read/Write`関数を呼び出します．

USB送受信実行中のイベントを処理するために関数が呼ばれますが，必須の処理はフレームワーク内部

1 2 3 4 5 6 7 8 9 10 11 12 13

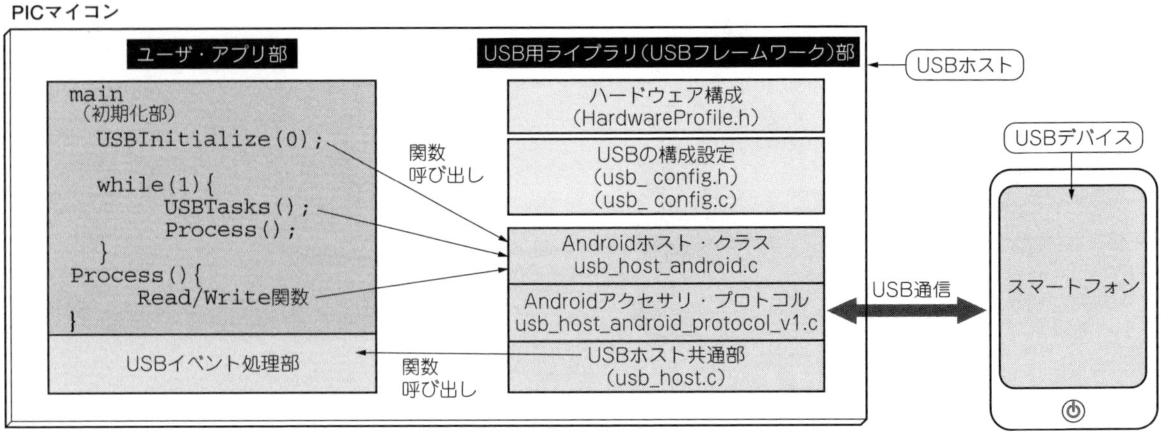

図7 Androidホスト・クラスのファームウェア構成

で実行されており，ユーザが何らかの追加をするための関数をまとめたものがUSBイベント処理部です．

実際の処理内容はUSBフレームワークのデモ・プログラムの中にひな型が用意されていますから，コピーするだけでそのまま使えます．

USBフレームワークには，このほかに設定用のファイルが必要となります．ハードウェア構成を設定する「HardwareProfile.h」と，USB設定用の「usb_config.h」と「usb_config.c」です．

ハードウェア設定ファイルは使用するハードウェアに合わせて作成する必要がありますが，usb_config.hとusb_config.cファイルは，デモ・プログラムのものをそのままコピーして使います．

● USB接続デバイスの特定

アクセサリは常にAndroid機器が接続(アタッチ)されるのをチェックし，Android機器が接続されたことを検知します．接続を検知したらUSBホストとしてUSB列挙手順(enumeration)を開始し，Android機器からUSBデバイス・デスクリプタを取得してベンダIDとプロダクトIDをチェックします．そして，ベンダIDがグーグル社のID(0x18D1)で，プロダクトIDが0x2D00または0x2D01であれば正常な相手と判定します．

次に「あらかじめ決められた識別文字列情報」を送信し，続けてアクセサリ・モード動作開始を要求するUSB制御コマンドを送信します．これを受けたスマートフォンは「あらかじめ決められた識別文字列情報」と，自分がもっている文字列情報とを比較し，一致すれば正しい相手と認識し，アクセサリが持っているUSB通信プロトコルを使ってバルク転送モードのエンド・ポイントでデバイスとの通信を確立します．

ここで，「あらかじめ決められた識別文字列情報」としては次のような文字列IDがサポートされています．各文字列の最大サイズは256バイトで，0x00で終端されている必要があります．

```
manufacturer name:
model name:
description:
```

```
version:
URI:
serial number:
```

スマートフォンをアクセサリ・モードで使った場合，USBデバイスとしての種別は**表4**のような二つの場合があります．インターフェース#1は特殊なデバッグ用で通常は使いませんので，いずれの場合もインターフェース#0でバルク転送モードの通信をすることになります．

したがって，USBホスト側となるPICマイコンはバルク転送モードを使って通信することになります．

表4 スマートフォンのアクセサリ・モード種別

項 目	ケース1	ケース2	
ベンダID	0x18D1	0x18D1	
プロダクトID	0x2D00	0x2D01	
インターフェース	#0	#0	#1
エンドポイント	バルクIN×1		
	バルクOUT×1		
エンドポイント用途	標準通信用	標準通信用	デバッグ通信用

● Androidホスト・クラスの使い方

PICマイコンのファームウェアで使うUSBフレームワークはAndroidホスト・クラスです．この中で用意されているAPIには**表5**に示すようなものがあります．ファームウェアでは，これらのAPIを使って

表5　Androidホスト・クラスが提供するAPIメソッド

関数名	書式と機能
USBInitialize(0)	ホスト・スタックを初期化する 《書式》BOOL USBHostInit(unsigned long flags) flags：予約(0にする) 戻り値：TRUE＝正常完了，FLASE＝メモリに配置失敗
AndroidAppStart	アンドロイド・クラスの初期化，リセット直後に1回のみ実行 《書式》void AndroidAppStart(ANDROID_ACCESSORY_INFORMATION*info); info：アクセサリの情報構造体へのポインタ
USBTasks	スマートフォンのアタッチ検出以降のステート管理を実行する 《書式》void USBTasks(void);
AndroidAppWrite	Androidホスト・クラス送信実行関数 《書式》BYTE AndroidAppWrite(void* handle,BYTE* data,DWORD size); handle：デバイス・アタッチ時に取得したデバイス・ハンドル，data：スマートフォンに送信するデータ・バッファへのポインタ，size：送信するバイト数，戻り値：結果フラグ
AndroidAppRead	Androidホスト・クラス受信実行関数 《書式》BYTE AndroidAppRead(void* handle, BYTE* data, DWORD size); handle：デバイス・アタッチ時に取得したデバイス・ハンドル，data：受信データ・バッファのポインタ，size：受信データ・バッファのサイズ，戻り値：結果フラグ
AndroidAppIsWriteComplete	送信の結果情報 《書式》BOOL AndroidAppIsWriteComplete(void* handle, BYTE* errorCode, DWORD* size); handle：デバイス・アタッチ時に取得したデバイス・ハンドル，errorCode：エラー・コードのポインタ，size：送信したバイト数へのポインタ，戻り値：TRUE＝正常完了/FLASE＝失敗
AndroidAppIsReadComplete	受信の結果情報 《書式》BOOL AndroidAppIsReadComplete(void* handle, BYTE* errorCode,DWORD* size); handle：デバイス・アタッチ時に取得したデバイス・ハンドル，errorCode：エラー・コードのポインタ，size：受信したバイト数へのポインタ，戻り値：TRUE＝正常完了/FLASE＝失敗

USB通信を実行します.

このAPIの使い方は下記の手順で行います.

- USBInitialize(0)とAndroidAppStartで初期化する
- メイン・ループで常にUSBTasksを実行する
- AndroidAppWrite，AndroidAppReadで送受信を実行し，そのつどUSBTasks関数に戻る
- Read/Writeの際にはAndroidAppIsWriteCompleteかAndroidAppIsReadCompleteでレディ・チェックをする

このような条件で使うことになるので，全体をステート・マシンとして構成し，毎回USBTasks関数を実行するようにする必要があります.

プロジェクトの作成

新規にMPLAB X IDEのプロジェクトを作成します．このときのプロジェクトのファイルは**図8**の手順でコピーまたは新規作成します.

● 事前準備

事前準備として専用のフォルダを作成します．ここでは，作成するファームウェアのためのディレクトリを「D:¥Android_Book」としていますので，このディレクトリを新規作成します.

次に，USBフレームワーク本体をここにコピーします．このフレームワーク本体はApplication Libraryをインストールしたディレクトリ「C:¥Microchip Solutions v2012-02-15¥Microchip」のフォルダの下にすべてまとめられていますので，この「Microchip」フォルダごと新規作成したフォルダ「D:¥Android_Book」の下にコピーします.

● フォルダの作成とファイルのコピー

プロジェクトを格納するフォルダを新規作成し，そこにファイルをコピーあるいは登録する作業は，**図8**に示すような手順①から手順④の順で行います.

図の左側が事前準備でコピーしたUSBフレームワーク本体部で，右側がこれから作成する新規プロジェクトのフォルダ，下側がUSBのデモ・プログラムのフォルダになります.

▶手順①

新規作成プロジェクトのフォルダ「BatCharger24」を「D:¥Android_Book」の下に作成します.

▶手順②

Android Accessoriesフォルダに含まれているPIC

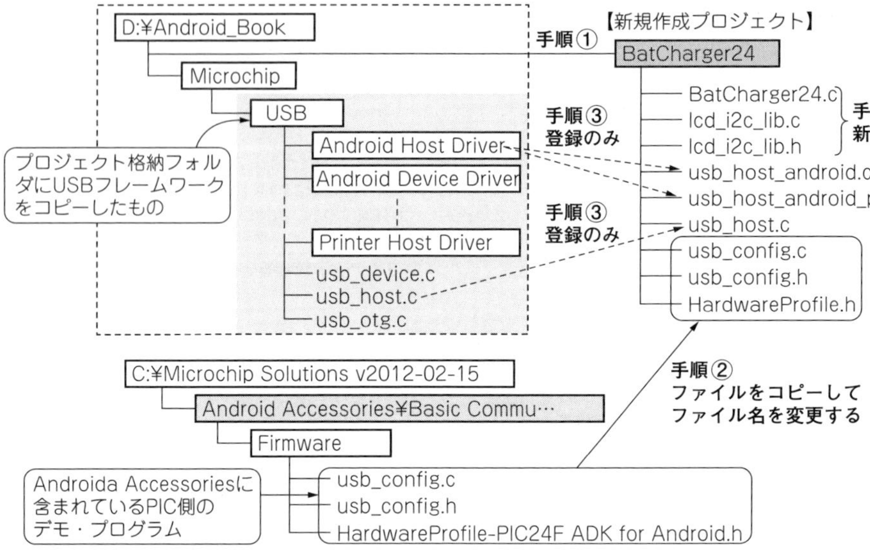

図8 Androidホストのプロジェクトの作成手順

側のデモ・プログラムの中から，次の三つのファイルをコピーします．

- usb_config.h
- usb_config.c
- HardwareProfile − PIC24F ADK for Android.h

HardwareProfile−PIC24F ADK for Android.hのファイルは，コピー後ファイル名を「HardwareProfile.h」に変更します．

usb_config.cとusb_config.hは，本来はプロジェクトに合わせて作成しなければならないのですが，本稿で使う範囲ではそのまま使えますのでコピーだけで問題ありません．

▶手順③

次に，MPLAB X IDEを起動し，プロジェクト「BatCharger24」を同じ名前のBatCharger24フォルダに作成します．

さらに，**図8**のようにUSBフレームワークの中から，次の三つのファイルをプロジェクトに登録します．これはコピー不要で，プロジェクトに登録するだけです．

- usb_host_android.c
- usb_host_android_protocol_v1.c
- usb_host.c

▶手順④

ユーザ・プログラムとして下記の三つのファイルを新規作成します．下側の二つのファイルは液晶表示器用のライブラリとなっています．

- BatCharger24.c
- lcd_i2c_lib.c
- lcd_i2c_lib.h

● プロジェクトの作成

以上で準備ができましたから，MPLAB X IDEで新規にプロジェクトを作成します．プロジェクトを作成する際，下記の設定が必要になります．

- Memory ModelをLarge data modelとする
- Heap sizeを1500バイトとする
- Include directoriesに下記の二つを登録する
  D:¥Android_Book¥BatCharger24
  D:¥Android_Book¥Microchip¥Include

ファームウェアの詳細

ファームウェアとして実際に作成する必要があるのは，メイン・プログラムの「BatCharger24.c」と液晶表示器のライブラリの「lcd_i2c_lib.c」と「lcd_i2c_lib.h」，ハードウェア定義の「HardwareProfile.h」ですが，「usb_config.c」の内容も確認しておきます．

● usb_config.c（USBデバイスを指定）

このファイルは新規作成は不要で，フレームワークの例題からコピーするだけで大丈夫です．このusb_config.cファイルの中で，接続するUSBデバイスをTPL（Target Peripheral List）として**リスト1**のように定義しています．

あらかじめ定められたグーグル社のベンダIDとプロダクトIDで指定し，クラスやプロトコルは無指定となっています．さらに両方のIDとも任意という指定も追加されていますので，基本的にIDは無視していて何でも接続可能という条件になっています．あとはAndroidアクセサリ・プロトコルの中で，特定の文

リスト1　usb_config.cの内容

```
// *****************************************************
// Client Driver Function Pointer Table
    for the USB Embedded Host foundation
// *****************************************************
CLIENT_DRIVER_TABLE usbClientDrvTable[] =
{
    {
      AndroidAppInitialize,
      AndroidAppEventHandler,
      AndroidAppDataEventHandler,
      0
    }
};
// *****************************************************
// USB Embedded Host Targeted Peripheral List (TPL)
// *****************************************************
USB_TPL usbTPL[] =
{
    /*[1] Device identification information
      [2] Initial USB configuration to use
      [3] Client driver table entry
      [4] Flags (HNP supported, client driver entry,
                SetConfiguration() commands allowed
    ---------------------------------------------------------
         [1]                [2][3] [4]
    ---------------------------------------------------------*/
    { INIT_VID_PID( 0x18D1ul, 0x2D00ul ), 0, 0, {0} },
                                        // Android accessory
    { INIT_VID_PID( 0x18D1ul, 0x2D01ul ), 0, 0, {0} },
                                        // Android accessory
    { INIT_VID_PID( 0xFFFFul, 0xFFFFul ), 0, 0, {0} },
                                     // Enumerates everything
};
```

USBドライバ関数とのリンク・テーブル

ここで接続するUSBデバイスを特定する

リスト2　HardwareProfile.hの内容

```
/*******************************************************
* ハードウェア設定ファイル
*******************************************************/
#define CLOCK_FREQ 32000000
/** バッテリ制御I/O定義 ******************************/
#define STAT1           PORTBbits.RB4
#define EN              LATAbits.LATA3
/** スイッチ定義 ***********************************/
#define S1              PORTAbits.RA4
#define S2              PORTBbits.RB5
#define S3              PORTBbits.RB7
#define LED0_On()       LATBbits.LATB13 = 1
#define LED1_On()       LATBbits.LATB15 = 1
#define LED0_Off()      LATBbits.LATB13 = 0
#define LED1_Off()      LATBbits.LATB15 = 0
```

字列で区別しています．

● HardwareProfile.h（ハードウェア構成）

新規作成が必要なハードウェアの構成を決める「HardwareProfile.h」の内容は，**リスト2**のようになっています．ここで定義しているのは，クロック周波数と充電ICの制御ピン，スイッチのピンとLEDの出力ピンだけです．

● メイン・プログラムの宣言部

次にメイン・プログラムBatCharger24.cの作成ですが，最初の宣言部の詳細は**リスト3**のようになっています．

リスト3　メイン・プログラムの宣言部

```
/*****************************************************
*  リチウム電池充電放電マネージャ
*   PIC24FJ64GB002でUSBホストモード
*****************************************************/
/* ファイルのインクルード */
#include "USB/usb.h"
#include "USB/usb_host_android.h"
#include "Compiler.h"
#include "HardwareProfile.h"

#define MAX_ALLOWED_CURRENT  (500) // Maximum power mA
/* コンフィギュレーションの設定 */
_CONFIG1(WINDIS_OFF & FWDTEN_OFF & ICS_PGx1 & GCP_OFF & JTAGEN_OFF)
_CONFIG2(POSCMOD_NONE & I2C1SEL_PRI & OSCIOFNC_OFF & FCKSM_CSDCMD
    & FNOSC_FRCPLL & PLL96MHZ_ON & PLLDIV_DIV2 & IESO_OFF)
_CONFIG3(SOSCSEL_IO)
/* ステート変数の宣言 */
typedef enum{
    DEVICE_NOT_CONNECTED,
    DEVICE_CONNECTED,
    RECEIVE,
    RECEIVE_WAIT,
    SEND,
    SEND_WAIT,
}AP_STATE;
volatile AP_STATE State;
/* コマンドの宣言定義 **/
typedef enum _AP_COMMAND{
    OKCHECK      = 0x01,
    START        = 0x02,
    MsrPower     = 0x03,
    MsrShunt     = 0x04,
    MsrBattery   = 0x05,
    MsrDischarge= 0x06,
    DISCONNECT   = 0x7F
}AP_COMMAND;
volatile AP_COMMAND Command;
/* グローバル変数定義 */
static void* device_handle = NULL;
static BOOL device_attached = FALSE;
static BYTE read_buffer[64];
static BYTE send_buffer[64];
static BYTE count, Block ,setCur;
unsigned int Value[5], Interval, Index;
float InVolt, OutVolt, BatVolt, LiVolt, OutCur;
BYTE UpMesg[17]   = "CHG xxxmA  x.xxV";
BYTE LowMesg[17]  = "DIS x.xxV  xxxmA";
/*データ保存バッファ定義 15sec*720 = 3Hour */
#define MAXSIZE 720
BYTE Power[MAXSIZE*2+2];
BYTE Shunt[MAXSIZE*2+2];
BYTE Battery[MAXSIZE*2+2];
BYTE Discharge[MAXSIZE*2+2];
/** アンドロイド接続用パラメータ **/
static char manufacturer[]       = "Microchip Design Lab";
static char model[]              = "BatCharger";
static char description[]        = "Battery Charger Board";
static char version[]            = "1.0";
static char uri[]                = "http://www.picfun.com";
static char serial[]             = "N/A";
ANDROID_ACCESSORY_INFORMATION myDeviceInfo ={
    manufacturer,                sizeof(manufacturer),
    model,                       sizeof(model),
    description,                 sizeof(description),
    version,                     sizeof(version),
    uri,                          sizeof(uri),
    serial,                      sizeof(serial)
};
/** 関数プロトタイピング **/
void OffLine(void);
void Process(void);
unsigned int ADConv(unsigned int chnl);
void ftostring(int seisu, int shousu, float data, BYTE
*buffer);
```

USB接続シーケンス用のステート変数

USBで送受するコマンドの種別

充放電計測データ用バッファ

相手を特定する文字列の定義

最初に必要なファイルをインクルードしています．ここではUSBフレームワーク関連のヘッダ・ファイルをまとめてインクルードしています．

次にコンフィグレーション設定です．ここでは，USBモジュール用の96MHzのクロック生成をONとし，メイン・クロックは内蔵クロックとしてPLLを有効にしています．これで32MHzのメイン・クロックとなります．

あとは各種定数と変数の宣言定義が続いています．充放電中の計測データを保存するバッファを用意しています．それぞれ720回ぶんの計測データを保存します．

最後のほうに，アクセサリ接続を特定するための文字列を宣言しています．この文字列でスマートフォンが接続相手を特定します．

● メイン関数

アクセサリとして，スマートフォンをUSBスレーブで接続して機能を果たす処理を実行します．まず，初期化部は**リスト4**のようになっています．

入出力ピンの入出力モードを初期設定後，A-Dコンバータ，タイマ2，電圧リファレンス，液晶表示器のそれぞれの初期化を実行し，最後にUSBとAndroid

リスト4　初期化部

```
/************* メイン関数 ******************/
int main(void){
  int i;

  CLKDIV = 0x0020;                      // 96MHz PLL On CPU
32MHz
  /* I/O初期化 */
  TRISA = 0x0013;
  TRISB = 0x5FFF;
  // ADCの初期設定
  AD1CON1 = 0x80E0;                     // Off , Auto Start
  AD1CON2 = 0x0000;                     // VDD,VSS
  AD1CON3 = 0x1F05;                     // 31TAD, 5TCY
  AD1CHS  = 0x0000;                     // AN0
  AD1PCFG = 0xFFCC;                     // AN0,1,4,5
  AD1CSSL = 0x0000;                     // No Scan
  // タイマ2初期設定
  PR2 = 62500;                          // 250msec
  IPC1bits.T2IP = 3;                    // Interrupt priority = 3
  T2CON = 0x0020;                       // Internal 1/64
  IFS0bits.T2IF = 0;
  IEC0bits.T2IE = 1;
  // CVR初期設定
  CVRCON = 0x00E0;                      // Level 0
  // I2Cの初期設定
  I2C1BRG = 0x9C;                       // 100kHz@16MHz
  I2C1CON = 0x8000;                     // I2Cイネーブル
  /* 液晶表示器の初期化*/
  lcd_init();
  lcd_cmd(0x01);                        // 全消去
  lcd_str("Start Charger");
  setCur = 0;
  Index = 0;
  Block = 0;
  count = 0;
  for(i=0; i<MAXSIZE*2; i++){
        Power[i] = 0;
        Shunt[i] = 0;
        Battery[i] = 0;
        Discharge[i] = 0;
  }
  /* USB初期化とAPスタート */
  State = DEVICE_NOT_CONNECTED;         // USB初期状態にリセット
  USBInitialize(0);                     // USB初期化
  AndroidAppStart(&myDeviceInfo);       // Androidアクセサリ初期化
```


リスト5　メイン・ループ部

```
/************ メインループ ****************************/
  while(1){
    DWORD size;
    BYTE errorCode, Result;

    OffLine();                                    // スイッチチェック
    /*** USBステート関数実行 ***/
    USBTasks();                                   // USB送受信実行
    /* デタッチ検出 */
    if(device_attached == FALSE){                 // デバイス未接続か?
        LED0_Off();                               // 目印LED
        LED1_On();
        lcd_icon(3, 0);                           // アイコン消去
        State = DEVICE_NOT_CONNECTED;             // 初期状態へ
    }
    /***** ステートに従って処理実行 ********/
    switch(State){
        case DEVICE_NOT_CONNECTED:                // デバイス未接続中
          /**** アタッチ検出 ****/
          if(device_attached == TRUE){            // アタッチされたか?
            LED0_On();                            // 目印LED
            LED1_Off();
            State = DEVICE_CONNECTED;             // 接続処理へ
          }
          break;
        case DEVICE_CONNECTED:                    // 接続確認
          lcd_icon(3, 1);                         // アイコン点灯
          send_buffer[0] = OKCHECK;               // 接続確認応答
          send_buffer[1] = 'O';                   // OKメッセージ返送
          send_buffer[2] = 'K';
          count = 3;
          State = SEND;
          break;
        case RECEIVE:                   // Androidからの受信実行
          Result = AndroidAppRead(device_handle,
                                    (BYTE*)&read_buffer,
(DWORD)sizeof(read_buffer));
          if(Result == USB_SUCCESS)
            State = RECEIVE_WAIT;                 // 受信完了待ちへ
          break;
        case RECEIVE_WAIT:                        // 受信完了待ち
          if(AndroidAppIsReadComplete(device_handle,
                            &errorCode, &size) == TRUE){
          if(errorCode == USB_SUCCESS)            // 正常完了か?
              Process();                // コマンド処理実行後次のステートへ
            else
              State = RECEIVE;  // 異常なら無視して次の受信へ
          }
          break;
        case SEND:      // 送信実行　必要バイト数のみ送信
          Result = AndroidAppWrite(device_
                        handle,(BYTE*)&send_buffer, count);
          if(Result == USB_SUCCESS)
            State = SEND_WAIT;                    // 正常なら送信待ちへ
          break;
        case SEND_WAIT:                           // 送信完了待ち
          if(AndroidAppIsWriteComplete(device_handle,
                            &errorCode, &size) == TRUE)
            State = RECEIVE;                      // 完了で次の受信へ
            break;
        default :
          State = DEVICE_NOT_CONNECTED;
          break;
        }
    }
}
```

アプリケーション部の初期化を実行してから，メイン・ループに入ります．

電圧リファレンスの出力で放電用の定電流回路の電流設定を行いますので，出力をピンに接続するように設定しています．

液晶表示器用にI^2Cの初期設定が必要ですが，この液晶表示器の応答性能があまりよくないので，I^2Cの転送速度を100kbpsの転送速度に設定しています．

次が**リスト5**のメイン・ループで，最初にスイッチのチェック関数OffLineを実行し，押されていたら対応する処理を実行します．

続いて，USBTasks()関数を実行してUSBの内部ステートの更新をしています．ここに短時間で戻るように以下のプログラムを作成します．

次に，接続中にスマートフォンが切り離されるのを毎回チェックしていて，切り離されたらステートを初期状態に戻しています．

あとはステートごとの処理で順番に進めます．まず初期状態のDEVICE_NOT_CONNECTEDステートの間は，常にスマートフォンのアタッチをチェックし，アタッチを検出したら次のDEVICE_CONNECTEDステートに進みます．

DEVICE_CONNECTEDステートでは，接続を確認する確認応答をスマートフォンに送信するため，SENDステートに進めています．

これで進むSENDステートでは，データ送信を実行し，成功したら次のSEND_WAITステートに進みます．SEND_WAITステートで送信完了をチェックし，完了したらRECEIVEステートに進んで受信待ちとします．

RECEIVEステートでは受信を実行し，正常に実行できたら次のRECEIVE_WAITステートに進みます．ここで，受信できるまで繰り返し待つことになります．

受信完了したら受信データの処理をするProcess()関数を呼び出して，それぞれのデータ処理を実行します．

データ処理が完了したら，通常はまたRECEIVEステートに戻って次の受信データ待ちとしますが，デー

リスト6　受信データ処理関数

```
/**************************************************************
* USB受信コマンド処理実行関数
**************************************************************/
void Process(void){
  int i;
  unsigned char temp[5];                    // 変換データ一時格納エリア

  switch(read_buffer[0]){                   // コマンド取得
    /* 接続確認要求の場合 */
    case OKCHECK:
      send_buffer[0] = OKCHECK;             // 確認か？
      send_buffer[1] = 'O';                 // OKメッセージ返送
      send_buffer[2] = 'K';
      count = 3;                            // 送信バイト数セット
      State = SEND;                         // 送信へ
      Block = 0;
      break;
    case START:                             // 表示開始要求
      Block = 0;
      send_buffer[0] = START;               // 応答
      send_buffer[1] = (BYTE)(Index/128);   // データ数返送
      send_buffer[2] = (BYTE)(Index%128);
      send_buffer[3] = setCur;              // 放電電流設定値
      count = 4;
      State = SEND;
      break;
    /* 計測要求の場合 */
    case MsrPower:                          // 電源電圧測定
      send_buffer[0] = MsrPower;
      send_buffer[1] = 60;
      for(i=0; i<60; i++){                  // 60バイトごと送信
        send_buffer[i+2] = Power[Block*60+i];
      }
      Block++;                              // ブロックカウンタ更新
      if(Block >= (MAXSIZE*2)/60){          // 終了か？
        Block = 0;
      }
      count = 62;                           // 送信ステートへ
      State = SEND;
      break;
    case MsrShunt:                          // シャント抵抗電圧測定
      send_buffer[0] = MsrShunt;
      send_buffer[1] = 60;
      for(i=0; i<60; i++){
        send_buffer[i+2] = Shunt[Block*60+i];
      }
      Block++;
      if(Block >= (MAXSIZE*2)/60){
        Block = 0;
      }
      count = 62;
      State = SEND;
      break;
    case MsrBattery:                        // 充電側電池電圧測定
      send_buffer[0] = MsrBattery;
      send_buffer[1] = 60;
      for(i=0; i<60; i++){
        send_buffer[i+2] = Battery[Block*60+i];
      }
      Block++;
      if(Block >= (MAXSIZE*2)/60){
        Block = 0;
      }
      count = 62;
      State = SEND;
      break;
    case MsrDischarge:                      // 放電側電池電圧測定
      send_buffer[0] = MsrDischarge;
      send_buffer[1] = 60;
      for(i=0; i<60; i++){
        send_buffer[i+2] = Discharge[Block*60+i];
      }
      Block++;
      if(Block >= (MAXSIZE*2)/60){
        Block = 0;
      }
      count = 62;
      State = SEND;
      break;
    case DISCONNECT:
      State = DEVICE_NOT_CONNECTED;         // 初期状態へ
      break;
    default :
      break;
  }
}
```

受信コマンドで分岐
接続確認の場合OK応答の送信
充放電開始コマンドの場合
現在のデータ個数を返送
電源電圧データ送信要求の場合
電圧データを送信．60バイトごと
シャント抵抗電圧送信要求の場合
電圧データを送信．60バイトごと
充電電池電圧要求の場合
電圧データを送信．60バイトごと
放電電池電圧要求の場合
電圧データを送信．60バイトごと
切り離し要求の場合

タ処理の結果を返送する場合には，SENDステートにしてデータ送信を実行します．

こうして一巡の送信，受信処理を繰り返します．

● 受信データ処理関数

受信データ処理関数Process()関数の詳細は**リスト6**となります．まず，受信データの1バイト目のコマンドの種別で分岐します．

接続確認要求の場合にはOK応答をセットして送信しますが，これは使っていません．

次に，充放電開始コマンドの場合には，現在保存されているデータ個数と放電電流値を返送し，データ・バッファのブロック・カウンタをリセットします．

あとは計測データの送信要求が4種類あり，それぞれごとにバッファの内容をブロック・カウンタで指定された位置から60バイトずつ送信し，ブロック・カウンタを更新します．送信する回数はスマートフォン側で計測個数を基に決定しますが，万一ブロック・カウンタがバッファ容量を超えたらリセットします．

1種類のデータで最大720×2バイトありますから，60バイトずつだと全部送るときには24回の送信が必要になります．これを4種類ぶんですから，最大96回の送信をすることになります．

切り離しコマンドの場合は，デバイス未接続状態にしているだけです．

リスト7　タイマ割り込み処理関数

```
/*************************************************************
*   タイマ2割り込み処理関数
*  放電、充電中のデータを収集しバッファに格納
*************************************************************/
void __attribute__((interrupt, no_auto_psv)) _T2Interrupt(void)
{
  IFS0bits.T2IF = 0;
  // シャント抵抗入力側電圧測定
  Value[0] = ADConv(1);                              // AN1
  InVolt = ((float)Value[0] * 1.653 * 3.3)/1024;
  // シャント抵抗出力側電圧測定
  Value[1] = ADConv(5);                              // AN5
  OutVolt = ((float)Value[1] * 1.653 * 3.3)/1024;
  // 充電電流値計算 mA 500Ωシャント抵抗
  OutCur = (InVolt - OutVolt)*2000;
  if(OutCur < 0)
    OutCur = 0;
  // 電池電圧測定
  Value[2] = ADConv(0);                              // AN0
  // 電圧に変換　実機分圧比補正=1.470
  BatVolt = ((float)Value[2] * 1.456 * 3.30)/1024;
  // 液晶表示器に表示
  ftostring(3, 0, OutCur, UpMesg + 4);
  ftostring(1, 2, BatVolt, UpMesg + 11);
  lcd_cmd(0x80);                                     // 1 line
  lcd_str(UpMesg);                                   // 表示
  // 電流値の較正をする際にこのコメントをはずして
  // シャント抵抗のInとOutの電圧を液晶表示器に表示する
  // ftostring(1,3, InVolt, LowMesg + 4);
  // ftostring(1,3, OutVolt, LowMesg + 11);
  // lcd_cmd(0xC0);
  // lcd_str(LowMesg);
  // 放電電圧計測
  Value[3] = ADConv(4);                              // AN4
  // 電圧に変換
  LiVolt = ((float)Value[3] * 3.30 *1.64)/1024;
  if(LiVolt < 1.5){
    CVRCON = 0xE0;                                   // 1.5Vで放電停
止
    setCur = 0;
  }
  // 電流値の較正をする際にここをコメントアウトする
  ftostring(1, 2, LiVolt, LowMesg + 4);
  ftostring(3, 0, (setCur*70), LowMesg+11);  // 放電電流値の表示
  lcd_cmd(0xC0);
  lcd_str(LowMesg);
  // データ保存
  Interval++;
  if(Interval >= 60){                                // 15secごと
    Interval = 0;
    if(Index < MAXSIZE){
      // バッファ格納
      Power[Index*2]     = (BYTE)(Value[0]/128);
      Power[Index*2+1]   = (BYTE)(Value[0]%128);
      Shunt[Index*2]     = (BYTE)(Value[1]/128);
      Shunt[Index*2+1]   = (BYTE)(Value[1]%128);
      Battery[Index*2]     = (BYTE)(Value[2]/128);
      Battery[Index*2+1]   = (BYTE)(Value[2]%128);
      Discharge[Index*2]     = (BYTE)(Value[3]/128);
      Discharge[Index*2+1]   = (BYTE)(Value[3]%128);
      Index++;
    }
  }
}
```

電源電压測定
シャント抵抗電圧測定
充電電流を計算
充電電池電圧測定
表示バッファに格納
1行目表示
放電終了のチェック
放電電池電圧測定
表示バッファに格納
2行目表示
15秒経ったか
計測データをバッファに保存
ポインタ更新

● タイマ割り込み処理関数

タイマ2は250ms周期のインターバル割り込みを生成するように設定されています．この割り込みの処理が**リスト7**となります．

ここでは，毎回計測の実行と液晶表示器への表示を実行しています．電源電圧，シャント抵抗の電圧を測定し，それぞれ分圧抵抗の比で実際の値に変換してから，充電電流を求めています．さらに充電電池電圧を計測してから，これらを液晶表示器の1行目に表示しています．

続いて，放電電池電圧を計測し，実際の値に変換しています．受信した放電電流値を実際の電流値にしてから，液晶表示器の2行目に表示しています．

過放電にならないよう，電池電圧が3.0V以下になったら放電を終了させ，放電電流を0にして電池を開放状態にしています．

最後に，15秒経ったかをチェックし，15秒ごとに計測値を送信バッファに保存しています．

充電電流値を0.5Ωのシャント抵抗の電圧降下で求めていますので較正が必要です．この較正をする際には，リストでコメント・アウトしてある部分を変更して，電源電圧とシャント抵抗電圧を2行目に表示させて行います．

● スイッチ入力処理関数

メイン・ループでは常時，**リスト8**のスイッチ入力処理関数を呼んでいます．

S_1が押されたら充放電開始で，メッセージを出力し充電制御ICのENをONとしてD-Aコンバータの出力を開始します．

リスト8　スイッチ入力処理関数

```
/*******************************************************
*   オフライン中の処理関数
*   スイッチのチェック
*******************************************************/
void OffLine(void){
  // 充放電の開始
  if(S1 == 0){                                  // SW1オン待ち
    EN = 1;          ← 充電開始                  // 充電ICオン
    lcd_cmd(0x01);
    lcd_str("Start");
    CVRCON = 0xE1;   ← 放電開始                  // 70mA
    setCur = 1;
    T2CONbits.TON = 1;  ← タイマ2開始            // Timer2 start
    while(S1 == 0);
  }
  // 充放電の停止
  if(S3 == 0){
    T2CONbits.TON = 0;                          // Timer2 stop
    EN = 0;          ← 充電停止
    CVRCON = 0x00E0;  ← 放電停止                 // レベル0
    setCur = 0;
    lcd_cmd(0x01);                              // 液晶表示器クリア
    lcd_str("Stop");
    while(S3 == 0);
  }
  // 放電電流の切り替え  70,140,210,280,350,420,490mA
  if(S2 == 0){
    if(T2CONbits.TON == 1){                     // 動作中か？
      setCur++;      ← 放電電流の変更            // 1-7で繰り返し
      if(setCur > 7)
        setCur = 1;
      CVRCON = 0xE0 + setCur;  ← D-Aコンバータの出力変更  // 放電電流設定
    }
    while(S2 == 0);
  }
}
```

S_3が押されたら，充放電停止でENピンをOFFとし，A-Dコンバータ出力も0Vとします．

S_2が押された場合は放電電流の切り替えで，70mAから490mAの間で7段階でサイクリックに切り替えます．これに合わせてD-Aコンバータの出力電圧も切り替えています．

以上が充放電アクセサリの主要なプログラム部となります．残りは液晶表示器のライブラリだけですので，これはI^2Cの通信のみですから説明は省略します．

● 書き込みと動作確認

新規作成が必要なプログラムを作成したら，全体をコンパイルします．エラーが特になくコンパイルが成功したら，PICマイコンに書き込みます．この書き込みにはPICkit 3というプログラマを使います．

書き込みが完了すればすぐ実行を開始します．

この充放電器は単体でも動作するようになっていますから，この時点でも動作を確認することができます．ファームウェアが動作を開始すると液晶表示器に「Start Charger」と表示されるはずです．

写真4　液晶表示器の表示例

充電あるいは放電のコネクタにバッテリを接続してから「Start」のスイッチ(S_1)をONにすると，充電と放電の両方とも動作を開始します．このときの液晶表示器の表示例が**写真4**です．

充電の際の電流値を設定します．未充電のバッテリを接続してからS_1を押すと**写真4**の表示となりますから，液晶表示器の1行目の電流値を見ながら，基板上の半固定抵抗を回せば電流値が変わるはずですので，適当な電流値に設定します．放電のほうは特に調整する項目はありません．S_2を押すごとに2行目の電流値が変われば正常に動作しています．

ステップ3：スマートフォンのアプリ製作

● アプリケーションの全体構成

スマートフォン側のアプリケーション・プログラムの全体構成を簡単に表すと**図9**のようになります．

まず，USBで接続されるアクセサリは，マニフェスト・ファイル(AndroidManifest.xml)で，フィルタ指定することで特定されます．そのフィルタとして，フィルタ・ファイル(accessory_filter.xml)が指定され，ここに実際に接続可能なアクセサリが指定されています．

USBアクセサリの接続とUSBの送受信は，マイクロチップ社から提供されているアクセサリ用クラス・ライブラリ(USBAccessoryManager.java)がすべて実行します．つまり，アプリケーション本体からの送信データはこのライブラリで送信されますし，USBで受信したデータはアプリケーション本体(ChargerMonitor.java)に渡され，ここで受信データの処理をします．

さらに，アプリケーション本体ではスマートフォンの画面の表示処理を行い，ボタンが押されたときのイベント処理も実行します．

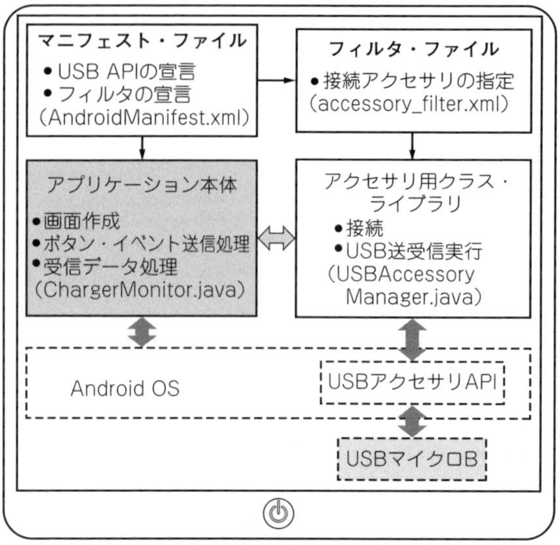

図9 アプリケーションの全体構成

アクセサリ・ライブラリAPIの使い方

スマートフォンのアプリケーション・プログラムを作成する際には，マイクロチップ社から提供されているUSBアクセサリ・クラス・ライブラリを使ってアクセサリとのUSB通信を記述することになります．このライブラリの使い方を説明します．

リスト9 ハンドラの基本的な処理の流れ

```
private Handler handler = new Handler() {     ←ハンドラ・オブジェクトの生成
    @Override
    public void handleMessage(Message msg) {  ←ハンドラ・メッセージの定義
      switch(((USBAccessoryManagerMessage)msg.obj).type) {  ←ハンドラ・メッセージの取り出し
        case CONNECTED:
            (接続時の処理記述)
            break;
        case READY:
            (準備完了時の処理記述)
            break;
        case DISCONNECTED:
            (切り離し時の処理記述)
            break;
        case READ:
            (データ読み出し時の処理記述)
            break;
        default: break;
      }
    }
}
```

まず，このUSBアクセサリ・ライブラリでサポートされているメソッドは表6のようになっています．

通常使うときの手順としては次のようにします．

● 手順1：USBアクセサリ・マネージャ・オブジェクトを生成する

アプリケーション起動時にUSBAccessoryManager()メソッドを使って生成します．たとえば，次のように記述すれば，accessoryManagerというインスタンスで，handlerという名称のハンドラに

表6 ライブラリで提供されるメソッド

メソッド	書式と機能内容
USBAccessoryManager	USBアクセサリ・マネージャ・オブジェクトを生成する 《書式》USBAccessoryManager(Handler handler, int what) Handler：イベントを通知するハンドラ・クラス名．what：アクセサリのイベント種別で以下順となる…CONNECTED→READY→READ→DISCONNECTED，ERROR
enable	USBアクセサリのEnumeration実行 《書式》RETURN_CODES enable(Context context, Intent intent) context：アプリケーションの指定情報，intent：インテントの指定，次の戻り値がある：DEVICE_MANAGER_IS_NULL/ACCESSORIES_LIST_IS_EMPTY/FILE_DESCRIPTOR_WOULD_NOT_OPEN/PERMISSION_PENDING/SUCCESS 通常はアプリケーション・スタート時にはenableがすでに実行された状態で，CONNECTEDイベントを返すところから開始する．いったん停止したのち再開したとき本関数を実行して再接続する必要がある
disable	USBマネージャを無効化しすべてのリソースを解放する 《書式》void disable(Context context) context：アプリケーションの指定
isConnected	USBマネージャの接続状態問い合わせ 《書式》boolean isConnected() 戻り値：true＝接続中/false＝切り離し中
read	USBアクセサリからの受信．実際の読み込み動作はライブラリ内部のスレッドで実行される 《書式》int read(byte[]array) array：読み込むバッファ，戻り値：読み込みバイト数(最大はバッファ・サイズ)
write	USBアクセサリへの送信 《書式》void write(byte[]data) data：送信データ・バッファ（通常は最大64バイト送信）

リスト10　アプリケーション遷移時の処理の流れ

```
/** いったん停止の場合　 **/
@Override
public void onPause() {
    super.onPause();
    commandPacket[0] = (byte)DISCONNECT;      // 切り離し要求
    accessoryManager.write(commandPacket);
    accessoryManager.disable(this);           // USB切り離し実行
}
/** 再起動の場合　 **/
@Override
public void onResume() {
    super.onResume();
    accessoryManager.enable(this, getIntent());
                                              // USB再接続実行
}
```

いったん停止をアクセサリに通知する

インスタンスをaccessory Managerとしている

再度Enumerationを実行

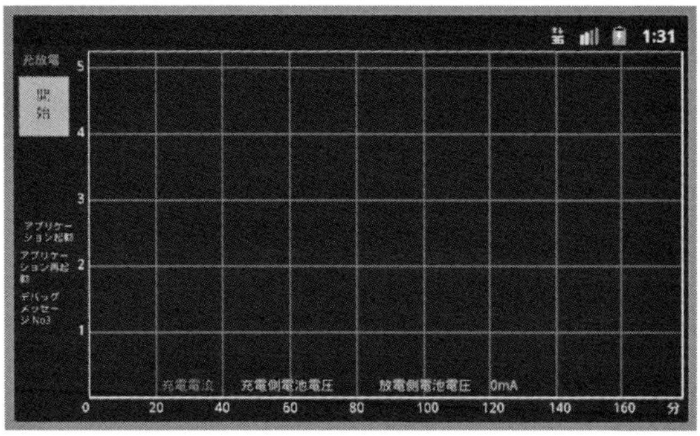

図10　充放電器のスマートフォンの画面

USBEvent メッセージを渡すようにして生成されます．

`accessoryManager=new USBAccessory Manager(handler, USBEvent);`

● **手順2：ハンドラを作成し，その中にイベントごとの処理を記述する**

ハンドラにUSBアクセサリ・マネージャのメッセージが渡されますから，それぞれの処理を記述します．

(1)で生成したインスタンスの場合のメッセージは，**リスト9**のように記述すれば取り出せますので，取り出したメッセージごとの処理を記述します．メッセージはUSBアクセサリ・ライブラリの一つである「USBAccessoryManagerMessage.java」というファイルの中で定義されているUSBAccessory Manager Messageという定数で供給されます．**表6**のようにCONNECTED, READY, READ, DISCONNECTEDのメッセージ種類があります．

● **手順3：ライフ・サイクル遷移ごとの処理**

アプリケーションがいったん停止したり，再起動したりした場合に合わせて，USBアクセサリも終了と再接続をする必要があります．この場合の記述は**リスト10**のようにします．

いったん停止した場合は，アクセサリ側に停止したことを通知してアクセサリの処理を止める必要があります．その後，自分自身をdisable()メソッドで停止させます．

再接続した場合には，USBのEnumerationをやり直す必要がありますから，enable()メソッドを呼んでUSB Enumerationを実行し，インテントを取得してアプリケーションに渡します．

アプリケーション

● **画面構成**

この充放電器のスマートフォンの画面は**図10**のようにしました．スマートフォン側の機能はグラフで充放電の経過を表示するだけですから，ボタンは開始コマンドの1個だけで，大部分がグラフ表示をする領域となります．

ボタンの下に，デバッグ用にUSBの接続状況を表示するメッセージ領域をいくつか用意しています．このメッセージでUSB接続状況が大体わかります．

この画面表示のプログラムは，通常のEclipseではリソース・ファイルで作成するのですが，グラフ領域の表示を一緒にしようとするとちょっと面倒なので，プログラムとして直接記述して作成します．

グラフを表示する部分は，720×420ドットの範囲で表示し，横軸は15秒単位で1ドットとして表示させます．したがって，15秒×720＝180分ということになります．縦軸は80ドットで1Vとしましたので，0Vから5.25Vまで表示できることになります．電流の場合も0から525mAの表示として目盛を合わせています．

● **Eclipseのプロジェクトの作成**

Eclipseの開発環境の構築は完了しているものとし，本製作に使うソース・ファイルも，あらかじめウェブ・サイト(本書のサポート・ページ)からダウンロードして入手されているものとします．

また，Eclipseの環境がD:¥Androidフォルダ下に作られているものとします．この環境の下でプロジェクトを作成します．

まず，プロジェクトを格納するフォルダ「D:¥Android¥projects」を新規に作成します．もともとEclipseのデフォルトのプロジェクト用のフォルダは「D:¥Android¥workspace」となっているのですが，さらにプロジェクト・フォルダを別に用意するのは，workspaceにダウンロードしたソースをコピーしてプロジェクトを作ろうとすると，「既にプロジェクトが存在する」というエラーで作成できないため，workspaceとは異なるフォルダに作成する必要があるからです．

次に，このD:¥Android¥projectsフォルダの下に，ここで作成する充放電器のフォルダを「Charger Monitor」という名称で作成します．そしてダウンロードしたソース・ファイルをこのフォルダ下にすべてコピーします．

コピー完了後のフォルダ内のファイル構成は**図11**のようになっているはずです．

これで準備ができましたから，次にEclipseを起動し，メニューから「File」→「New」→「Project」とします．

最初に開くダイアログで「Android Project」を選択して[Next]とします．

これで開く**図12**の「Create Android Project」のダイアログでは，「Create project from existing source」にチェックを入れてから[Browse]ボタンを押し，ソースをコピーしたディレクトリを指定します．ここでは，次のディレクトリを指定しています．

D:¥Android¥projects¥ChargerMonitor

これを指定すると自動的にProject Name欄にプロジェクト名「ChargerMonitor」が表示されます．

これで[Next]とすると「Select Build Target」のダイアログになりますので，ここでは「Android 2.3.3でGoogle APIsの10」のSDKバージョンを選択してから[Finish]とします．

これでプロジェクトが自動作成され，**図13**のようなファイル構成で新規プロジェクトが生成されます．

プロジェクトにエラー・フラグがない状態であれば，デモ・プログラムを実行できます．さっそく実機で実行してみましょう．

実機で実行させるためには，ダウンロードが必要です．実機(Nexus S)をパソコンのUSBに接続し，USBドライバをインストールします．

Eclipse上で「Run」→「Run Configuration」とすると「Create, manage, and run configuration」という**図14**のダイアログが表示されますので，Androidタグで実行させるプロジェクトを選択します．

続いて，Targetタグを選んで表示されるダイアロ

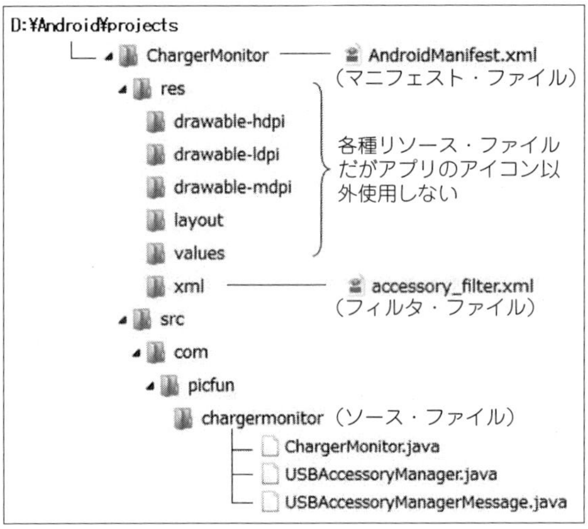

図11　コピー後のファイル構成

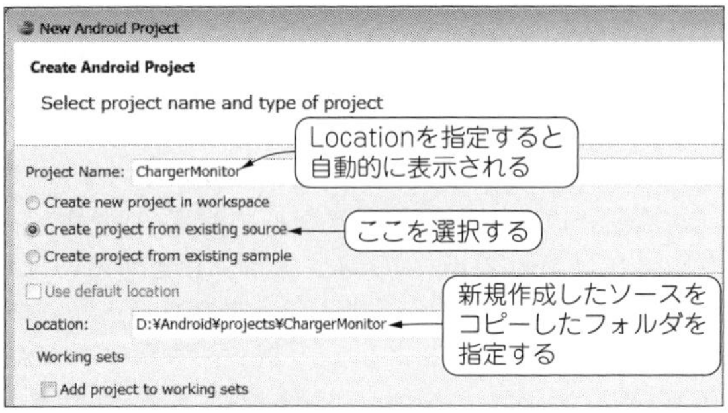

図12　プロジェクトの生成

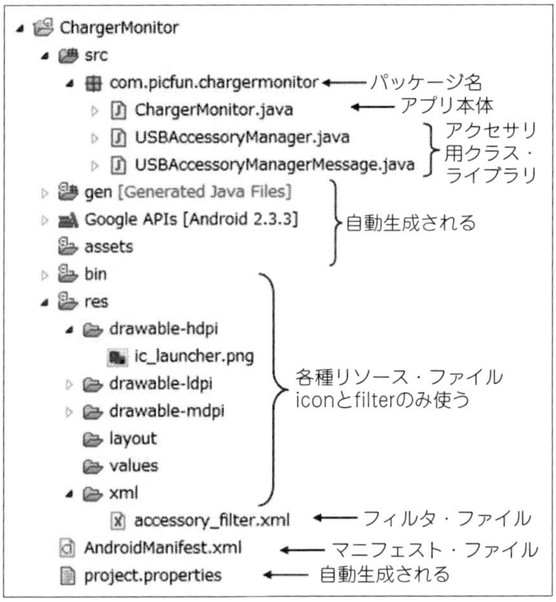

図13　ChargerMonitorのプロジェクト・ファイル構成

図14　プロジェクトの実行

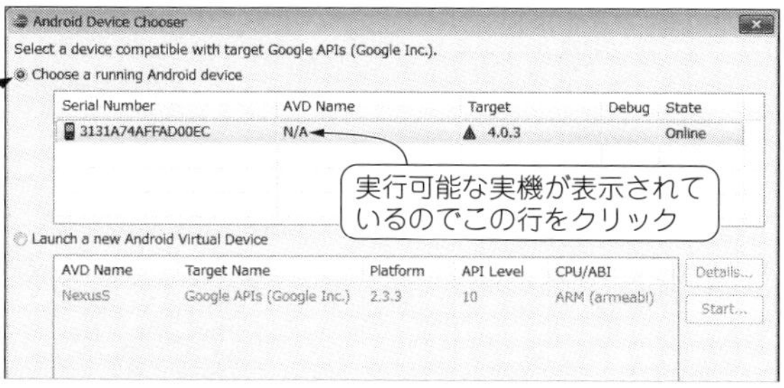

図15 実機を選択するとダウンロードされる

グで「Manual」にチェックを入れてから[Run]をクリックします.

これで**図15**のダイアログが表示されます. ここで上側の「Choose a running Android device」にチェックを入れ, さらに欄内の実機デバイスを選択して[OK]とすれば実機へのダウンロードが実行されます.

ダウンロードが完了すると実機に**図10**と同じ画面が表示されます.

● マニフェスト・ファイルとフィルタ・ファイル

マニフェスト・ファイルは, アプリケーションを起動した場合に実行するアクティビティを指定するファイルです. この製作例でのマニフェスト・ファイルは**リスト11**のようにしました.

最初にプログラムのパッケージ名やアクティビティ名を定義していて, プログラムをダウンロードした場合, ここに記述されているパッケージ名とアクティビティ名がアプリケーションを区別する名称として使われます.

次に, 最小のAndroid APIレベルを指定しています. 続いてイベント通知設定をしていますが, ここでアクセサリが接続されたときイベント通知をするように指定し, さらにフィルタ・ファイルでアクセサリを特定するように設定しています.

最後に, AndroidのAPIレベル10に含まれているUSB拡張ライブラリであるUSBアクセサリAPIライブラリを使うという宣言をしています.

指定されたフィルタ・ファイルの内容が**リスト12**の下側で, ここに接続アクセサリを特定するための文字列情報が指定されています. USBで接続されたあと, アクセサリから送られてくる文字列と, ここの文字列が一致するかどうかで接続を許可するかどうかを決定しています.

アプリケーション本体の詳細

アプリケーション本体は下記のようなメソッドやサブクラスで構成されています.

- フィールドの定義(変数, 定数の定義)
- onCreateメソッドでGUIを表示
- アプリ遷移に伴うイベントごとの処理メソッド
- USBイベントを処理するハンドラ部
- 受信データを処理するメソッド

以下にそれぞれの詳細を説明します.

リスト11 アプリ全体の宣言を行う…マニフェスト・ファイル

```
<?xml version="1.0" encoding="utf-8"?>
<manifest xmlns:android="http://schemas.android.com/apk/res/
                                                    android"
  package="com.picfun.chargermonitor"
  android:versionCode="1"
  android:versionName="1.0" >
  <uses-sdk android:minSdkVersion="10" />
  <application
    android:icon="@drawable/ic_launcher"
    android:label="充放電管理" >
    <activity
      android:name=".ChargerMonitor"
      android:label="充放電管理"
      android:screenOrientation = "landscape"  >
      <intent-filter>
        <action android:name="android.intent.action.MAIN" />
        <category android:name="android.intent.category.
                                                  LAUNCHER" />
      </intent-filter>
      <intent-filter>
      <action android:name="android.hardware.usb.action.USB_
                                      ACCESSORY_ATTACHED" />
      </intent-filter>
      <meta-data android:name="android.hardware.usb.action.
                                   USB_ACCESSORY_ATTACHED"
          android:resource="@xml/accessory_filter" />
    </activity>
    <uses-library android:name="com.android.future.usb.
                                               accessory" />
  </application>
</manifest>
```

(注記: バージョン指定 / 横向き限定指定 / 自動起動の指定 / フィルタ指定 / ライブラリ使用宣言)

リスト12 接続するアダプタ基板を特定する文字列を記したフィルタ・ファイル

```
<?xml version="1.0" encoding="utf-8"?>
<resources>
    <usb-accessory manufacturer="Microchip Design Lab"
model="BatCharger"/>
</resources>
```

(注記: 相手特定のための文字列)

● onCreateメソッド

起動時に実行されるonCreateメソッドの内容は**リスト13**のようになっています.

最初にGUI画面表示設定を行っています. この製作ではGUI記述をリソースのxmlファイルではなく, 直接プログラム中に記述しています.

まず, 画面全体を横配置として, 表示操作部とグラフ表示部を横に並べています. 次に, 表示操作部を縦配置とし, そこに表題と開始ボタンを配置し, その下にはデバッグ用としてUSBの接続状態をメッセージ表示するための3個のテキスト・ボックスを追加して

リスト13 onCreateメソッドの内容

```
/***** 最初に実行されるメソッド GUIの表示 *********************/
 @Override
 public void onCreate(Bundle savedInstanceState) {
   super.onCreate(savedInstanceState);
   requestWindowFeature(Window.FEATURE_NO_TITLE);
   /*** レイアウト定義 *******/
   LinearLayout layout = new LinearLayout(this);
   layout.setOrientation(LinearLayout.HORIZONTAL); ← 横配置指定
   setContentView(layout);
   // サブレイアウト
   LinearLayout layout2 = new LinearLayout(this);
     layout2.setOrientation(LinearLayout.VERTICAL); ← 縦配置指定
     layout2.setGravity(Gravity.LEFT);
      // 見出しテキスト表示
     text = new TextView(this);
     text.setLayoutParams(new LinearLayout.LayoutParams(65,WC));
     text.setTextSize(10f);
       text.setTextColor(Color.MAGENTA);
     text.setText(" 充放電");                                   ↑ 表題表示
     layout2.addView(text);
     // ボタン生成
   LinearLayout.LayoutParams params2 = new LinearLayout.
           LayoutParams(60, WC);
    params2.setMargins(0,10, 0,0);
    Charge = new Button(this);
     // 充電開始ボタン
    Charge.setBackgroundColor(Color.YELLOW); ← 開始ボタン生成
    Charge.setTextSize(12f);
    Charge.setTextColor(Color.BLACK);
    Charge.setText("開始");
    Charge.setLayoutParams(params2);
    layout2.addView(Charge);
    // デバッグ用メッセージボックス生成
   LinearLayout.LayoutParams params3 = new LinearLayout.
                                    LayoutParams(60, WC);
    params3.setMargins(5, 100, 0,0);
   LinearLayout.LayoutParams params4 = new LinearLayout.
                                    LayoutParams(60, WC);
    params4.setMargins(0, 5, 0,0);
     text1 = new TextView(this);
    text1.setLayoutParams(params3);
    text1.setTextSize(8f);
    text1.setText("デバッグメッセージ No1 "); ← デバッグ用メッセージ・ボックス生成
    layout2.addView(text1);
    text2 = new TextView(this);
    text2.setTextSize(8f);
    text2.setLayoutParams(params4);
    text2.setText("デバッグメッセージ No2");
    layout2.addView(text2);
    text3 = new TextView(this);
    text3.setTextSize(8f);
    text3.setLayoutParams(params4);
    text3.setText("デバッグメッセージ No3");
    layout2.addView(text3);
   layout.addView(layout2);
   // グラフ描画
   graph = new MyView(this);  ← グラフ部表示
  layout.addView(graph);
  // ボタンイベントリスナ生成  ← 開始ボタン・リスナ定義
  Charge.setOnClickListener((OnClickListener) new
                                        ContStart());
 /*********** USBクラス ハンドラ生成 ********** ***********/
  accessoryManager = new USBAccessoryManager(handler,
                                           USBEvent);
                             ↑ ハンドラ定義
 }
```

います．

さらに，グラフ領域の描画をしてから，開始ボタンのリスナ・クラスの定義と，USBクラス・マネージャのオブジェクトを作成しています．

リスト14 アプリ遷移に伴うメソッド

```
/********** アプリケーション遷移イベント処理 **************/
@Override
public void onStart() {
     super.onStart();
     text1.setTextColor(Color.GREEN);
     text1.setText("アプリケーション起動"); ← 起動時の処理
}
@Override
public void onResume() {
  super.onResume();
     text2.setTextColor(Color.GREEN);
     text2.setText("アプリケーション再起動"); ← 再起動時の処理
  accessoryManager.enable(this, getIntent());// USB再接続実行
}
@Override
public void onPause() {
  super.onPause();
     commandPacket[0] = (byte)DISCONNECT;   // 切り離し要求
     accessoryManager.write(commandPacket);
  accessoryManager.disable(this);            // USB切り離し実行
  text2.setTextColor(Color.YELLOW);
  text2.setText("アプリケーション一旦停止"); ← 一旦停止の処理
}
```

● アプリケーション遷移イベント処理メソッド

アプリケーションが遷移する際のイベント処理メソッドを用意します．**リスト14**のようにonStart，onResume，onPauseの三つのイベント処理を用意しています．onResumeイベント処理では，USBの再接続を実行して新たなインテントを取得しています．これでアプリ停止，再起動の際の自動起動を可能としています．

いずれもアクセサリ・クラス・ライブラリが提供するメソッドを使っています．

● USBイベント処理ハンドラ

USBイベントに対応するハンドラが**リスト15**で，USBホストの接続，切り離しと送受信のイベントを処理します．実際の送受信そのものは，アクセサリ・ライブラリ内のスレッドで実行されますので，ここではスレッドから呼び出されるメソッドに必要な処理を追加します．

ハンドラの引き数として渡されるメッセージを取り出し，その種類でイベントを区別して分岐しています．

CONNECTEDの接続開始，READYの接続完了，DISCONNECTEDの切り離しでは単にメッセージを表示するだけです．

次のREADで実際の受信データの処理を実行しますが，毎回まだ接続中かどうかを確認し，切り離されていたら強制終了します．接続中であれば，受信したデータ中に一定数のデータがあるかを確認し，あればProcess()メソッドを呼び出して処理し，なければ何もしないですぐに抜けます．

リスト15　USBイベント・ハンドラの詳細

```
/********** USBイベントハンドル  *********/
  private Handler handler = new Handler() {
  @Override
  /* USBライブラリ応答メッセージ処理 */
  public void handleMessage(Message msg) {
  switch(((USBAccessoryManagerMessage)msg.obj).type) {
      case CONNECTED:
          text1.setTextColor(Color.GREEN);
          text1.setText("USBホストが接続されました");
          break;
      case READY:
          text2.setTextColor(Color.GREEN);
          text2.setText("USBホスト正常接続完了");
          break;
      case DISCONNECTED:
          text2.setTextColor(Color.RED);
          text2.setText("USBホストが切り離されました");
          break;
      case READ:
          if(accessoryManager.isConnected() == false) {
              text1.setTextColor(Color.YELLOW);
              text1.setText("USBホストが接続なし、終了します！");
              return;
          }
          if(accessoryManager.available() > 2) {
                                        // 受信データ残チェック
              accessoryManager.read(commandPacket);
                                          // 受信データ取り出し
              // USB受信メッセージごとの処理
              Process();
          }
          break;
      default:break;
  }
} };
```

パラメータの取得
パラメータ種で分岐
メッセージのみ表示
メッセージのみ表示
メッセージのみ表示
受信データありか？
接続中か確認
受信データの処理

● 受信データ処理実行メソッド

受信したデータ処理を行います．**リスト16**に示すように，1バイト目のデータ種別で分岐しています．

接続確認応答の場合は，OK応答の確認後メッセージを表示しているだけです．

開始コマンドへの応答の場合は，バッファ・ポインタをリセットし，受信したデータ個数をIndexとして保存してから，最初の計測要求を送信しています．

これへの応答としてデータ受信した場合は，計測のデータとしてバッファに保存します．Index個数を越えるまでこの計測要求とデータ受信を繰り返します．

さらに4種の電圧値をすべて受信完了したら，シャント抵抗の電圧値から充電電流値を求めて電圧値と一緒にグラフに表示します．

● グラフ表示サブクラス

最後が，**リスト17**に示す実際にデータ・グラフを表示するサブクラスです．

最初に呼び出されたコンテキストで初期化してから実際の表示メソッドを実行しています．

グラフ表示では，呼ばれるたびに座標からすべて再描画しています．

座標は固定座標で軸を描き，周囲を白枠で囲ってい

リスト16　受信データ処理メソッドの詳細

```
/***** データ表示処理関数 *******/
private void Process(){
    switch(commandPacket[0]) {
      case OKCHECK:// 接続確認コマンドの場合
          if((commandPacket[1] == 'O')&&(commandPacket[2]
                                               == 'K'))
              text3.setText("正常接続確認");
          else
              text3.setText("接続確認失敗");
          break;
      case START:
          Index = commandPacket[1]*128+commandPacket[2];
                                              // データ数取得
          setPoint = (int)commandPacket[3];
          Counter = 0;
          commandPacket[0] = MsrPower;   // 最初のデータ要求
          accessoryManager.write(commandPacket); // 送信実行
          break;
      case MsrPower:
          // 1バッファ受信 60個
          text1.setTextColor(Color.YELLOW);
          text1.setText("電源");
          for(i=0; i<60; i++){
              Data[Counter] = commandPacket[i+2];
                                       // データバッファ保存
              Counter++;
          }
          if(Counter >= MAXSIZE*2){          // 全データ受信完了
              for(i=0; i<Index; i++)
                  PowerVolt[i] = (float)((float)(Data[2*
                    i]*128+Data[2*i+1])*1.653*3.3)/1024;
              // 次のデータ要求
              Counter = 0;
              commandPacket[0] = MsrShunt;// 最初のデータ要求
              accessoryManager.write(commandPacket);
                                                 // 送信実行
          }
          else{
              commandPacket[0] = MsrPower;// データ繰り返し要求
              accessoryManager.write(commandPacket);
                                                 // 送信実行
          }
          break;

    (一部省略)

      case MsrDischarge:
          text1.setText("放電");
          // 1バッファ受信 60個
          for(i=0; i<60; i++){
              Data[Counter] = commandPacket[i+2];
                                       // データバッファ保存
              Counter++;
          }
          if(Counter >= MAXSIZE*2){         // 全データ受信完了
              Counter = 0;
              for(i=0; i<Index; i++){
                  DischargeVolt[i]=(float)((float)(Data
        [2*i]*128+Data[2*i+1])*1.640*3.3)/1024;
              }
              // 電流計算 2000*0.8=1600
              for(i=0; i<Index; i++){
                  ChargeCurrent[i] = (PowerVolt[i]-
        ShuntVolt[i])*1600;
                  if(ChargeCurrent[i] < 0)
                      ChargeCurrent[i] = 0;
              }
              // 表示出力
              handler.post(new Runnable(){
                  public void run(){
                      graph.invalidate();  // データグラフの再表示
              }});
          }
          else{
              commandPacket[0] = MsrDischarge;
                                      // データ繰り返し要求
              accessoryManager.write(commandPacket);
                                                 // 送信実行
              }});
          }
          break;
      default: break;
    }
}
```

コマンド種で分岐
接続確認コマンドではOKを応答
開始コマンドではポインタ・リセット
電源電圧データ収集
60バイト・データ受信
intに変換後保存
次のシャント抵抗電圧要求
次の60バイト要求
放電電池電圧データ収集
60バイト・データ受信
intに変換後保存
充電電流値を求める
負の値は0にする
次の60バイト要求

リスト17 グラフ表示クラスの詳細

```
/**** グラフを描画するクラス    ****/
class MyView extends View{
      // Viewの初期化 ←(初期化)
      public MyView(Context context){
      super(context);
      }
      // グラフ描画実行メソッド
      public void onDraw(Canvas canvas){
            super.onDraw(canvas);
            Paint set_paint = new Paint();
            //背景色の設定
            canvas.drawColor(Color.BLACK); ←(座標の表示)
            // 座標の表示 青色で表示
            set_paint.setColor(Color.BLUE);
            set_paint.setStrokeWidth(1); ←(縦軸横軸座標の表示)
            for(i=0; i<=9; i++)// 縦軸の表示 10本
                 canvas.drawLine(19+i*80, 0, 19+i*80, 419,
                                                      set_paint);
            for(i=0; i<6; i++)// 横軸の表示 7本
                 canvas.drawLine(19, i*80+20, 739, i*80+20,
                                                      set_paint);
            // 外枠ライン白色で描画
            set_paint.setColor(Color.WHITE);
            set_paint.setStrokeWidth(2);
            canvas.drawLine(19, 0, 19, 419, set_paint);
            canvas.drawLine(19, 0, 739, 0, set_paint);
            canvas.drawLine(19, 419, 739, 419 ,set_paint);
            canvas.drawLine(734, 0, 734, 419, set_paint);
            // 軸目盛の表示
            set_paint.setAntiAlias(true);
            set_paint.setTextSize(16f);
            set_paint.setColor(Color.WHITE);
            for(i=0; i<9; i++)// X座標目盛
                 canvas.drawText(Integer.toString(i*20),
                                  10+i*80, 437, set_paint);
            canvas.drawText("分", 715, 437, set_paint);
            for(i=1; i<=6; i++)// Y座標目盛
                 canvas.drawText(Integer.toString(i), 5, 424-
                                              i*80, set_paint);
            // グラフ説明表示 ←(グラフ種類の表示)
            set_paint.setColor(Color.RED);
            canvas.drawText("充電電流", 105, 410, set_paint);
            set_paint.setColor(Color.GREEN);
            canvas.drawText("充電側電池電圧", 200, 410, set_paint);
            set_paint.setColor(Color.YELLOW);
            canvas.drawText("放電側電池電圧", 365, 410, set_paint);
            // 放電電流値表示 ←(放電電流値表示)
            canvas.drawText(Integer.toString(setPoint*70)+"mA", 500,
                                                 410, set_paint);
            // 実際のグラフの表示          (データ・グラフの表示)
            for(i=1; i<Index; i++){
                set_paint.setColor(Color.RED);
                canvas.drawLine(i+19, 419-ChargeCurrent[i-1], i+20,
                          419-ChargeCurrent[i], set_paint);
                set_paint.setColor(Color.GREEN);
                canvas.drawLine(i+19, 419-BatteryVolt[i-1]*80,
                     i+20, 419-BatteryVolt[i]*80, set_paint);
                set_paint.setColor(Color.YELLOW);
                canvas.drawLine(i+19,
419-DischargeVolt[i-1]*80,
                    i+20, 419-DischargeVolt[i]*80, set_paint);
/*                                (データ・グラフの表示追加分)
                set_paint.setColor(Color.CYAN);
                canvas.drawLine(i+19, 419-PowerVolt[i-1]*80, i+20,
                          419-PowerVolt[i]*80, set_paint);
                set_paint.setColor(Color.GRAY);
                canvas.drawLine(i+19, 419-ShuntVolt[i-1]*80, i+20,
                          419-ShuntVolt[i]*80, set_paint);
*/
            }
      }
} }
```

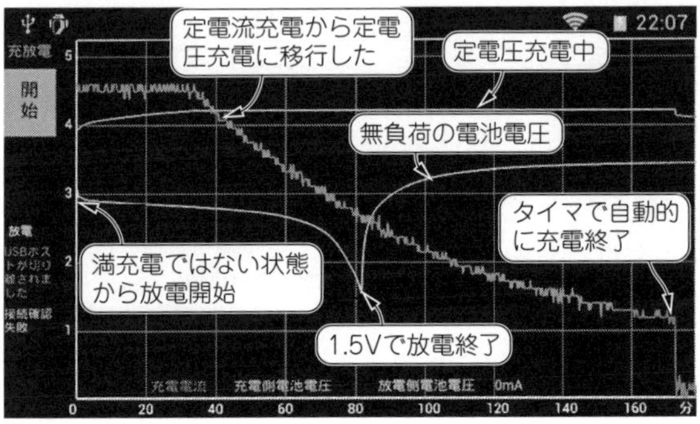

図16 動作させた画面

ます．さらに軸目盛を小さめの文字で描画しています．

次に，グラフの種別を文字と色で区別してから，最後に実際のデータをグラフにして表示しています．グラフは2点間を直線で結んでいるだけです．

実 験

充放電器の電源を接続し，実際に充電，放電させる電池をコネクタに接続します．その後，Startスイッチを ONとすれば液晶表示器に動作状況が表示されます．そのまましばらく動作させておいてから，スマートフォンをUSBケーブルで接続します．

これでスマートフォン側のアプリケーションが自動的に起動し，グラフ座標画面が表示されます．開始ボタンをタップすれば通信を開始し，計測できているデータをすべて受信完了するとデータ・グラフが表示されます．720回の全データをすべて受信するには2～3秒かかります．**図16**が実際に動作させた例です．

ごかん・てつや

その2：USBマイコン×Androidホスト・モード・アプリで！計測アダプタ作りに挑戦

第4章 操作と表示はタブレットで！ポータブル周波数特性測定器

後閑 哲也

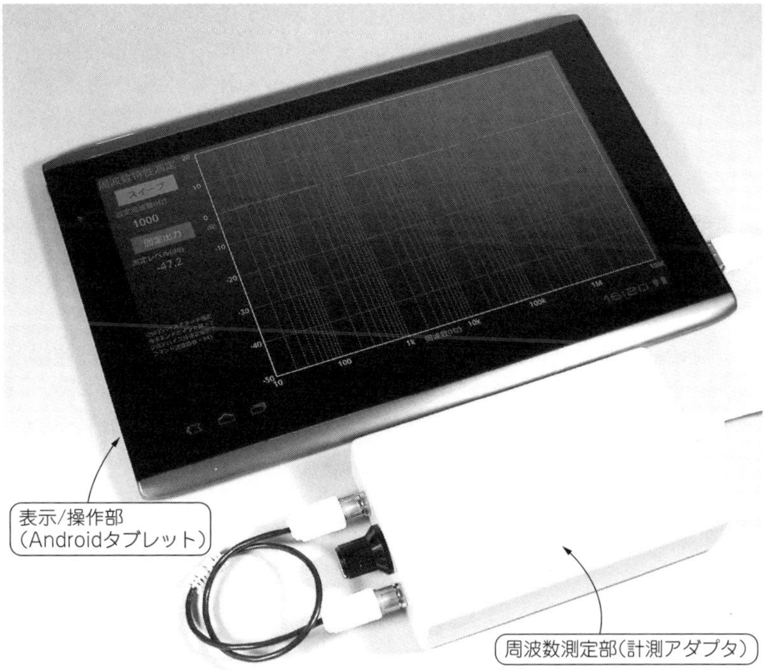

写真1
いつでもどこでも使えるポータブル周波数特性測定器を製作
タブレットICONIA TAB A500を使用する

本章では，タブレットの大きな画面を使って1MHz程度までの周波数特性をグラフで計測できる周波数特性測定器を製作します．

タブレットはUSBホストなので，接続側はUSBデバイスです．そこで，8ビットのPIC18マイコンを使って周波数特性測定の計測アダプタを製作します．

完成した周波数特性測定器の全体の外観を**写真1**に示します．下側のプラスチック・ケースが接続した計測アダプタです．

周波数特性測定器の機能仕様は**表1**のようにします．

表1　製作したポータブル周波数特性測定器の機能仕様

項　目	仕　様	備　考
電源	測定器へはタブレットからUSBバス・パワーで供給	消費電流：最大60mA（5V）
周波数出力	DDSによる正弦波 周波数：10Hz～10MHz/分解能1Hz，出力レベル：10dB～－30dB	出力dBレベルは内蔵および外付け可変抵抗で調整可能
出力アンプ特性	20Hz～500kHz（－3dB帯域）	実際の被測定機への出力となる
レベル入力	ログアンプで入力 レベル：20dB～－50dB/分解能　0.1dB，周波数特性：DC～100MHz	10ビットA-Dコンバータで入力
表示	10インチ・タブレット，グラフ解像度：1000×700ドット 横軸：10Hz～10MHzまで対数目盛り，縦軸：20dB～－50dB	－

構成と仕様

● USBターゲットをつなぐときの基本構成

タブレットにPICマイコンで製作した計測アダプタを接続する場合の全体構成は，**図1**のようになります．

スマートフォンの場合とは逆で，タブレット側がUSBホストとなり，5V/500mAの電源をUSBデバイスに供給します．USBデバイス側はUSBスレーブとして構成することになります．USBデバイスはPICマイコンで構成しますが，通常のUSB機器として構成すれば，どのUSBクラスを使っても接続が可能になります．そこで，マイクロチップ・テクノロジー社のUSBフレームワークを使って，標準的なUSBデバイスとして構成します．

タブレットは，Android 3.1以降が実装されていて，タイプAかマイクロABコネクタが実装されていれば使うことができます．ここでは**写真1**のような「ICONIA TAB A500」タブレットをAndroid 3.2にアップデートしたものを使います．このタブレットの右側面には，タイプAとマイクロBの二つのUSBコネクタが実装されていますので，USBホストでもUSBスレーブでもいずれでも機能するようになっています．

このほかに使用できるタブレットについては，マイクロチップ社の次のウェブ・サイトに示されています．

http://www.microchip.com/android/

これで開くページで［Resources］タブをクリックし，さらに開いたページで「Android Phones」をクリックすれば一覧表が表示されます．

● 構成と機能仕様

製作する周波数特性測定器のハードウェア構成は**図2**のようにします．表示制御はすべてタブレット側で行います．

タブレット側から周波数を設定出力すると，PICマイコン側でそれを受信し，DDS（Direct Digital Synthesizer）を制御して，その周波数の正弦波を生成し，被測定機に向けて出力します．

被測定機を通過して出力された信号をログ・アンプで入力し，信号レベルをPICマイコンで測定してタブレットに折り返します．タブレットで受信したデータをグラフに表示します．

この動作を周波数が低いほうから順に繰り返すことで，周波数特性としています．

● 機能仕様とUSB通信データ・フォーマット

できるだけ簡単な構成となるよう，1チャネルとして動作させます．

これらの機能を実現するためのUSB通信データのフォーマットを**表2**のようにします．データは常に64ビットで送受されます．

タブレット側で製作するのはアプリケーション・プ

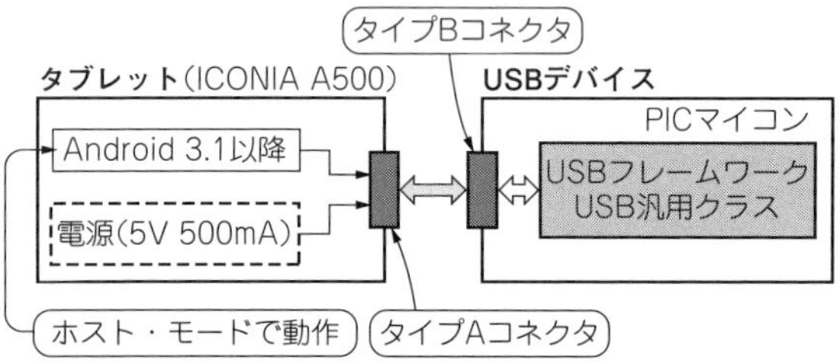

図1 周波数特性測定器のシステム構成

表2 USB通信データのフォーマット

機能	タブレット→USBデバイス	タブレット←USBデバイス
計測開始要求	0.5秒間隔で送信 0x31	応答返送 "O"，"K"
測定要求	計測ごとに送信 0x32，0xF1，0xF2，0xF3，0xF4 F1：設定周波数1桁目 F2：2桁目 F3：3桁目 F4：4桁目	計測データ応答 0x32，0xLL，0xUU LL：計測値下位バイト UU：計測値上位バイト

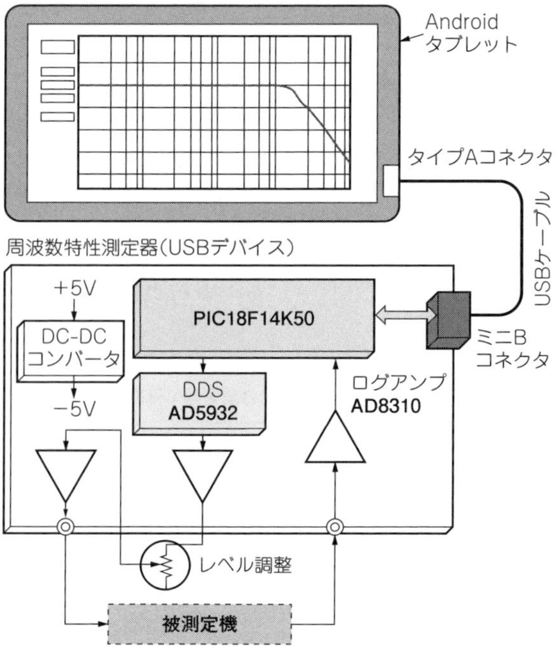

図2 周波数特性測定器のハードウェア構成

ログラムだけですが，USBデバイス側はハードウェアとファームウェアの両方の製作が必要です．これらの作り方を以降で詳しく説明します．

ステップ1：周波数特性測定器のハードウェア

USBデバイス側となる計測アダプタのハードウェアを製作します．

8ビットのPIC18を使います．これに，広範囲の正弦波を生成できるDDS（Direct Digital Synthesizer）というICと，広範囲の周波数のレベルを計測できるログアンプICを組み合わせて構成します．

完成した周波数特性測定器本体の外観は**写真2**のようになります．

ハードウェア構成

製作する計測アダプタのハードウェア構成は**図3**のようにします．

中心となるのはUSBスレーブのモジュールを内蔵するPIC18F14K50という20ピンのPICマイコンです．PICマイコンからDDS ICを制御して，指定した周波数の正弦波を出力します．この直流レベルの出力をコンデンサ経由でAC信号にしてからOPアンプで増幅しています．DDSには50MHzの発振器からクロックを供給していますので，数MHzまでの正弦波を出力できます．

増幅後の出力を外部の可変抵抗に接続して，出力レベル調整ができるようにします．さらに，この調整後の出力をOPアンプを通して一定インピーダンスの出力とするようにしています．

このOPアンプには，DC-DCコンバータで＋5Vから－5Vを生成して加えることで両極性電源とし，0V中心の交流波形として出力するようにしています．

被測定機の出力をログ・アンプに入力し，レベル信号に変換してからPICマイコンのアナログ入力としています．このレベルをPICマイコンで測定してUSB経由でタブレットに送信しています．

● DDS IC（AD5932）の使い方

任意周波数の正弦波出力用にアナログ・デバイセズのDDS専用ICであるAD5932を使います．小さなTSSOPパッケージでちょっとはんだ付けしにくいのですが，16ピンとピン数が少ないので何とかなるかと思います．以下，このICの使い方を説明します．

まず，このICの特徴は，高速なDDS機能を内蔵していて，プログラマブルな周波数スキャン機能をもつ波形発生器であることです．仕様は**表3**のようになっています．マイコンとのインターフェースは3線式のシリアル・インターフェースです．

AD5932のピン配置と各ピンの機能は**図4**のようになっています．

▶スキャン・モードで周波数を走査する

DDSは自動スキャン・モードを内蔵していて，開始周波数と周波数インクリメント，インクリメント回数を指定すると自動的に一定間隔で周波数をスイー

写真2　製作した周波数シンセサイザ搭載の計測アダプタの外観

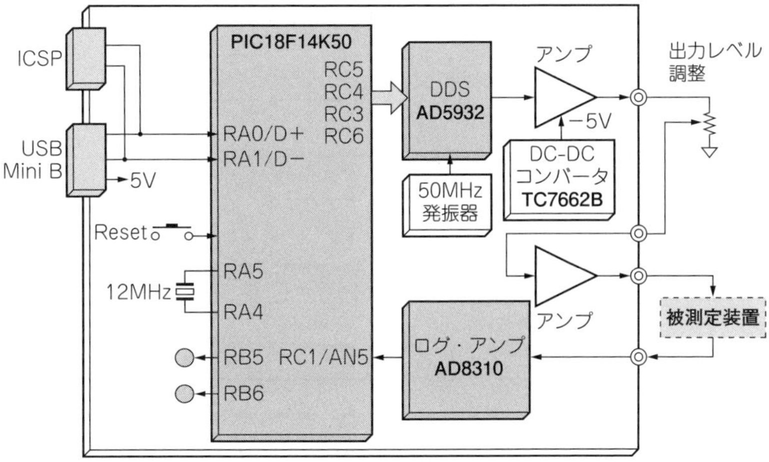

図3　製作した周波数シンセサイザ搭載の計測アダプタの構成

プ・スキャンします．しかし，ここでは使いにくいので使っていません．

外部インクリメント・モードという設定にすると，CTRLピンの立ち上がりエッジごとに周波数をインクリメントします．ここではこのモードで使うことにします．さらに周波数インクリメント，インクリメント回数のいずれも0にして，連続して指定周波数だけを出力するようにして使います．

▶コマンドの送り方

マイコンとのインターフェースは3線式シリアル・インターフェースとなっていて，**図5**のようなタイムチャートで使います．SCLKクロックは最大40MHzで，FSYNCがLowになってからSCLKの立ち下がりでデータをサンプリングしますので，立ち上がりでデータを更新します．

送信するデータは16ビットで，その中身は**図6**のようにします．まず16ビットのうち，上位4ビットがコマンド・アドレスとなり，図中の左側の表のように続く12ビットのデータの種別を表しています．

コマンド0の場合は制御コマンドで，続く12ビットの各ビットは右側の表のような意味をもっています．

今回の使い方は設定周波数の連続出力としますので，開始周波数だけ設定し，あとはすべて0とします．また，制御ビットは，上位下位連動でD-Aコンバータを有効とし，正弦波出力でCTRLピンによる手動モードとしています．

PICでこのシリアル・インターフェースを使うには，16ビットのSPI通信で可能ですが，8ビットのPICマイコンではできませんので，プログラムでSPI通信を実現することになります．

表3[1]　**DDS IC AD5932の仕様**

項　目	Min	Typ	Max	単　位	備　考
D-Aコンバータ分解能		10		ビット	−
D-Aコンバータ出力電圧	−	0.58	−	V	負荷200 Ω
DDS　*S/N*	53	60	−	dB	クロック50MHz
ロジック入力High	2	−	−	V	V_{DD} = 3.3V
ロジック入力Low	−	−	0.7	V	V_{DD} = 3.3V
ロジック出力High	V_{DD} − 0.4	−	−	V	I_{out} = 1mA
ロジック出力Low	−	−	0.4	V	I_{out} = 1mA
電源V_{DD}	2.3	−	5.5	V	クロック：50MHz
消費電流	−	3.8	4	mA	アナログ部
消費電流	−	2.4	2.7	mA	ディジタル部
消費電流	−	140	240	μA	スリープ・モード時

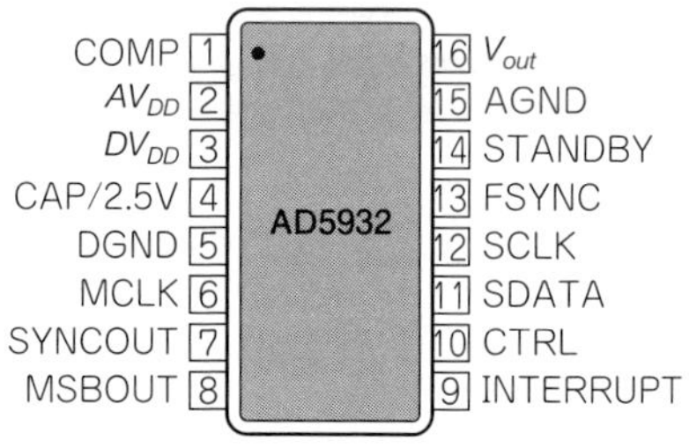

(a)ピン配置

記　号	機能内容	記　号	機能内容
COMP	D-Aコンバータのバイアス電圧	V_{OUT}	電圧出力（内部200Ω負荷）
AV_{DD}	アナログ用電源	AGND	アナログ用グラウンド
DV_{DD}	ディジタル用電源	STANDBY	Highでスリープ・モード
CAP/2.5V	内蔵レギュレータ・デカップリング・ピン	FSYNC	シリアル・フレーム同期入力
DGND	ディジタル用グラウンド	SCLK	シリアル・クロック入力
MCLK	マスタ・クロック入力	SDATA	シリアル・データ入力
SYNCOUT	スキャン・ステータス出力	CTRL	初期化，開始入力（立ち上がりエッジ）
MSBOUT	D-Aコンバータ・データのMSBの反転出力	INTERRUPT	スキャン中止用入力（立ち上がりエッジ）

(b) 端子

図4[1]　**AD5932のピン配置と各ピンの機能**

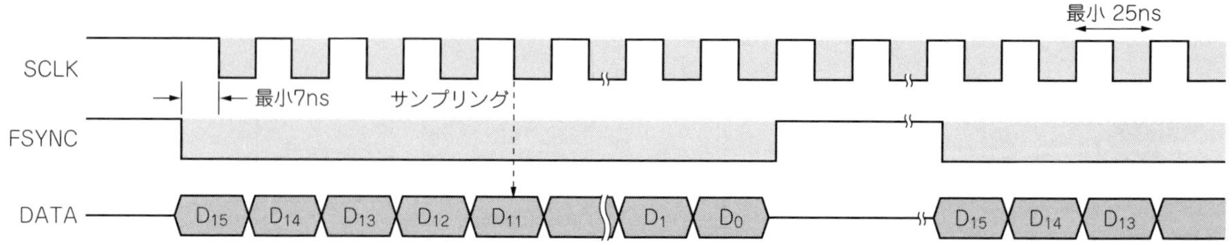

図5[1]　**シリアル・インターフェースのタイミング**

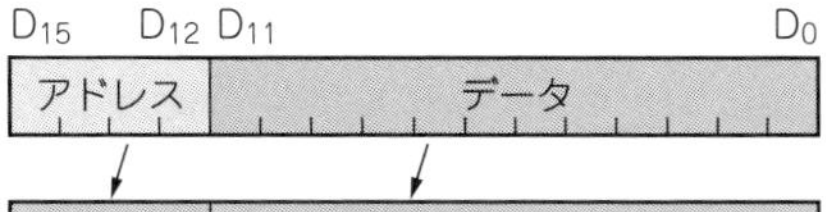

アドレス	機能とデータ部の内容
0	制御
1	インクリメント回数
2	デルタ周波数（下位12ビット）
3	デルタ周波数（上位12ビット）
4	インクリメント・インターバル
C	開始周波数（下位12ビット）
D	開始周波数（上位12ビット）

（a）データ配列

ビット	制御内容
D_{11}	1：上位12ビット，下位12ビット連動 0：上位下位独立
D_{10}	1：D-Aコンバータ有効　0：無効
D_9	1：正弦波出力　0：三角波出力
D_8	1：MSBOUT有効　0：無効
D_5	1：CTRLによる手動　0：自動モード
D_3	1：スキャン終了時SYNCOUT出力 0：インクリメントごとにSYNCOUT出力
D_2	1：SYNCOUT出力有効　0：無効

（b）制御データの各ビット

図6
DDSへの16ビット送信データ

● ログ・アンプIC（AD8310）の使い方

レベル測定での単位はデシベルになりますから，対数アンプが必要です．これをディスクリートで作るのは至難の業ですので，ここは専用ICを使うことにします．使ったのは，アナログ・デバイセズ社のAD8310というログ・アンプです．

このICの仕様規格は**表4**のようになっています．DCから400MHzまで応答し，**図7**のような入出力特性で，－91dBから＋9dBまで計測して，0.4Vから2.6Vの直流電圧を出力します．dBに比例した直流電圧で出力されますので非常に扱いやすくなります．

このICのピン配置と各ピンの機能を**図8**に示します．

ここでのAD8310の使い方は，入力レベルを＋20dB以上にしたいので，入力に直列抵抗を挿入して20dBだけレベル・ダウンさせて使います．入力抵抗が1kΩですので，5.1kΩをINLO，INHIにそれぞれ接続して約1/10のレベルにしています．

測定対象をオーディオ帯域としましたので，できるだけ低い周波数まで安定に測定できるよう，OFLTピンに10μFのコンデンサを接続して，自動オフセット

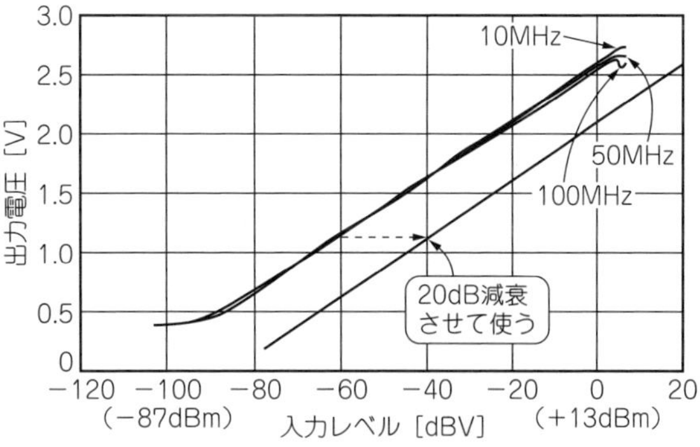

図7[2]　**ログ・アンプAD8310の入出力特性**

表4[2]　**ログ・アンプAD8310の仕様**

項　目	最　小	標　準	最　大	単　位	備　考
電源	2.7	−	5.5	V	−
消費電流	6.5	8	9.5	mA	ゼロ信号
最大入力電圧	±2.0	±2.2	−	V_{P-P}	シングルエンド
	−	4	−	dBV	−
入力抵抗	800	1000	1200	Ω	INHI,INLO間
ログ出力レンジ	−	95	−	dB	−
変換傾き	22	24	26	mV/dB	10M～200MHz
出力電圧	−	0.4	−	V	@－91dBV
	−	2.6	−	V	@9dBV
最小負荷抵抗	−	100	−	Ω	−
周波数範囲	0	−	400	MHz	−
直線性	−	±0.4	−	dB	－88～＋2dBV

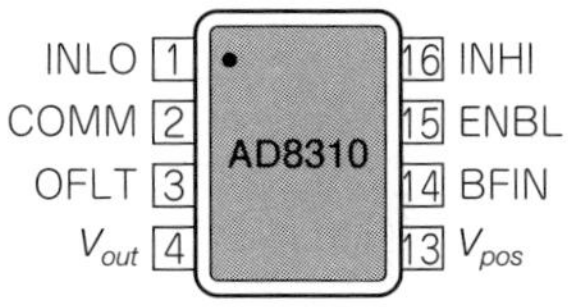

（a）ピン配置

記　号	機能内容
INLO	入力（不平衡入力の場合はGND）
COMM	GND
OFLT	自動オフセット用フィルタ（コンデンサ接続でハイパス・フィルタの周波数を可変可能）
V_{out}	出力
V_{pos}	電源
BFIN	応答速度可変ピン．コンデンサで応答速度を変えられる
ENBL	Highでイネーブル
INHI	入力（不平衡入力の信号側）

（b）端子

図8[2]　**ログ・アンプAD8310のピン配置とピンの機能**

が有効になる周波数を10Hz以下にしています．さらに，BFINピンにも10μFのコンデンサを接続して出力のロー・パス・フィルタをできるだけ低くするようにして使います．

● 回路

全体構成とICの使い方に基づいて作成した回路図が**図9**となります．

PICマイコンは8ビットのPIC18F14K50で，電源が5Vなので全体を5V電源だけで動作させることにしました．DDSもログ・アンプも5Vで動作しますので問題ありません．ただし，出力アンプとなるOPアンプは，出力がACレベルとなるように±の両電源とします．このため，チャージ・ポンプ式のDC-DCコンバータを使って＋5Vから－5Vを生成して供給しています．

おおもとの5V電源はバス・パワーのみとし，USBから給電します．USBからの電源にはノイズが多いので，LCによるフィルタを通して内部に供給し，さらにアナログ回路にはもう1段LCフィルタを経由して供給しています．

DDSには50MHzのクロックが必要ですので，専用に発振器を使っています．DDSの正弦波出力をコンデンサでAC信号に変えてからOPアンプで増幅して外部に出力しています．この先で可変抵抗を接続してレベルを調整したあと，再度ユニティ・ゲインのOPアンプに入力してインピーダンスを低くしてから外部供給信号としています．

ここで使用するOPアンプの周波数特性がそのまま本装置の特性になりますので，本当はもう少し周波数特性の良いものを使うべきですが，手持ちの関係でNJM4580Dという汎用のものを使っています．このOPアンプの性能では，500kHzまでフラットにできます．

ログ・アンプは，OFLTとBFINに10μFのコンデンサを付加し，さらにV_{out}にも1μFのコンデンサを追加してロー・パス・フィルタとしています．

プリント基板のパターン設計では，微小なアナログ信号を扱いますので，アナログ回路のグラウンドとディジタル回路のグラウンドは完全に分離して，1カ所だけで接続するようにします．

LEDが2個あります．点滅状態でUSBの接続状況がある程度わかります．

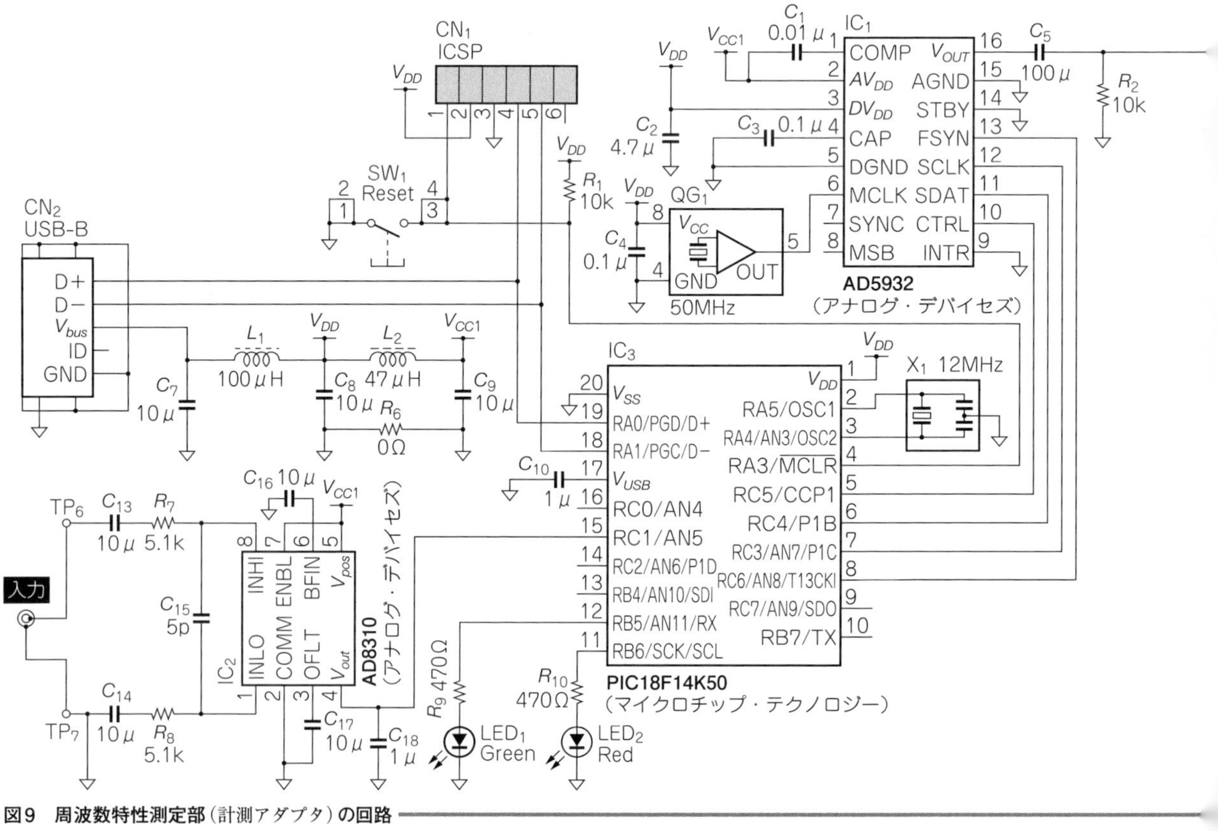

図9　周波数特性測定部（計測アダプタ）**の回路**

(a)部品面

(b)はんだ面

写真3　計測アダプタ内のプリント基板

表5　周波数特性測定器の部品一覧

記　号	部品名	品　名	数量
IC_1	DDS	AD5932YRUZ	1
IC_2	ログ・アンプ	AD8310ARMZ	1
IC_3	PICマイコン	PIC18F14K50-I/SP	1
IC_4	OPアンプ	NJM4580D	1
IC_5	チャージ・ポンプ	TC7662BCOA	1
QG_1	発振器	50MHz HC1-TSE（京セラ）	1
X_1	セラミック発振子	12MHz　コンデンサ内蔵	1
LED_1	発光ダイオード	3φ　緑	1
LED_2		3φ　赤	1
R_1, R_2,	抵抗	10kΩ　1/4W	2
R_3, R_4, R_5		2.2kΩ　1/4W	3
R_6		ジャンパ	1
R_7, R_8		5.1kΩ　1/4W	2
R_9, R_{10}		470Ω　1/4W	2
R_{11}		560Ω　1/4W	1
VR_1	可変抵抗	10kΩ　小型基板用	1
L_1, L_2	チョーク・コイル	33μH～100μH　200mA程度	2
C_1, C_3, C_4,	チップ型セラミック	0.1μF	3
C_2, C_6,		4.7μF　16Vまたは25V	2
C_5		100μF　6.3V	1
C_7, C_8, C_9, C_{11}, C_{12} C_{13}, C_{14}, C_{16}, C_{17}		10μF　16Vまたは25V	9
C_{10}, C_{18}		1μF　25Vまたは50V	2
C_{15}	セラミック・コンデンサ	5pF	1
CN_1	ピン・ヘッダ（オス）	6ピン（40ピンから切断）	1
CN_2	USBコネクタ	ミニB　表面実装型（実装を省略しても問題ない）	1
TP_1～TP_7	テスト・ピン	ビーズつき	7
SW_1	スイッチ	基板用小型タクト・スイッチ	1
	ICソケット	20ピン（スリム）	1
	ケース	SS-N150G（タカチ）	1
外付け部品	可変抵抗	パネル　18φ　10kΩ	1
	RCAジャック		2
	基板	サンハヤト感光基板　P10K	1
	ねじ，ナット，ゴム足		少々

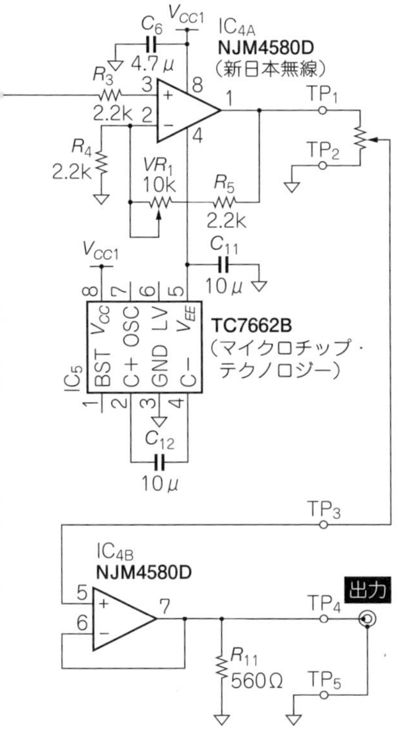

装置を組み立てる

この周波数特性測定器の組み立てに必要な部品を**表5**に示します.

● 基板製作

回路図を基にプリント基板を製作しました. 表面実装部品が多いのでプリント基板の製作と組み立ては必須です.

はんだ面への実装部品が多いので, 最初に表面実装部品のICをはんだ付けします. 特にDDSが小さいのでこれを慎重に取り付けます. 基板用フラックスを使ってはんだ付けするときれいにできます.

次に, チップ・コンデンサ, USBコネクタをはんだ付けします. ジャンパ線は3本だけなので簡単です. スイッチのジャンパ配線はスイッチ自身でできますので配線は不要です.

あとはICソケット, 抵抗類と取り付けていきます.

こうして組み立てが完了した基板の部品面が**写真3(a)**です. こちら側は部品点数も少ないのですっきりしています. **写真3(b)**がはんだ面で, こちらのほうが部品点数も多く丁寧な作業が必要です. とくにICのはんだブリッジがないことを十分にチェックしてください.

基板の組み立てが完了したら, PICマイコンをICソケットに実装しないで, 電源チェックをしておきます. USBケーブルを接続して, ICが熱くなることがないか, 5Vが正常に出ているかどうかを確認します. 異常がある場合は, すぐにUSBケーブルを抜いて, はんだ付けやICの向きなどを確認します.

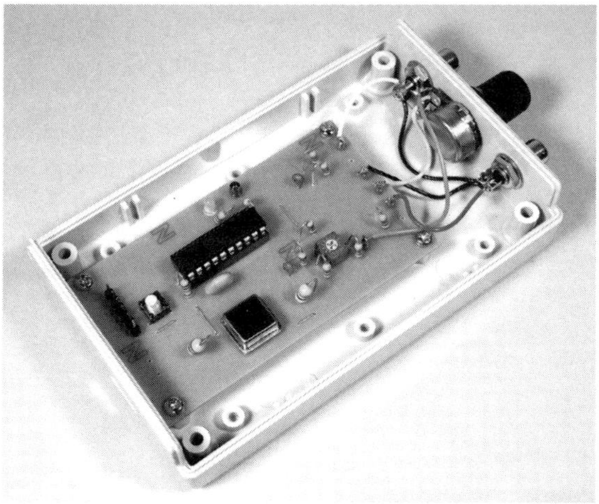

写真4　完成した計測アダプタの内部(ケースに実装したところ)

● ケースに実装

以上が正常であれば基板をケースに実装します. タカチの樹脂ケースを使いました. RCAジャックとボリュームは丸穴だけですが, USBコネクタの穴開けが四角になりますので, ドリルで穴をいくつか開けて貫通させてからヤスリで四角く仕上げます. 配線はRCAジャックとボリュームの間だけですので簡単です.

ケースに実装したままで, PICkit 3によるファームウェアの書き換えができます. 実装完了した状態が**写真4**です.

以上でハードウェアの組み立てが完了です. 次のステップはPICマイコンのファームウェアの制作です.

ステップ2:PIC18のファームウェア製作

ハードウェアが完成しましたから, これを動かすためのファームウェアを制作します.

● 全体構成

USBデバイスのPICマイコンのファームウェアは, USBフレームワークのデバイス・クラスとして作成します. HID, 汎用, CDCのどのクラスを使っても接続可能ですが, ここでは最も汎用性のある汎用デバイス・クラスを使って製作します. この汎用デバイス・クラスを使う場合のファームウェアの構成の仕方と, 用意されているAPI関数の使い方について説明します.

汎用デバイス・クラスを使ってUSBデバイスを製作する場合のファームウェア構成は**図10**のような基本構成とします.

全体はUSBフレームワーク部とユーザ・アプリ部で構成し, USBフレームワークの部分はフレームワークから必要なもののみをコピーまたは参照します. ユーザ・アプリ部が新規作成となる部分で, ここでアプリケーションとしての機能を作り込みます.

ユーザ・アプリ部の構成は, USB割り込み処理部とメイン関数部で構成し, USB割り込み処理部では, `USBDeviceTasks()`という関数を実行するだけになります. この関数で実際のUSBのアタッチ検出や送受信のステートが管理され実行されます.

メイン関数部では, 初期化の部分でUSBフレーム

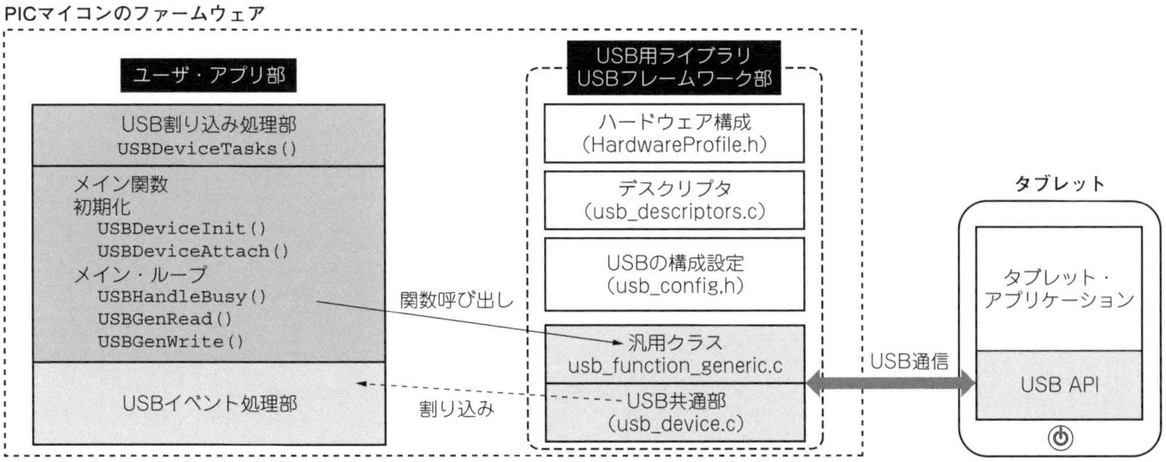

図10　汎用デバイス・クラスのソフトウェア基本構成

ワークの初期化関数USBDeviceInit()を実行し，続いてUSBDeviceAttach()関数を実行してアタッチ検出とUSB割り込みを許可してから，メイン・ループに進みます．これでアタッチなどのUSB関連イベントの割り込みが生成されます．

メイン・ループ内では，汎用クラスで用意されたRead/Write関数を使ってUSBのデータ送受信を実行します．

USBフレームワーク内部では，数多くのイベントが発生しますが，そのイベントごとに関数を呼び出します．それらのイベントのユーザ追加部をUSBイベント処理部で記述します．しかし，これはほとんどの場合フレームワークの例題で記述されている内容そのままで大丈夫ですのでコピーして使います．

USBフレームワークの部分のUSB共通部と汎用クラス部はプロジェクトに登録するだけで問題ありませんが，設定が必要なハードウェア構成(HardwareProfile.h)，デバイス・デスクリプタ(usb_descriptors.c)，USBコンフィグレーション(usb_config.h)のファイルは，対応する例題からコピーしたあとで修正が必要になる場合があります．

● 接続デバイスの特定

タブレットのUSBホストに接続できるデバイスは，USBのIDで特定されます．したがって，この場合にはデバイス・デスクリプタ内のUSB IDを同じにする必要があります．

つまり，**リスト1(a)**のようにタブレット側では，フィルタ・ファイルで接続許可するデバイスIDを“0x04D8（10進で1240）0x21（10進で33）”か“0x04D8 0x41（10進で65）”として指定しています．

これに対して接続するUSBデバイス側では，**リスト1(b)**のようにデバイス・デスクリプタで同じIDを設定しています．これらが一致したデバイスのみが接続が可能となります．

● 汎用デバイス・クラスのAPI関数と使い方

汎用デバイス・クラスでは**表6**のようなAPI関数が用意されています．この表ですべてではありません

リスト1　接続デバイスの特定

```
<?xml version="1.0" encoding="utf-8"?>
<resources>
  <!-- vendor and product ID -->
  <usb-device vendor-id="1240" product-id="33" />
  <!-- vendor and product ID -->
  <usb-device vendor-id="1240" product-id="65" />
</resources>
```

IDを0x04D8 0x21か0x04D8 0x41で特定

(a) Android機器側ではフィルタにより接続機器のIDを特定

```
/********************************************************
* MCHPUSBドライバを使う場合は　PID=0x000C
* WinUSBドライバを使う場合は　PID=0x0053　とする
*******************************************************/
/* Device Descriptor */
ROM USB_DEVICE_DESCRIPTOR device_dsc=
{
  0x12,                  // Size of this descriptor in bytes
  USB_DESCRIPTOR_DEVICE,   // DEVICE descriptor type
  0x0200,                // USB Spec Release Number in BCD format
  0x00,                  // Class Code
  0x00,                  // Subclass code
  0x00,                  // Protocol code
  USB_EP0_BUFF_SIZE,     // Max packet size for EP0, see usb_config.h
  0x04D8,                // Vendor ID
  0x0021,                // Product ID: ****0x0053
                         //      (WinUSBの場合) 0x000C(MCHPUSB)
  0x0000,                // Device release number in BCD format
  0x01,                  // Manufacturer string index
  0x02,                  // Product string index
  0x00,                  // Device serial number string index
  0x01                   // Number of possible configurations
};
```

IDを0x04D8 0x21と設定

(b) USBデバイス側はデバイス・デスクリプタで設定

表6 汎用クラス用API関数

マクロ関数名	書式と機能
USBDeviceInit();	デバイス・スタックを初期化する，すべての変数，レジスタ，割り込みフラグをデフォルト状態とする 《書式》void USBDeviceInit(void);
USBDeviceAttach();	割り込みを使う場合のみ必要．USB割り込みを許可してからデタッチ状態とする 《書式》void USBDeviceAttach(void);

USBHandleBusy();	直前の送信または受信が完了したかどうかをチェックする
	《例》受信の場合
	if(!USBHandleBusy(USBGenericOutHandle))
	{直前で実行した受信データが取り出せる}
	《例》送信の場合
	if(!USBHandleBusy(USBGenericInHandle))
	{ ここで送信関数実行 }

USBGenRead();	1個のパケットを受信する 《書式》USB_HANDLE USBGenRead(BYTE ep, BYTE *data, WORD len); ep：受信するエンド・ポイント番号，data：受信バッファのポインタ，len：受信したいバイト数，戻り値：受信ハンドル値 《例》Gen_EPのエンド・ポイントに64バイトのデータを受信しバッファに格納 if(!USBHandleBusy(USBGenericOutHandle)) USBGenericOutHandle=USBGenRead(Gen_EP, (BYTE*)&OutPacket, 64);
USBGenWrite();	1個のパケットを送信する 《書式》USB_HANDLE USBGenWrite(BYTE ep, BYTE* data, WORD len); ep：送信するエンド・ポイント番号，data：送信データ・バッファのポインタ，len：送信したいバイト数，戻り値：送信ハンドル値 《例》送信レディならGen_EPから64バイトのバッファ・データを送信する if(!USBHandleBusy(USBGenericInHandle)) USBGenericInHandle=USBGenWrite(Gen_EP, (BYTE*)&INPacket, 64);

が，アプリケーションを作る際に使う関数に限定しています．実際の使い方は，**表6**の中の例のようにします．

つまり，受信と送信はそれぞれビジー・チェックをしてから送信/受信の関数を実行します．このビジー・チェックにハンドル値を使いますが，ハンドル値の初期値はNULLで，送受信を実行すると値が返されますので，この値をビジー・チェックに使います．

実行した受信が完了していれば，受信バッファにデータがありますから，順次取り出して受信処理を実行します．送信データがある場合には，送信データをバッファに書き込んで準備してから，ビジー・チェックをして送信関数を実行します．

MPLAB Xのプロジェクトの作成

それでは，実際に汎用クラスを使って周波数特性測定器のファームウェアを製作します．

まず，MPLAB X IDEのプロジェクト作成から始めますが，マイクロチップのUSBフレームワークのソース・ファイルからプロジェクトを生成する方法で説明していきます．ただし，USBフレームワークは事前に共通フォルダ「D:¥Android_Book」の下にコピーされているものとします．

実際のプロジェクトにファイルをコピーして登録する作業は，**図11**に示す手順で行います．

● 事前準備

事前準備として専用のフォルダを作成します．ここでは，作成するファームウェアのためのディレクトリを「D:¥Android_Book」としていますので，このディレクトリを新規作成します．

次に，USBフレームワーク本体をここにコピーします．このフレームワーク本体はApplication Libraryをインストールしたディレクトリ「C:¥Microchip Solutions v2012-02-15¥Microchip」のフォルダの下にすべてまとめられていますので，この「Microchip」フォルダごと新規作成したフォルダ「D:¥Android_Book」の下にコピーします．

● プロジェクト・フォルダの作成とファイルのコピー

プロジェクトを格納するフォルダを新規作成し，そこにファイルをコピーあるいは登録する作業は，**図11**に示す手順①から手順④の順で行います．

【手順1】

新規作成プロジェクトのフォルダ「FreqAnalizer18」を「D:¥Android_Book」の下に作成します．

【手順2】

USBフレームワークのUSB汎用デバイス・クラスのデモプログラムの中から，次の四つのファイルをコピーします．つまり「C:¥Microchip Solutions v2012-02-15¥USB¥Device - MCHPUSB - Generic Driver

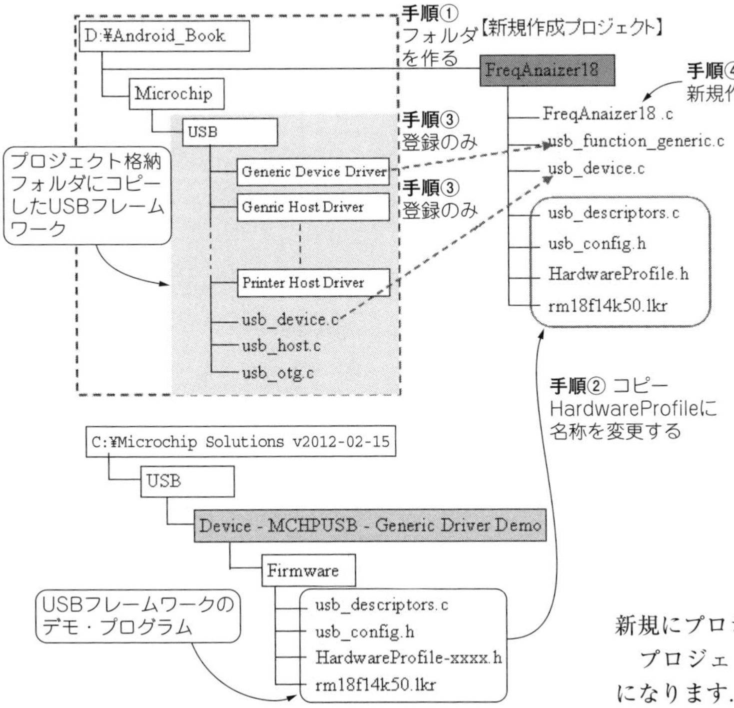

図11　USBデバイスのファイルのコピー

図12　プロジェクトのファイル構成

Demo¥Firmware」のディレクトリからコピーします.

- usb_config.h
- usb_descriptors.c
- HardwareProfile-Low Pin Count USB Development Kit.h
- rm18f14k50.lkr

HardwareProfile-Low Pin Count USB Development Kit.hのファイルは，コピー後ファイル名を「HardwareProfile.h」に変更します.

【手順3】

次に，MPLAB X IDEを起動し，プロジェクト「FreqAnlizer18」を同じ名前のFreqAnlizer18フォルダに作成します．さらに**図11**のように，USBフレームワークの中から，次の二つのファイルを登録します．これはコピー不要でプロジェクトに登録するだけです.

- usb_device.c
- usb_function_generic.c

【手順4】

新規作成が必要なメイン・プログラム「FreqAnlizer18.c」を作成します.

● 新規プロジェクトの作成

以上で準備ができましたから，MPLAB X IDEで新規にプロジェクトを作成します.

プロジェクト作成後のファイル構成は**図12**のようになります．ここでプロジェクトを作成する際，下記の設定が必要になります.

- Include directoriesに下記の二つを登録する
  D:¥Android_Book¥FreqAnalizer18
  D:¥Android_Book¥Microchip¥Include

ファームウェアの詳細

ファームウェアとして実際に作成する必要があるのは，メイン・プログラムの「FreqAnalizer18.c」とハードウェア定義の「HardwareProfile.h」ですが，デバイス・デスクリプタの「usb_descriptors.c」の内容も確認しておきます.

● usb_descriptors.c（USBデバイスを定義）

デスクリプタの全体は**リスト2**のようになります.

最初のほうのデバイス・デスクリプタ部で，プロダクトIDとベンダIDとを指定していますが，デモ・プログラムからコピー後，このプロダクトIDだけ変更します．つまり，タブレット側のフィルタ・ファイルで指定したプロダクトIDの0x21に変更して合わせます．あとはそのまま使うことができます.

続くコンフィグレーション・デスクリプタでは，インターフェースが1個で100mAの電源を要求する設定としています.

次のインターフェース・デスクリプタでは，エンド・ポイントを2個持っている汎用クラスであるという指定としています.

その後にはバルク転送モードのOUTエンド・ポイ

リスト2　USBデバイス・デスクリプタの詳細

```
/** CONSTANTS *******************************************/
#if defined(__18CXX)
#pragma romdata
#endif
/*********************************************
* MCHPUSB ドライバを使う場合は　PID=0x000C
* WinUSB ドライバを使う場合は　PID=0x0053　とする
*********************************************/
/* Device Descriptor */
ROM USB_DEVICE_DESCRIPTOR device_dsc={
  0x12,                   // Size of this descriptor in bytes
  USB_DESCRIPTOR_DEVICE,  // DEVICE descriptor type
  0x0200,                 // USB Spec Release Number in BCD format
  0x00,                   // Class Code
  0x00,                   // Subclass code
  0x00,                   // Protocol code
  USB_EP0_BUFF_SIZE,
                    // Max packet size for EP0, see usb_config.h
  0x04D8,                 // Vendor ID
  0x0021,                 // Product ID
  0x0000,                 // Device release number in BCD format
  0x01,                   // Manufacturer string index
  0x02,                   // Product string index
  0x00,                   // Device serial number string index
  0x01                    // Number of possible configurations
};
/* Configuration 1 Descriptor */
ROM BYTE configDescriptor1[]={
  /* Configuration Descriptor */
  0x09,//sizeof(USB_CFG_DSC),
                          // Size of this descriptor in bytes
  USB_DESCRIPTOR_CONFIGURATION,
                          // CONFIGURATION descriptor type
  0x20,0x00,              // Total length of data for this cfg
  1,                      // Number of interfaces in this cfg
  1,                      // Index value of this configuration
  0,                      // Configuration string index
  _DEFAULT | _SELF,       // Attributes, see usb_device.h
  50,                     // Max power consumption (2X mA)
  /* Interface Descriptor */
  0x09,//sizeof(USB_INTF_DSC),
                          // Size of this descriptor in bytes
  USB_DESCRIPTOR_INTERFACE,
                          // INTERFACE descriptor type
  0,                      // Interface Number
  0,                      // Alternate Setting Number
  2,                      // Number of endpoints in this intf
  0xFF,                   // Class code
  0xFF,                   // Subclass code
  0xFF,                   // Protocol code
  0,                      // Interface string index
  /* Endpoint Descriptor */
  0x07,                   /*sizeof(USB_EP_DSC)*/
  USB_DESCRIPTOR_ENDPOINT,        //Endpoint Descriptor
  _EP01_OUT,              //EndpointAddress
  _BULK,                  //Attributes
  USBGEN_EP_SIZE,0x00,    //size
  1,                      //Interval
  /* Endpoint Descriptor */
  0x07,                   /*sizeof(USB_EP_DSC)*/
  USB_DESCRIPTOR_ENDPOINT,
                          //Endpoint Descriptor
  _EP01_IN,               //EndpointAddress
  _BULK,                  //Attributes
  USBGEN_EP_SIZE,0x00,    //size
  1                       //Interval
};
//Language code string descriptor
ROM struct{BYTE bLength;BYTE bDscType;WORD string[1];}sd000={
sizeof(sd000),USB_DESCRIPTOR_STRING,{0x0409}};
//Manufacturer string descriptor
ROM struct{BYTE bLength;BYTE bDscType;WORD string[25];}sd001={
sizeof(sd001),USB_DESCRIPTOR_STRING,
{'M','i','c','r','o','c','h','i','p',' ',
'T','e','c','h','n','o','l','o','g','y',' ','I','n','c','.'
}};
//Product string descriptor
ROM struct{BYTE bLength;BYTE bDscType;WORD string[27];}sd002={
sizeof(sd002),USB_DESCRIPTOR_STRING,
{'M','i','c','r','o','c','h','i','p',' ','C','u','s','t','o','m',
' ','U','S','B',' ','D','e','v','i','c','e'}};
```

PIC18の場合にはROM領域に配置
デバイス・デスクリプタ
プロダクトIDとベンダIDの指定
コンフィグレーション数の指定
コンフィグレーション・デスクリプタ
インターフェース数の指定
要求電流容量100mAの指定
インターフェース・デスクリプタ
エンド・ポイント数の指定
クラスの種別指定
OUTエンド・ポイントの指定
バルク転送モードの設定
INエンド・ポイントの指定
バルク転送モードの設定
文字列の定義を英語で指定
文字列の定義をUNICODEで指定

リスト3　ハードウェア定義ファイルの詳細

```
/*****************************************************
*  周波数特性アナライザ USB I/Oボード ハードウェア定義
*****************************************************/
#define self_power          1
#define USB_BUS_SENSE       1

/******** クロック周波数 **********************/
#define CLOCK_FREQ 48000000

/**** LED *****/
#define mLED_1              LATBbits.LATB5
#define mLED_2              LATBbits.LATB6

#define mGetLED_1()         mLED_1
#define mGetLED_2()         mLED_2

#define mLED_1_On()         mLED_1 = 1;
#define mLED_2_On()         mLED_2 = 1;

#define mLED_1_Off()        mLED_1 = 0;
#define mLED_2_Off()        mLED_2 = 0;

#define mLED_1_Toggle()     mLED_1 = !mLED_1;
#define mLED_2_Toggle()     mLED_2 = !mLED_2;

/***** DDS pin ******/
#define ddsFSYN             LATCbits.LATC6
#define ddsSCLK             LATCbits.LATC3
#define ddsSDAT             LATCbits.LATC4
#define ddsCTRL             LATCbits.LATC5
```

クロック周波数の設定
2個のLEDの設定
DDS用ピンの指定

ントが一つと，同じくバルク転送モードのINエンド・ポイントが一つ定義されています．

最後にあるのは，USB接続した際に表示する文字列を定義しています．ここは自由に変えられますので変更はかまいませんが，英語のUNICODEで入力し，かつ文字数も変更する必要がありますので注意してください．

● HardwareProfile.h（ハードウェア構成）

新規作成が必要なハードウェアの構成を決める「HardwareProfile.h」の詳細です．この内容は**リスト3**のようになっています．

ここで定義しているのは，クロック周波数と2個のLEDの制御マクロ，DDSの制御ピンだけです．アプリケーション本体ではここで定義した名称で使います．

● メイン・プログラムの宣言部

次にメイン・プログラムFreqAnalizer18.cの作成ですが，最初の宣言部の詳細は**リスト4**のようになっています．

最初に必要なファイルをインクルードしています．ここでは，USBフレームワーク関連のヘッダ・ファイルをまとめてインクルードしています．

次にコンフィグレーション設定です．ここでは，メイン・クロックは外付けの12MHzのセラミック発振子としてPLLを有効にしています．これで48MHzの

リスト4　アプリケーション本体の宣言部

```
/********************************************************
* Androidによる周波数特性測定
* PIC18F14K50 を使用し、USB汎用スレーブで動作
* 正弦波出力：AD5932　SPI接続
* ログアンプ：AD8310　AN5でアナログ入力
*********************************************************/
#include <USB/usb.h>
#include <USB/usb_function_generic.h>
#include <HardwareProfile.h>
#include <GenericTypeDefs.h>
#include <usb_config.h>
/** コンフィギュレーション　************************/
#pragma config CPUDIV = NOCLKDIV ,USBDIV = OFF, PCLKEN = ON
#pragma config FOSC = HS, PLLEN = ON, HFOFST = OFF
#pragma config PWRTEN = ON, BOREN = OFF, MCLRE = ON, BORV = 27
#pragma config WDTEN = OFF, LVP = OFF, FCMEN = OFF, IESO = OFF
#pragma config CP0 = OFF, XINST = OFF, BBSIZ = OFF
/*** ステート定数定義 ***/
typedef enum{
  TRIG = 0x31,
  NEXT = 0x32
}TYPE_CMD;
/******** USB関連バッファ、変数定義 ****/
#pragma udata usbram2
BYTE INPacket[64];       // USB送信バッファ
BYTE OUTPacket[64];      // USB受信バッファ
#pragma udata
USB_HANDLE USBGenericOutHandle;
USB_HANDLE USBGenericInHandle;
/**** 変数定義 ***/
BYTE counter;
BOOL blinkStatusValid;
int i, j;
union{
   unsigned long Freq;
   unsigned int iFreq[2];
   unsigned char cFreq[4];
}ddsFreq;
unsigned long oldFreq;
/** 関数プロトタイピング ****************************/
void YourHighPriorityISRCode();
void YourLowPriorityISRCode();
void USBDeviceTasks(void);
void BlinkUSBStatus(void);
void ProcessIO(void);
void spi_send(unsigned int data);
void setFreq(long freq);
void Delayms( unsigned int t);
```

フレームワークのインクルード
デバイス・コンフィグレーション
コマンド区別定数
デュアル・ポート領域指定
USB用バッファ
ハンドル名指定
グローバル変数
設定周波数を扱うためのユニオン

リスト5　割り込み処理関数とメイン関数

```
/****** 割り込みベクタ定義 *************/
#pragma code REMAPPED_HIGH_INTERRUPT_VECTOR = 0x08
void Remapped_High_ISR (void)
{    _asm goto YourHighPriorityISRCode _endasm     }
#pragma code REMAPPED_LOW_INTERRUPT_VECTOR = 0x18
void Remapped_Low_ISR (void)
{    _asm goto YourLowPriorityISRCode _endasm }

#pragma code
/***+*** 割り込み処理関数 *****************/
#pragma interrupt YourHighPriorityISRCode
void YourHighPriorityISRCode(){
    USBDeviceTasks();
}
#pragma interruptlow YourLowPriorityISRCode
void YourLowPriorityISRCode(){
}

#pragma code
/************ メイン関数 ********************/
void main(void){
  /* 入出力ポート設定 */
  ddsFSYN = 1;
  ddsCTRL = 1;
  ANSELH = 0x00;
  ANSEL  = 0x20;                // only AN5
  TRISA = 0xFF;                 // OSC SIのみ入力
  TRISB = 0x00;
  TRISC = 0x02;                 // AN5 only
  // A/Dコンバータ初期設定
  ADCON0 = 0x14;                // AD off Select AN5
  ADCON1 = 0x00;                // Analog Vss-Vdd
  ADCON2 = 0xBE;                // Right,20Tad,1/64
  /** DDSの初期設定  **/
  ddsFreq.Freq = 1000;          // 初期値1kHz
  oldFreq = 0;
  spi_send(0x07FF);             // 制御コマンド送信
  spi_send(0x1000);             // インクリメント数なし
  spi_send(0x2000);             // Δfなし
  spi_send(0x3000);             // Δfなし
  spi_send(0x4000);             // インターバルなし
  setFreq(1000);                // 初期値1kHz
  /* USB初期化とAPスタート */
  USBDeviceInit();              // USB初期化
  USBGenericInHandle = 0;
  USBGenericOutHandle = 0;
  blinkStatusValid = TRUE;      // USB目印LED有効化
  /** USBアタッチ許可と割り込み許可 */
  USBDeviceAttach();
  /*********** メインループ ***************/
  while(1) {
      /** USB目印LED点滅 **/
      if(blinkStatusValid)
        BlinkUSBStatus();       // LED点滅実行
      /** USB接続中なら送受信実行 **/
      if((USBDeviceState >= CONFIGURED_STATE)&&(USBSuspend
                                                  Control!=1))
        ProcessIO();            // ユーザーアプリ実行
  }
}
```

割り込みベクタ定義
上位割り込み処理関数
下位割り込み処理関数
アナログ/ディジタルのピン指定
入出力モード設定
ADCの初期設定
DDSの初期設定
USBの初期設定
USB処理開始
USB接続時のLED表示
接続中ならユーザ処理実行

メイン・クロックとなります．

あとは各種定数と変数の宣言定義が続いています．USB送受信用のバッファは，PIC18の場合は特別に用意されたデュアル・ポート・メモリ領域を使う必要があります．

設定周波数を格納する変数はバイト単位でもint変数，long変数としても扱えるようにUNIONで定義しています．

あとは内部関数のプロトタイピングです．

● 割り込み処理関数とメイン関数の初期設定部

割り込み処理とメイン関数を**リスト5**に示します．PIC18では上位と下位の2レベルの割り込みがあり，USB送受信は上位割り込みで実行されています．このためUSBの割り込み処理関数を作成する必要があります．しかし，割り込み処理関数ではUSBDeviceTasks()関数を実行するだけです．下位割り込みはここでは使っていませんので，何も実行する内容はありません．

続いてメイン関数です．I/Oピンのディジタル/アナログ設定後，入出力モードを設定しています．

そのあと，A-DコンバータとDDSの初期設定をしています．AN5の1チャネルだけですので手動変換で動作させます．

DDSでは，一定周波数を連続で出力するようにす

るため，インクリメント回数はゼロ，周波数インターバルもゼロ，インターバル時間もゼロとしています．

さらに初期出力周波数を1kHzとしています．

あとは，USBを初期化してスタートさせています．

メイン・ループでは，USB接続までの経過を2個のLEDのフリッカ状況で表示しています．接続完了後は，`Process()`のユーザー処理関数を実行し，この中でUSB送受信を実行しています．

● ユーザ処理関数

リスト6のユーザ処理関数では，まず受信データの有無をチェックし，受信データがあれば処理をします．

受信データのコマンドで処理を分岐し，開始コマンドの場合はOKをバッファにセットして返送している

リスト6　ユーザ処理関数

```
/*******************************************************
 * ユーザーアプリ、入出力処理関数
 * USBからのコマンドにより機能実行t
 * 開始コマンドと測定コマンドの2種類のみ
 *******************************************************/
void ProcessIO(void){
  /***** データ受信処理 ******/
  if(!USBHandleBusy(USBGenericOutHandle)){
                                         // 受信完了か?
    blinkStatusValid = FALSE;            // USB目印LED中止
    counter = 0;                         // 送信バイト数リセット
    /******** 受信コマンドごとの処理 ********/
    switch(OUTPacket[0]) {               // コマンドコードチェック
      unsigned int temp;
      /** データ計測開始トリガ ***/
      case TRIG:
        INPacket[0] = 'O';
        INPacket[1] = 'K';
        counter = 2;
        break;
      /** 周波数設定とレベル測定値返送 */
      case NEXT:
        mLED_2_Toggle();                 // 目印LED点滅
        /** 周波数設定値取得と設定制御 **/
        for(i=0; i<4; i++)
          ddsFreq.cFreq[i] = OUTPacket[i+1];
                                         // バイトから数値へ変換
        if(ddsFreq.Freq != oldFreq)      // 同じ周波数なら何もしない
          setFreq(ddsFreq.Freq);         // 異なる周波数なら設定出力実行
        oldFreq = ddsFreq.Freq;          // 旧周波数データを更新
        /* 計測値安定化待ち **/
        Delayms(100);                    // 被測定装置の出力安定待ち
        /* レベル計測データ返送 */
        temp = 0;
        for(i=0; i<10; i++){             // 10回の平均
          ADCON0 = 0x15;                 // チャネル5選択 ADON
          ADCON0bits.GO = 1;             // 変換開始
          while(ADCON0bits.GO);          // 変換終了待ち
          temp = temp + ADRESH*256 + ADRESL;
                                         // CH1測定
          Delayms(2);                    // 2msec間隔でサンプリング
        }
        INPacket[0] = 0x32;              // 応答データ
        INPacket[1] = (temp/10) % 256;   // 送信バッファに下位セット
        INPacket[2] = (temp/10) / 256;   // 送信バッファに上位セット
        counter = 3;                     // 送信データ数
        break;
      /*** 不明 ****/
      default:
        Nop();
        break;
    }
    /**** USB送受信実行 *****/
    if(counter != 0){                    // 送信データありか?
      if(!USBHandleBusy(USBGenericInHandle))
                                         // ビジーチェック
      { /* 送信実行 */
        USBGenericInHandle = USBGenWrite
                  (USBGEN_EP_NUM,(BYTE*)&INPacket,64);
      }
    }
    /* 次の受信実行 */
    USBGenericOutHandle = USBGenRead
                  (USBGEN_EP_NUM,(BYTE*)&OUTPacket,64);
  }
}
```


受信完了したか
LED表示中止
受信コマンドで分岐
開始コマンドの場合
OKを返送
周波数設定コマンドの場合
4バイト設定値取得
異なる場合の設定関数実行
レベル計測10回実行したときの平均値
レベル値を送信
送信データの有無チェック
レディ確認後送信実行
次の受信実行

リスト7　DDS制御関数

```
/***********************************************************
 * AD5932 DDS設定制御関数
 ***********************************************************/
void setFreq(long freq){
  float temp;
  union{
    unsigned long para;
    unsigned int ipara[2];
  }DDSpara;

  /* 周波数設定値に変換 */
  temp = (0.33555 * (float)freq);          // 周波数に変換
  DDSpara.para = (long)temp << 4;          // 上位下位12ビットに変換
  /* DDS制御実行 */
  ddsCTRL = 1;                             // CTRL = 0
  spi_send(0x07FF);                        // 制御コマンド送信
  // 周波数下位12ビット送信
  spi_send(0xC000 | ((DDSpara.ipara[0]>>4) & 0x0FFF));
  // 周波数上位12ビット送信
  spi_send(0xD000 | (DDSpara.ipara[1] & 0x0FFF));
  ddsCTRL = 0;
  ddsCTRL = 1;                             // CTRL=1 周波数出力開始
}
/*****************************************************
 * SPI で16ビット送信関数
 *****************************************************/
void spi_send(unsigned int data){
  unsigned int mask;

  ddsFSYN = 0;                             // CS High
  ddsSCLK = 1;                             // SCK high
  mask = 0x8000;                           // ビットマスク初期値セット
  for(i=0; i<16; i++){                     // 16ビット繰り返し
    if((data & mask) !=0)                  // ビットチェック
      ddsSDAT = 1;                         // 1の場合
    else
      ddsSDAT = 0;                         // 0の場合
    Nop();
    ddsSCLK = 0;                           // SCK Low
    Nop();
    Nop();                                 // パルス幅確保
    ddsSCLK = 1;                           // SCK Highに戻す
    mask = mask >>1;                       // ビットマスク移動
  }
  ddsFSYN = 1;                             // CS High
}
/**************************************************
 * タイマ1による1msec単位の遅延関数
 **************************************************/
void Delayms( unsigned int t){
  T1CON = 0x8000;              // enable tmr1, Tcy, 1:1
  while (t--) {
    TMR1H = 0;
    TMR1L = 0;
    while ((TMR1H == 0x2E)&&(TMR1L = 0xE0));        // 1msec待ち
  }
}
```


longとintで扱うためのUNION
周波数設定整数に変換し12ビットずつに分割
周波数設定コマンド実行
出力制御
1ビットの出力
1ビット分のクロック

だけです．

周波数設定コマンドの場合は，受信データから4バイトの周波数データを取り出しlong型で扱います．そして前回と同じ周波数であれば何もせず，異なっているときだけDDS設定を実行します．

続いて折り返しのレベル測定をします．2ms間隔で10回計測して平均を取った後，レベル計測データとしてバッファにセットして返送します．

実際の送信は，このあとでCounter変数をチェックして0より大きければバッファの内容を送信します．

その後，次の受信を実行します．これで次のデータ受信があれば同じことを繰り返します．

● DDS設定関数

リスト7が，DDSに周波数を設定する関数です．SPIインターフェースですが，ここではプログラムでSPIマスタを構成しています．

まず，パラメータとして与えられる周波数設定値がlong型ですので，二つのint型で扱えるようにUNIONで定義しています．

そして周波数をバイナリの設定値に変換しますが，このときいったんfloat型で扱ったのちlong型の設定整数値に変換しています．さらに上位12ビットと下位12ビットに分けてから設定制御を実行しています．

最後にCTRLピンをON/OFFしてDDSの出力を更新しています．

SPI送信関数では，16ビットのデータを順番にクロックをON/OFFしながら1ビットずつ出力しているだけです．

1ms単位の遅延を生成するためタイマ1を使っています．

このあとに，USB接続状態を表すLEDの制御関数と，USBの各イベント処理のユーザ処理追加部がありますが，ここはUSBフレームワークの例題そのままですので説明は省略します．

以上で，周波数特性測定器の本体側のファームウェアの製作は完了です．次はいよいよタブレット側のアプリケーションの製作です．

ステップ3：タブレットのアプリ製作

周波数特性測定器（計測アダプタ）の表示操作をすべて実行するのは，タブレット側のアプリケーションになります．ステップ3は，このタブレット上のAndroidアプリケーションの製作です．

● アプリケーションの全体構成

タブレット側のアプリケーション・ソフトウェアの全体構成を簡単に表すと**図13**のようになります．

USBで接続するUSBデバイスは，マニフェスト・ファイル（AndroidManifest.xml）でフィルタ指定することで特定しています．そのフィルタとして，フィルタ・ファイル（device_filter.xml）が指定され，ここに実際に接続可能なUSBデバイスがUSB IDで指定されています．

USBデバイスとの接続と送受信は，すべてGoogle社から提供されているUSBホストAPIのメソッドを使って行います．

USBで受信したデータはすべてアプリケーション本体（FreqAnalizerHost.java）に渡され，ここで受信データの処理を行い，グラフィックの表示処理を実行します．また，ボタンなどの操作したイベントの処理も実行し，USB送信も行います．

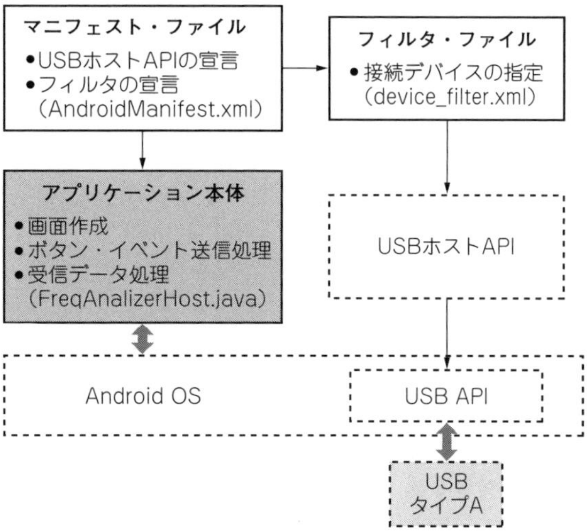

図13　タブレットのアプリケーションの全体構成

USBホストAPIの使い方

タブレットのようなAndroid機器をUSBホスト・モードで動作させるときは，グーグルが提供しているUSBホストAPIのクラスを使います．このAPIクラ

表7 USBホストAPIでサポートされるAPIクラス

APIクラス名	機能内容
UsbManager	USBデバイスの列挙(enumeration)と通信許可をする
UsbDevice	接続されたUSBデバイスの識別情報を提供し，そのインターフェースのエンド・ポイントにアクセスするためのメソッドを提供する
UsbInterface	USBデバイスのインターフェースにアクセスするためのメソッドを提供する
UsbEndpoint	USBデバイスのエンド・ポイントにアクセスするためのメソッドを提供し，通信チャネルとして機能する
UsbDeviceConnection	デバイスと接続するための機能を果たし，エンド・ポイントで通信を実行する
UsbRequest	USBデバイスと通信するため非同期リクエストを実行する
UsbConstants	USB定数を定義する

スには**表7**のような種類があります．

このUSBホストAPIを使えるようにするためには，次の手順でパッケージを追加して，クラスを使用するという宣言をする必要があります．

● USBホストAPIパッケージの追加インストール

タブレットでUSBホストAPIを使う場合には，Eclipseでプロジェクトを作成する際に，使用するSDKの最小APIレベルを12にセットするだけです．

パッケージは「android.hardware.usb」という名前空間で用意されており，アプリケーションでは，次のようにこの中のクラスをインポートして使います．

```
import android.hardware.usb.UsbDevice;
import android.hardware.usb.UsbManager;
```

● マニフェスト・ファイルでUSBホストAPIを使う宣言をする

マニフェスト・ファイルに次の1行を追加して，USBホストAPIを使うという宣言をします．

```
<uses-feature android:name =
    "android.hardware.usb.host" />
```

● 接続デバイスを特定するフィルタを設定する

さらに，USBホストAPIを使って接続できるUSBデバイスを特定し，接続されたときアプリケーションに通知するようにマニフェスト・ファイルに記述を追加します．

特定のUSBデバイスとのみ接続するようにするため，フィルタ機能を設定します．このフィルタは，USBのベンダIDとプロダクトIDを使って指定します．

まず，フィルタ設定をマニフェスト・ファイルに追加します．この記述は<activity>の項で<intent-filter>と<meta-data>で次のようにします．

```
<intent-filter>
  <action android:name = "android.hardware.usb.action.USB_DEVICE_ATTACHED" />
</intent-filter>
   <meta-data android:name = "android.hardware.usb.action.USB_DEVICE_ATTACHED"
   android:resource = "@xml/device_filter" />
```

ここで，<meta-data>ではフィルタ条件を「device_filter.xml」というXMLリソース・ファイルで指定するようにしています．

● USBデバイスとの接続手順

マニフェストに記述を追加したら，次は実際のアプリケーション・プログラムの中で，アクセサリと接続するための手順をプログラミングします．

手順の概要は次のようになりますが，詳細は以降の製作例で説明します．

①アクセサリの発見

マニフェストでインテント・フィルタを設定しておけば，アクセサリが接続されたとき，アプリケーションに自動的に通知されます．通知されたアプリケーションでは，次のようにUsbDeviceクラスを使って接続されたUSBデバイスのオブジェクトを取得することができます．

```
UsbDevice device=(UsbDevice) intent.getParcelableExtra (UsbManager.EXTRA_DEVICE);
```

②USBデバイスと通信するための許可を得る

USBデバイスが接続されたことを発見したら，許可を求めるダイアログを表示してユーザの許可を求めます．

③USBデバイスとの通信

USBデバイスとの通信をするためには，画面表示を実行するUIスレッドをブロックしてしまうことがないように新たなスレッドを作成し，その中で通信を実行します．

まず，通信をする相手のUSBデバイスのインターフェースとエンド・ポイントを特定するため，次のようにUsbInterfaceとUsbEndpointを使ってインスタンスを取得します．

```
UsbInterface intf =device.
getInterfacex(0);
UsbEndpoint endpoint=intf.
getEndpoint(0);
```

エンド・ポイントが見つかったら，次のようにして，そのエンド・ポイントのUsbDeviceConnectionクラスをオープンします．

```
UsbDeviceConnection connection
=mUsbManager.openDevice(device);
connection.claimInterface(intf,
forceClaim);
```

以降は，UsbDeviceConnectionクラスの中の送受信用メソッド，bulkTransfer()またはcontrolTransfer()メソッドを使って，次のようにエンド・ポイント間でデータを転送します．

```
connection.bulkTransfer(endpoint,
bytes, bytes.length, TIMEOUT);
```

USBフルスピードの場合のパケット・サイズは64バイトですので，この単位によりバルク通信モードで通信をすることになります．

④USBデバイスとの接続の終了

USBデバイスとの接続を終了する場合や，接続が切り離された場合には，closeメソッドを実行して終了します．接続の切り離しイベントを通知するようにすることもできます．

アプリケーション

● 画面構成

ここで製作する周波数特性測定器の画面構成は**図14**のようにしました．

使用したICONIA Tab A500の画面は1280×800ピクセルとなっています．できるだけ詳細にグラフを表示させるため，1000×700という大部分をグラフ表示領域としています．残った左側の部分を操作表示領域として，ボタンやメッセージを表示する領域としています．

「スイープ」ボタンが測定開始ボタンで，これをタップすると，周波数を順に出力してレベルを測定し，「測定レベル」の窓に数値として表示しながらグラフとして表示します．

その下の「設定周波数」入力窓には周波数値を入力でき，「固定出力」ボタンをタップすると入力した固定の周波数を連続出力します．そして，一定間隔でレベルを測定し「測定レベル」の窓に値を表示します．この場合にはグラフ表示はしません．

下側にあるいくつかのメッセージ窓は，USBの接続状況を表示するためのメッセージ表示窓で，おおよその接続状況がわかるようになっています．

グラフは横軸が周波数で，対数目盛としていて10Hzから10MHzの範囲としています．縦軸がレベルでdB表示としています．－50dBから＋20dBの範囲としています．

● Eclipseのプロジェクト作成

Eclipseの開発環境の構築は完了しているものとし，本製作に使うソース・ファイルも，あらかじめ本書のサポート・ページからダウンロードして入手されているものとします．

また，Eclipseの環境がD:¥Androidフォルダ下に構築されているものとします．この環境の下でプロジェクトを作成します．

新たなプロジェクトを格納するフォルダ「D:¥Android¥projects」も作成されているものとします．もともとEclipseのデフォルトのプロジェクト用のフォルダは「D:¥Android¥workspace」となっています．さらにプロジェクト・フォルダを別に用意するのは，workspaceにダウンロードしたソースをコピーしてプロジェクトを作ろうとすると，「既にプロジェクトが存在する」というエラーで作成できず，workspaceとは異なるフォルダに作成する必要があるからです．

次に，このD:¥Android¥projectsフォルダの下に，ここで作成する周波数特性測定器のフォルダを「FreqAnalizerHost」という名称で作成します．そしてダウンロードしたソース・ファイルをこのフォルダ下にすべてコピーします．コピー完了後のフォルダ内のファイル構成は**図15**のようになっているはずです．

これで準備ができましたから，次にEclipseを起動し，メニューから「File」→「New」→「Project」とします．最初に開くダイアログで「Android Project」を選択して[Next]とします．

これで開く**図16**の「Create Android Project」のダイアログでは，「Create project from existing

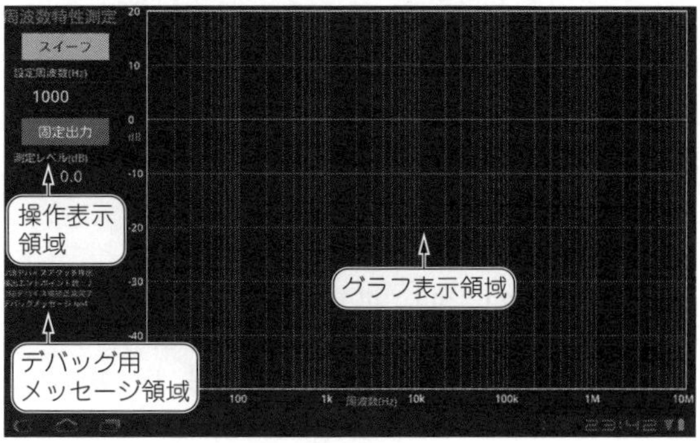

図14　Androidタブレットの画面構成

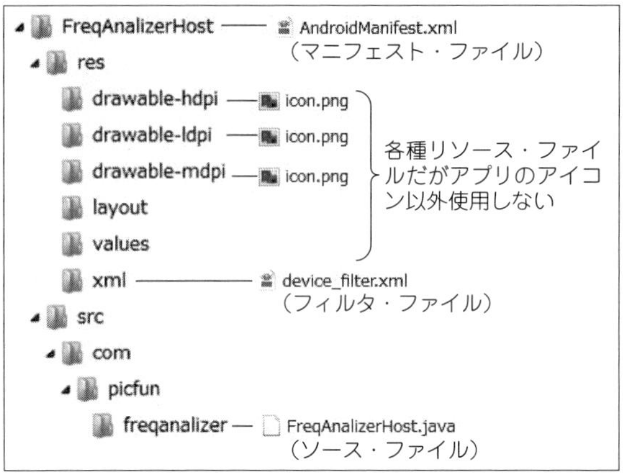

図15　コピー後のファイル構成

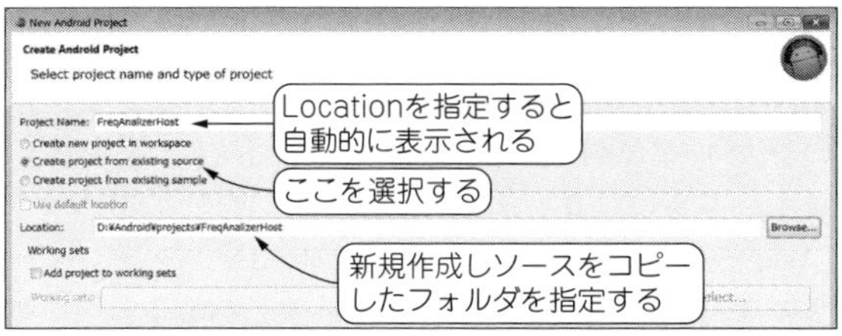

図16　プロジェクトの生成

source」にチェックを入れてから［Browse］ボタンを押し，ソースをコピーしたディレクトリを指定します．ここでは，下記のディレクトリを指定しています．

D:¥Android¥projects¥FreqAnalizerHost

これを指定すると自動的にProject Name欄にプロジェクト名「FreqAnalizerHost」が表示されます．

これで［Next］とすると「Select Build Target」のダイアログになりますので，ここでは「Android 3.1でGoogle APIsの12」のSDKバージョンを選択してから［Finish］とします．

これでプロジェクトが自動作成され，**図17**のようなファイル構成で新規プロジェクトが生成されます．

プロジェクトにエラー・フラグがない状態であれば，デモ・プログラムを実行できます．さっそく実機で実行してみましょう．

実機で実行させるためには，ダウンロードが必要です．実機（ICONIA TAB A500）をパソコンのUSBに接続し，USBドライバをインストールします．

Eclipse上で「Run」→「Run Configuration」とすると「Create, manage, and run configuration」という**図18**のダイアログが表示されますので，［Android］タグで実行させるプロジェクトを選択します．続いて，［Target］タグを選ぶと表示されるダイアログで「Manual」にチェックを入れてから［Run］をクリックします．

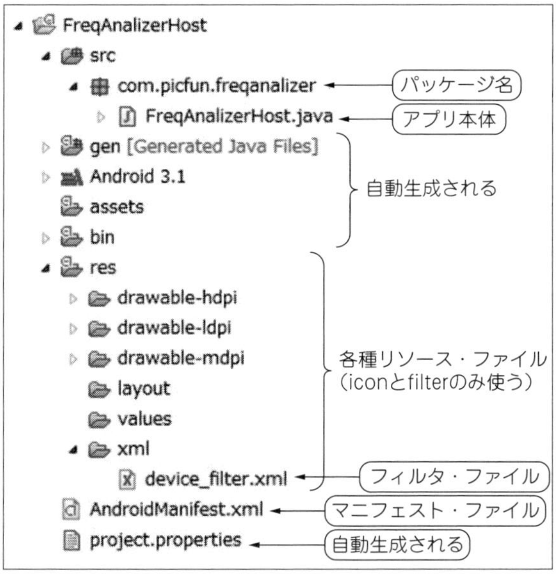

図17　プロジェクト生成後のファイル構成

図18　プロジェクトの実行

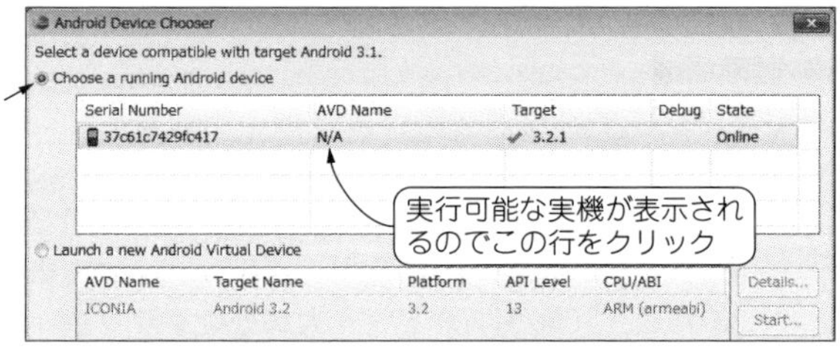

図19　実機を選択してダウンロードを実行

これで**図19**のダイアログが表示されます．ここで上側の「Choose a running Android Device」にチェックを入れ，さらに欄内の実機デバイスを選択して［OK］とすれば実機へのダウンロードが実行されます．

ダウンロードが完了すると実機に**図14**と同じ画面が表示されます．

● マニフェスト・ファイルとフィルタ・ファイル

リスト8に示すマニフェスト・ファイルと**リスト9**

リスト8　使用するライブラリの宣言などを記述するマニフェスト・ファイル

```
<?xml version="1.0" encoding="utf-8"?>
<manifest xmlns:android="http://schemas.android.com/apk/res/android"
    package="com.picfun.freqanalizer"
    android:versionCode="1"
    android:versionName="1.0">
  <uses-sdk android:minSdkVersion="12" />
  <application android:icon="@drawable/icon"
  android:label="周波数特性測定">
    <activity android:name=".FreqAnalizerHost"
          android:label="周波数特性測定"
          android:screenOrientation = "landscape" >
  <intent-filter>
    <action android:name="android.intent.action.MAIN" />
    <category android:name="android.intent.category.DEFAULT" />
    <category android:name="android.intent.category.LAUNCHER" />
  </intent-filter>
  <intent-filter>
    <action android:name="android.hardware.usb.action.USB_DEVICE_ATTACHED"
/>
  </intent-filter>
   <meta-data android:name="android.hardware.usb.action.USB_DEVICE_ATTACHED"
    android:resource="@xml/device_filter" />
    </activity>
      <activity android:name ="GraphicsActivity"></activity>
  </application>
</manifest>
```

バージョン指定
横向き限定指定
ライブラリ使用宣言
フィルタ指定
自動起動の指定

リスト9　接続する機器を指定するフィルタ・ファイル

```
<?xml version="1.0" encoding="utf-8"?>
<resources>
   <!-- vendor and product ID -->
   <usb-device vendor-id="1240" product-id="33" />
   <!-- vendor and product ID -->
   <usb-device vendor-id="1240" product-id="65" />
</resources>
```

相手特定のためのID指定

リスト10　起動時に実行されるonCreateメソッドの内容

```
/******* 最初に実行する関数 画面のレイアウト作成 ******/
@Override
public void onCreate(Bundle savedInstanceState) {
 super.onCreate(savedInstanceState);
   requestWindowFeature(Window.FEATURE_NO_TITLE);
   this.getWindow().setSoftInputMode(WindowManager.LayoutParams.
                      SOFT_INPUT_STATE_ALWAYS_HIDDEN);
   /*** レイアウト定義  *******/
   LinearLayout layout = new LinearLayout(this);
   layout.setOrientation(LinearLayout.HORIZONTAL);
   setContentView(layout);
   // サブレイアウト
   LinearLayout layout2 = new LinearLayout(this);
     layout2.setOrientation(LinearLayout.VERTICAL);
     layout2.setGravity(Gravity.CENTER);
      // 見出しテキスト表示
     text1 = new TextView(this);
     text1.setLayoutParams
                    (new LinearLayout.LayoutParams(230,WC));
     text1.setTextSize(30f);
     text1.setTextColor(Color.MAGENTA);
     text1.setText("周波数特性測定");
     layout2.addView(text1);
     // 開始ボタン作成
     start = new Button(this);
     start.setBackgroundColor(Color.YELLOW);
     start.setTextColor(Color.BLACK);
     start.setTextSize(25f);
     start.setText("スイープ");
     LinearLayout.LayoutParams params
                    = new LinearLayout.LayoutParams(160, 50);
     params.setMargins(0,10, 0,50);
     start.setLayoutParams(params);
     layout2.addView(start);
     // 周波数設定エディタボックス生成
     text10 = new TextView(this);
     text10.setTextSize(20f);
     text10.setLayoutParams
                    (new LinearLayout.LayoutParams(230,WC));
     text10.setText("  設定周波数(Hz)");
     layout2.addView(text10);
     editText1 = new EditText(this);
       editText1.setLayoutParams
                    (new LinearLayout.LayoutParams(160, 60));
     editText1.setText("1000", EditText.BufferType.NORMAL);
     editText1.setTextSize(30f);
     layout2.addView(editText1);
     // 固定出力ボタン生成
     params.setMargins(0, 10, 0, 10);
     fixfreq = new Button(this);
     fixfreq.setBackgroundColor(Color.BLUE);
     fixfreq.setText("固定出力");
     fixfreq.setTextSize(25f);
     fixfreq.setLayoutParams(params);
     layout2.addView(fixfreq);
     // 測定レベル表示テキストボックス生成
     text11 = new TextView(this);
     text11.setTextSize(20f);
     text11.setLayoutParams
                    (new LinearLayout.LayoutParams(230,WC));
     text11.setText("  測定レベル(dB)");
     layout2.addView(text11);
     text12 = new TextView(this);
     text12.setTextSize(30f);
     text12.setLayoutParams
                    (new LinearLayout.LayoutParams(80,40));
     text12.setText("  0.0");
     layout2.addView(text12);
     // デバッグ用メッセージボックス生成
     text = new TextView(this);
     text.setGravity(Gravity.FILL_VERTICAL | Gravity.BOTTOM);
     text.setTextSize(14f);
     text.setLayoutParams
                    (new LinearLayout.LayoutParams(230,150));
     text.setText(" ");
     layout2.addView(text);

          (一部省略)
   // グラフ表示領域指定
   graph = new MyView(this);
   layout.addView(graph);
   // スイッチイベント組み込み
   start.setOnClickListener((OnClickListener) new startScope());
   fixfreq.setOnClickListener((OnClickListener)
                                          new fixfreqScope());
   // USB組み込み
   mUsbManager = (UsbManager)getSystemService
                                   (Context.USB_SERVICE);
   // データバッファ初期化
   BlockCounter = 0;
   for(i=0; i<1024; i++){
     DataBuffer[i] = 0;
     DispX[i] = i;
   }
}
```

ソフト・キーボードを出さないようにする
全体横配置
表示操作部縦配置
見出し表示
スイープ・ボタン表示
周波数設定エディタ表示
固定周波数ボタン表示
測定レベル数値表示
デバッグ用メッセージ表示
データ・グラフ初期表示
ボタン・イベント・リスナ定義
USBホストAPIインスタンス生成
データ・バッファ初期化

に示すフィルタ・ファイルは，アプリケーションを起動した場合に実行するアクティビティを指定するファイルです．**リスト8**ではデモ・プログラムのパッケージ名やアクティビティ名を定義していて，アプリケーションを区別する際に，ここに記述されているパッケージ名とアクティビティ名が使われます．

次に，Android APIの最小レベルを指定しています．

続いてUSBホストAPIを使うという宣言とイベント通知設定をしていますが，ここでアクセサリが接続されたときイベント通知をするように指定し，さらにフィルタ・ファイルでアクセサリを特定するように設定しています．

指定されたフィルタ・ファイルの内容が**リスト9**で，ここに接続アクセサリを特定するためのUSB IDが指定されています．

アプリケーション本体の詳細

アプリケーション本体は下記のようなメソッドやサブクラスで構成されています．

- フィールドの定義(変数，定数の定義)
- onCreateメソッドでGUIを表示
- アプリ遷移に伴うイベントごとの処理メソッド
- USBイベントを処理するハンドラ部
- 受信データを処理するメソッド

以下にそれぞれの詳細を説明します．

● onCreateメソッド

起動時に実行されるonCreateメソッドの内容は**リスト10**のようになっています．

最初にGUI画面表示設定を行っています．この製作ではGUI記述をリソースのxmlファイルではなく，直接プログラム内に記述しています．画面全体を横配置とし，そこに表示操作部とグラフ部の二つを並べます．

次に表示操作部を縦配置とし，そこに表題とスイープ・ボタン，固定周波数の設定と開始ボタン，さらにその下にはデバッグ用としてUSBの接続状態をメッセージ表示するための4個のテキスト・ボックスを追加しています．

グラフ領域の初期描画をしてから，ボタンのリスナ・クラスの定義と，USBホストAPIのインスタンスを生成しています．

● アプリ遷移イベント処理とUSB接続メソッド

アプリケーションの状態遷移に伴うイベントに対応する処理部分が**リスト11**です．onResumeはアプリケーションが再開したときの処理で，USBがアタッ

リスト11　アプリ遷移イベント処理とUSB接続処理メソッドの詳細

```
/**********************************************************/
/**** USBデバイスの検出と接続 ***/
@Override
public void onResume() {
  super.onResume();
  Intent intent = getIntent();
  String action = intent.getAction();
  UsbDevice device = (UsbDevice)
        intent.getParcelableExtra(UsbManager.EXTRA_DEVICE);
  // USBデバイスアタッチ検出
  if (UsbManager.ACTION_USB_DEVICE_ATTACHED.equals(action)) {
    text0.setText("USBデバイスアタッチ検出");
    setDevice(device);
  } else if (UsbManager.ACTION_USB_DEVICE_
                                DETACHED.equals(action)) {
    if (mDevice != null && mDevice.equals(device)) {
      setDevice(null);
      mConnection.close();
      text0.setText("USBデバイス　デタッチ状態");
    }
  }
}
/**** USB終了時クローズ ****/
@Override
public void onDestroy() {
  super.onDestroy();
}
/***** USBデバイスEnumeration ******/
private void setDevice(UsbDevice device) {
  // デバイスインターフェース検出
  if (device.getInterfaceCount() != 1) {
    text2.setText("インターフェース発見できない");
    return;
  }
  UsbInterface intf = device.getInterface(0);
  // エンドポイントの検出
  if (intf.getEndpointCount() < 1) {
    text2.setText("エンドポイント検出できない");
    return;
  }
  text2.setText("検出エンドポイント数 = " + intf.getEndpointCount());
  // OUTエンドポイントの確認
  UsbEndpoint epout = intf.getEndpoint(0);
  if (epout.getType() != UsbConstants.USB_ENDPOINT_XFER_BULK) {
    text2.setText("OUTエンドポイントがバルクタイプでない");
    return;
  }
  // INエンドポイントの確認
  UsbEndpoint epin = intf.getEndpoint(1);
  if (epin.getType() != UsbConstants.USB_ENDPOINT_XFER_BULK) {
    text2.setText("INエンドポイントがバルクタイプでない");
    return;
  }
  // デバイス定数代入
  mDevice = device;
  mEndpointOut = epout;
  mEndpointIn = epin;
  // 接続許可確認
  if (mDevice != null) {
    UsbDeviceConnection connection =
                      mUsbManager.openDevice(mDevice);
    if (connection != null && connection.claimInterface
                                          (intf, true)) {
      mConnection = connection;
      text3.setTextColor(Color.GREEN);
      text3.setText("USBデバイス接続正常完了");
      Flag = 1;                       // スレッドループ用フラグ
      State = 0;                      // イベント待ちステートへ
      BlockCounter = 0;               // バッファインデックスリセット
      thread = new Thread(this);      // 計測表示スレッドセット
      thread.start();                 // スレッド開始(永久継続)
    } else {
      mConnection = null;             // USB接続できなかったエラー
      text3.setTextColor(Color.RED);
      text3.setText("USBデバイス接続失敗");
    }
  }
}
```

リスト11の吹き出し：
- 再開時のインデント取得
- USBデバイスのインスタンス取得
- アタッチの場合はメッセージ表示してデバイス接続メソッドを実行
- デタッチの場合はデバイスを終了し接続を切り離す
- 終了イベントでアプリケーション終了
- USBインターフェースの検出
- インターフェースのインスタンス生成
- USBエンド・ポイントの検出
- OUTエンド・ポイントのインスタンス生成
- INエンド・ポイントのインスタンス生成
- OUTエンド・ポイントの種別確認
- INエンド・ポイントの種別確認
- 各インスタンス値のセット
- USBマネージャのオープン
- オープンできれば正常接続完了
- アプリケーション用変数の初期化
- USB受信スレッドの起動
- オープンできなければ接続異常

リスト12　ボタン・イベント・リスナとUSB送信サブメソッド

```
/**** ボタンイベントクラス ***/
class fixfreqScope implements OnClickListener{
  public void onClick(View v){
    // 設定周波数の取得
    SpannableStringBuilder temb =
                (SpannableStringBuilder)editText1.getText();
    FixFrequency = Long.parseLong(temb.toString());
    FixMode = 1;// 固定周波数モードにセット
    State = 1;// 初期ステート
  }
}
/**** コマンド送信サブメソッド *****/
private void sendCommand(int control) {
  synchronized (this) {
  if (mConnection != null) { // USB接続中か?
    switch(control){
      case COMMAND_REQUEST:
        message[0] = COMMAND_REQUEST;
        break;
      case COMMAND_EXTEND:
        message[0] = COMMAND_EXTEND;
        break;
      default: break;
    }
    // エンドポイントでコマンド送信常に64バイト送信
    mConnection.bulkTransfer(mEndpointOut, message, 64, 0);
    // 出力確認メッセージ(デバッグ用)
    Counter++;
    handler.post(new Runnable(){
      public void run(){
      text4.setText("コマンド送信回数 = " + Counter);
      }
    });
}}}
```

設定周波数入力値を取得しデータ値に変換
固定フラグ・セット
USB接続中か確認
コマンドで分岐
各コマンドをバッファにセット
USB送信実行
送信確認メッセージ出力

リスト13　USB受信スレッド

```
/**** USBデータ送受信スレッド 一定周期で繰り返し ***/
@Override
public void run() {
  while (Flag == 1) {
    switch(State){                 // 計測要求コマンド送信
      case 0:                      // イベント待ちステート
        try{
          Thread.sleep(10);        // 10msecお休み
        }catch(InterruptedException e){ }
        break;
      case 1:
        sendCommand(COMMAND_REQUEST);  // 測定要求送信
        result = mConnection.bulkTransfer
                    (mEndpointIn, buffer, 64, 0);
        if((result > 0)&&(buffer[0] == 'O')&&(buffer[1] == 'K')){
          State = 2;
          Frequency = 10;
          BlockCounter = 0;
        }
        /* 正常応答でなければデバイスが切り離されたとしてスレッド終了 */
        else{
          mConnection.close();
          Flag = 0;                // ループフラグクリア
          handler.post(new Runnable(){  // エラーメッセージ出力
            public void run(){
              text4.setTextColor(Color.RED);
              text4.setText("デバイスが切り離されました！！");
            }
          });
        }
        break;
      case 2:                      // 測定要求
        if(FixMode == 1)           // 固定周波数モードか?
          Frequency = FixFrequency;  // 固定周波数に置き換え
        message[1] = (byte)Frequency;  // 周波数を送信バッファにセット
        message[2] = (byte)(Frequency >>> 8);
                                   // バイト単位で4バイト
        message[3] = (byte)(Frequency >>> 16);
        message[4] = (byte)(Frequency >>> 24);
        sendCommand(COMMAND_EXTEND);   // コマンドとして送信実行
        try{                       // データ計測時間確保
          Thread.sleep(160);       // 0.16秒お休み
        }catch(InterruptedException e){ }
        // 折り返し計測結果データ受信　常に64バイト受信
        result = mConnection.bulkTransfer
            (mEndpointIn, buffer, 64, 0);
        // 正常受信なら受信データ処理実行
        if(result > 0){
          // データのバッファ格納 ByteからIntegerに変換
          temp = (buffer[1] & 0x7F) + buffer[2]*256;
          if((buffer[1] & 0x80) != 0)
            temp += 128;
          // レベルの実機補正と格納
          // 実機測定　0dB=428　-20dB=318　傾き106
          DataBuffer[BlockCounter] = 2*(temp - 428);
                                   // バッファの保存(Y値)
          Level = (float)((temp -428)/5.50);
          handler.post(new Runnable(){  // 測定レベルのテキスト表示
            public void run(){
              text12.setText(Float.toString(Level));
            }
          });
          // X軸位置の計算とバッファ保存
          DispX[BlockCounter] = (int)
((Math.log10(Frequency)-1)*1000/6);
          if(DispX[BlockCounter] > 1000){
                                   // X軸が右端まで到達したか?
            BlockCounter = 0;      // 最初に戻す
            State = 0;             // 何もしない状態とする
          }
          else{
            /*  固定モードでないとき周波数更新 */
            if(FixMode == 0){
              Frequency = Frequency + (long)(Math.pow(10,
                   (int)(Math.log10(Frequency))))/10;
              BlockCounter++;
            }
            State = 3;             // グラフ表示ステートへ
            }
          }
          /* 正常受信できなければデバイスが切り離されたとしてスレッド終了 */
          else{
            mConnection.close();
            Flag = 0;              // ループフラグクリア
            handler.post(new Runnable(){
                                   // メッセージ出力
              public void run(){
                text4.setTextColor(Color.RED);
                text4.setText("デバイスが切り離されました！！");
              }
            });
          }
          break;
      case 3:                      // データ表示
        handler.post(new Runnable(){
          public void run(){
            graph.invalidate();    // データグラフの再表示
          }
        });
        State = 2;                 // 計測繰り返し
        break;
      default:
        State = 0;                 // イベント待ちステートへ
    }
  }
}
```

ループ・プラグ・オンの間繰り返し
Stateで分岐
イベント待ち
開始コマンドの場合
測定要求送信
折り返し受信
OK応答確認
正常なら初期値セット
異常応答ならスレッド終了しメッセージ表示出力
測定要求の場合
固定周波数モードなら同じ周波数をセット
周波数データを送信バッファにセット後，送信実行
送信完了待ち
折り返しの測定データ受信
受信データを取り出しバイナリ値に変換
レベルへの補正とバッファへの格納
X軸の終了チェック
レベルのテキスト表示
終了なら最初に戻す
固定モードでない場合
次の周波数を求める
グラフ表示へ
正常受信できなかった場合
スレッド終了しメッセージ表示出力
グラフの再描画

チ状態であればUSB接続処理のsetDevice()メソッドを呼び出します．デタッチ状態であればそのまま終了とします．アプリケーション終了イベントの場合はクローズ処理を実行します．

USBデバイス接続処理のsetDevice()メソッドではUSBのEnumerationと同じ処理を実行します．まず，インターフェース・デスクリプタでインターフェースの確認をし，続いてエンド・ポイントの数を確認し，次にOUTとINのエンド・ポイントの種別を確認しています．

これらがすべてOKであれば，それぞれのインスタンスを定数に代入してから，USBマネージャ・クラスのオープン・メソッドを実行してUSB接続をオープンします．そして，アプリケーションの変数を初期化してからUSB受信スレッドを起動しています．

もしUSB接続をオープンできなかったら強制終了しています．

● ボタン・イベント・リスナとUSB送信サブメソッド

リスト12は，固定周波数ボタンのイベントの処理部で，周波数設定エディット・ボックスの値を取得し，周波数値に変換してから固定周波数フラグをONにし，ステート値を初期ステートに戻しています．

コマンド送信サブメソッドでは，USB接続中であることを確認してから，パラメータで分岐して，それぞれのコマンド・データをバッファにセットしています．

そのあとでUSB送信を実行しています．送信後，その回数をデバッグ用メッセージとして表示出力しています．

● USB受信スレッド

リスト13は，USBの受信処理を行う部分で，基本的な機能を実行しています．

まず，Flag変数が‘0’でない間スレッドを繰り返しますが，受信エラーなどでFlagが‘0’にされた時点でスレッドを終了させます．

Stateが‘0’の間はボタンか受信イベント待ちで，何もせず10msの間を空けています．

ボタン・イベントでStateが‘1’になったら計測開始コマンドを送信し，折り返し受信を待ちます．折り返しでOKが返送されて来たら，正常動作としてパラメータを初期値にセットしてStateを‘2’に進めますが，受信が正常でない場合はデバイスを切り離して強制終了とします．

Stateが‘2’の場合は，固定周波数モードかどうかで分岐し，固定周波数モードの場合は同じ周波数に変更してからバッファにセットして送信を実行します．

少し待ってから折り返しの受信を実行し，正常に受信できたら計測データを取り出して値を数値でメッセージ表示し，さらに表示バッファに格納します．このあと，X軸が右端まで行ったかどうかで終了チェックをし，右端なら終了としてStateを‘0’に戻します．

まだ右端でない場合は，次の周波数に更新してからStateを‘3’に進めます．

受信が異常だった場合は，強制的に終了とします．

Stateが‘3’の場合は，バッファの内容でグラフを表示してからStateを‘2’に進めて，次の周波数の計測に戻ります．

こうして，順に周波数を上げながらレベルを測定してはグラフに表示していきます．

● グラフ描画

リスト14は，測定データのグラフを描画するサブクラスです．最初にコンストラクタで初期化しています．

次に描画処理で，背景色を黒，座標を青にしてから，縦軸を対数目盛で描画します．続いて横軸は等間隔で描画しています．

周囲を白枠で囲い，Y軸の0dBラインも白線で描画しています．次に，白文字で，周波数軸の目盛を文字で描画し，縦軸をdB値で描画しています．

最後に，実際の測定データを赤の線で描画して終了です．

動作確認

以上の3ステップですべての製作が完了しましたから，実際に動作させてみます．

まず，計測アダプタの出力RCAジャックと入力RCAジャックをケーブルで接続します．これで測定器自身の周波数特性が測定できるはずです．

次に，タブレットを起動してロックを外してから，周波数特性測定器本体をUSBケーブルで接続します．タブレット側のタイプAコネクタと，周波数測定器本体のミニBコネクタとを接続します．これで自動的にタブレットのアプリケーションが起動し，画面に表示されるはずです．

画面左下のメッセージで正常接続が確認できたら，「スイープ」ボタンをタップすれば測定動作を開始し，画面上に赤い線が順番に表示されるはずです．ここで可変抵抗を回せば，測定レベルが上下するはずです．

これでグラフの右端まで進んだら終了して，グラフを表示したままになることを確認します．

終了後，あるいはグラフ描画中に再度「スイープ」ボタンをタップすると，画面をクリアしたあとで再度左端から測定を再開するはずです．

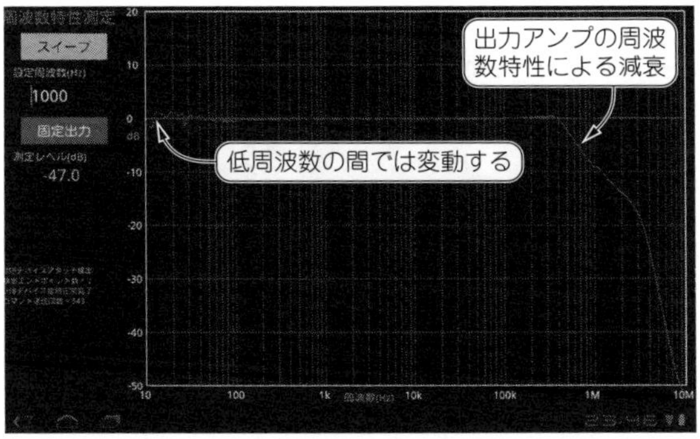

図20　折り返しで自分自身の周波数特性を測った結果

次に，固定周波数設定欄に適当な値をセットしてから「固定周波数」ボタンをタップすれば，その周波数の正弦波が出力RCAジャックから出力され，同時に折り返しの信号レベルが数値で表示されるはずです．オシロスコープなどで正弦波と周波数を確認してください．

校正は信号レベルだけで，適当な信号発生器で0dBと－20dBの正弦波を入力RCAジャックから入力し，表示されるレベルが0dBと－20dB近辺になるように，**リスト13**の実機補正という行のパラメータを修正します．

直接折り返しでの自分自身の周波数特性を計測した結果が**図20**となります．これが出力OPアンプ自体の周波数特性ということになります．500kHzくらいまでは－3dBで収まりますが，以降は急激に低下していくのがわかります．

これで校正も完了し正常な動作確認ができましたから，アンプかフィルタなどの被測定対象の回路をRCAジャックの間に挿入して周波数特性を測ってみましょう．

ごかん・てつや

リスト14　グラフ表示サブクラス

```
// グラフを表示するクラス
class MyView extends View{
  // Viewの初期化とコンストラクタ設定
  public MyView(Context context){
    super(context);
  }
  // グラフ表示実行メソッド
  public void onDraw(Canvas canvas)
  {
    int i, j;
    int xaxis;

    super.onDraw(canvas);
    //背景色の設定
    Paint set_paint = new Paint();
    canvas.drawColor(Color.BLACK);

    /** 座標の表示 青色で表示**/
    set_paint.setColor(Color.BLUE);
    set_paint.setStrokeWidth(1);
    // 縦軸の表示　10本
    for(i=0; i<7; i++){
      for(j=1; j<10; j++){
        xaxis = (int)(Math.log10(j*Math.pow(10,i))*1000/6);
        canvas.drawLine(35+xaxis, 10, 35+xaxis, 710, set_paint);
      }
    }
    // 横軸の表示　7本
    for(i=0; i<7; i++){
      canvas.drawLine(35, 10+i*100, 1035, 10+i*100, set_paint);
    }
    // Y軸の0dBライン白色で描画
    set_paint.setStrokeWidth(1);
    set_paint.setColor(Color.CYAN);
    canvas.drawLine(35, 210, 1035, 210, set_paint);
    set_paint.setColor(Color.WHITE);
    set_paint.setStrokeWidth(2);
    canvas.drawLine(35, 10, 35, 710, set_paint);
    canvas.drawLine(1035, 10, 1035, 710, set_paint);
    canvas.drawLine(35, 10, 1035, 10 ,set_paint);
    canvas.drawLine(35, 710, 1035, 710, set_paint);
    // 軸目盛の表示
    set_paint.setAntiAlias(true);
    set_paint.setTextSize(20f);// 文字サイズ指定
    set_paint.setColor(Color.WHITE);// 文字色指定
    // X座標目盛
    for(i=0; i<7; i++){
      switch(i){
        case 0:
          canvas.drawText("10", (int)(Math.log10
              (Math.pow(10, i))*1000/6)+21, 735, set_paint);
          break;
        case 1:
          canvas.drawText("100", (int)(Math.log10
              (Math.pow(10, i))*1000/6)+17, 735, set_paint);
          break;
        case 2:
          canvas.drawText("1k", (int)(Math.log10
              (Math.pow(10, i))*1000/6)+21, 735, set_paint);
          break;
        case 3:
          canvas.drawText("10k", (int)(Math.log10
              (Math.pow(10, i))*1000/6)+15, 735, set_paint);
          break;
        case 4:
          canvas.drawText("100k", (int)(Math.log10
              (Math.pow(10, i))*1000/6)+13, 735, set_paint);
          break;
        case 5:
          canvas.drawText("1M", (int)(Math.log10
              (Math.pow(10, i))*1000/6)+15, 735, set_paint);
          break;
        case 6:
          canvas.drawText("10M", (int)(Math.log10
              (Math.pow(10, i))*1000/6)+10, 735, set_paint);
          break;
        default:
          break;
      }
    }
    // Y座標目盛
    for(i=-50; i<=20; i+=10){
      canvas.drawText(Integer.toString(i), 0, 218-i*10, set_paint);
    }
    set_paint.setColor(Color.GREEN);// グラフY軸見出し色設定
    canvas.drawText("周波数(Hz)", 400, 740, set_paint);
                                              // 軸見出し指定
    canvas.drawText("dB", 0, 250, set_paint); // Y軸の単位表示
    // 実際のグラフの表示
    set_paint.setColor(Color.RED);
    for(i=2; i<BlockCounter; i++){
      canvas.drawLine(DispX[i-1]+35, 210-DataBuffer[i-1],
                DispX[i]+35, 210-DataBuffer[i], set_paint);
    }
  }
}
}
```

（注記：コンストラクタ初期化／背景を黒／座標を青／縦軸対数値で表示／横軸等間隔で表示／枠を白で表示／目盛りは白／X座標の周波数を表示／縦軸のdBを表示／計測データを赤で表示）

第5章

Linux用USBドライバCDC-ACM対応Androidなら簡単！

タブレット－ワンチップ・マイコン間仮想シリアル通信に挑戦！

大橋 修，土屋 陽介，成田 雅彦

写真1　Androidタブレットとワンチップ・マイコンの仮想シリアル通信にトライ

巷にあふれる中国製格安Androidタブレット（中華パッド）を目にした筆者は，これをなんとか電子工作で活用できないだろうか…Androidとマイコンをお手軽に接続したいと考えていました．ここでは**写真1**に示すように，Android端末とマイコンをUSBでシリアル接続する方法について解説します．

Android端末とマイコンの接続方法を考察

● USB接続するにはデバイス・ドライバが必要

通常，USBを介して外部機器を接続する場合はデバイス・ドライバが必要になります．このデバイス・ドライバを用意したり，システムやカーネルに組み込むのは大変な作業です．場合によってはカーネルの再構築が必要になり工数がかさみ，本来行いたいアプリケーション開発から遠ざかってしまいます．もっとお手軽にUSB経由でハードを接続してシステムを構築できないかを検討しました．

Linuxのデバイス・ドライバには最初からカーネルに組み込まれているカーネル・ドライバと，後から動的に組み込むローダブル・カーネル・モジュールに大別できます．よく使われる周辺機器などは，カーネルに最初から組み込んでおけば，カーネルのサイズは多少大きくなりますが，いちいちロードする手間が省けるので起動時間の短縮になります．

一方，あまり一般的でない周辺機器などは別途，ローダブル・カーネル・モジュール方式を用いて利用時に，ドライバをロードする構成を取るのがリーズナブルです．今回はこのカーネル・ドライバを活用して周辺機器を制御します．注意点としては，ハード（低レベル層）にアクセスするので，Android端末のroot化が必須となります．

● 汎用性の高い通信方式を選ぶ

キーボードやマウスなどのHID（Human Interface Device）に見せかけて接続すればドライバは不要ですが，マイコンをHIDに見せかけた通信は汎用性が劣ります．通信インターフェースとして汎用性の高いものとなると，USB-シリアル変換器を使うRS-232-Cなどの調歩同期式シリアル通信があります．この方法はポピュラですし，変換器はいろいろな種類が販売されています．

しかし，市販されている変換器用のデバイス・ドライバは，通常のカーネル・ドライバとして組み込まれている可能性は低く，別途自分でカーネルを再構築してドライバを組み込むか，ローダブル・モジュールの形式で組み込まないとならず，お手軽に利用できません．

そこで今回は，カーネル・ドライバとして標準で組み込まれているUSB-シリアル変換用のドライバ「CDC-ACM」を利用することにします．CDC-ACMとは，Communication Device Classの一つのカテゴリで，ACM（Abstraction Controll Model）は主にモデムなどの通信用に用いられています．

CDC-ACMに準拠したマイコンの用意

CDC-ACMを利用したUSB-シリアル変換器が単体で市販されていれば，それをそのまま利用するのが簡単ですが，筆者はそういうものを知りません．

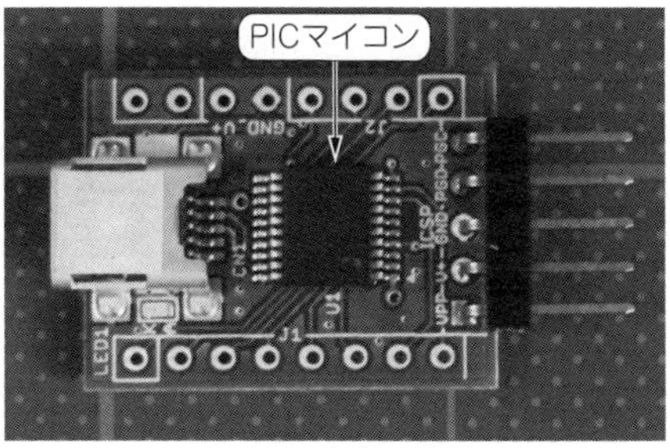

写真2　部品感覚で使えるPIC18F14K50を搭載するPICマイコン18F14K50ボード（秋月電子通商）

写真3　PIC書き込み器PICkit3（マイクロチップ・テクノロジー）

それ以外の方法を探してみたところ，PICマイコンのアプリケーション・ノートに，USBインターフェースを装備したPICマイコンをCDC-ACM対応のUSB-シリアル変換器として利用するサンプル・コードが掲載されていました．自身でビルドしてPICマイコンに書き込まないといけませんが，既述のAndroid端末のカーネルを再構築してドライバを自力で組み込むよりはかなりハードルは下がります．

使用するのは，USBを装備したPICマイコンのキットと，サンプル・プログラム，PICの書き込み器PICkit3です．

● 必要なハードウェア

- ホストPC（Windows, Mac, Linux）

後述するMPLAB IDE XではNetbeansで開発環境が構成されているので，各ホストで共通のUIが提供されます．

- 18F14K50ボード

PICマイコンPIC18F14K50を搭載する超小型ボードです（**写真2**）．数カ所はんだ付けし，ソフトを書き込むだけですぐに利用できるようになります．今回のようにすでにソフトウェアが出来上がっている場合は，部品感覚で利用できるのでお手軽です．

- PICkit3

PICの書き込み器です（**写真3**）．後述するMPLAB IDE Xと連携させて利用します．

● 使用するソフトウェア

- MPLAB IDE X

PICの開発環境です．PIC12～PIC32までの開発に利用します．今回はPIC18Fがターゲットなので，その周辺の環境をインストールしておけばよいでしょう．

- Microchip Application Libraries

PICの各種サンプル・ソフトウェアがパッケージに

図1　プロジェクトを開く

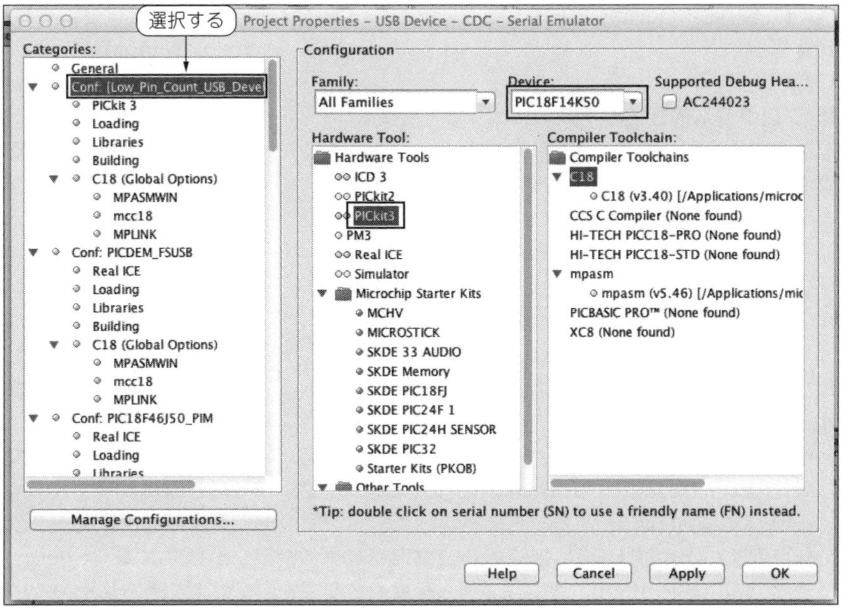

図2
プログラム書き込み時の各種設定

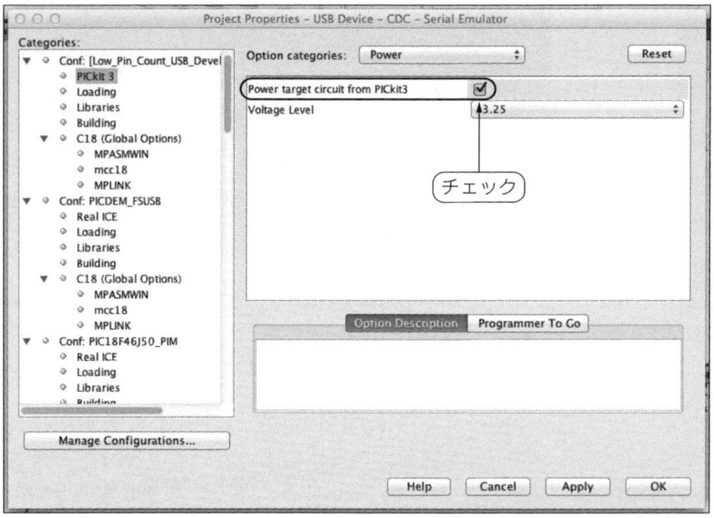

図3　「Power target circuit from PICkit3」をチェック

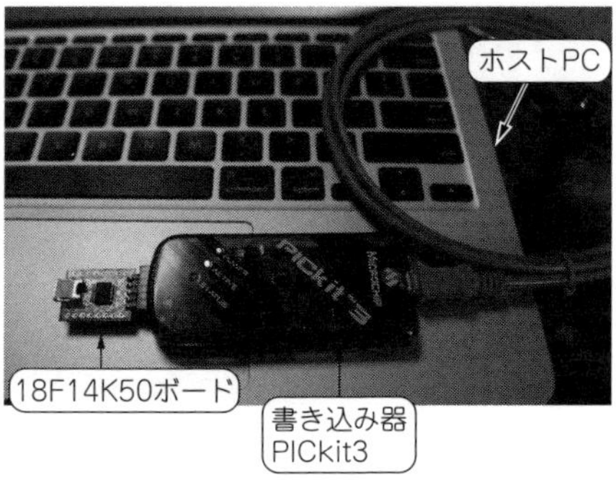

写真4　PICkit3と18F14K50ボードを接続して書き込み中の様子

図4　「Make and Program Device」を選択

なったものです．ホストの環境ごと(Windows, Mac, Linux)に用意されているので，自分が利用しているホストに合わせてダウンロードしてください．本稿で利用するサンプルは，

microchip_solutions_v2013-06-15→USB→Device-CDC-Serial Emulator

となります．

● プログラム書き込み手順

18F14K50ボードにプログラムを書き込むための手順の大まかな流れを説明します．

(1) Open Projectで先ほどの「Serial Emulator」を選択し，プロジェクトを開きます(**図1**)．

(2) 左側のプロジェクト・ペインからSerial Emulatorを選択し，プロパティを開きます．Conf. [Low_Pin_Count_USB_Development_Board]を選択します．各設定は**図2**を参考にしてください．

(3) Option CategoriesからPowerを選択して，「Power target circuit from PICkit3」にチェックを入れます(**図3**)．

(4) PICkit3をホストPCに接続して，PICkit3にターゲット(18F14K50)を接続します(**写真4**)．アイコン・メニュー・バーから，「Make and Program Device」を選択すると(**図4**)，以下にイメージ・ファイルが作成され，PICkit3を介して18F14K50にそのイメージ・ファイルが書き込まれます．

Firmware→MPLAB.X→dist→Low_Pin_Count_USB_Development_Board→production→MPLAB.X.production.hex

● CDC-ACMとしての動作確認

書き込みが正常に行われたかどうかを確認します．18F14K50ボードとホストPCを接続して(**写真5**)，CDC-ACMのデバイスとして認識しているかどうかを確認します(**図5**)．ホストがWindowsの場合は，INFファイルであるmchpcdc.infを読み込ませ，デバイス・ドライバをインストールして利用します．MacやLinuxの場合はそのまま利用可能です．これは先に述べたカーネル・ドライバとして既にCDC-ACMが組み込まれているためです．

今回はPICマイコンのCPUパワーの都合でシリアル側の通信速度が19200bpsに留まっていますが，もっとパワフルなCPUならばより高速な通信速度が期待でき，さらにそのマイコン自体にアプリケーションを

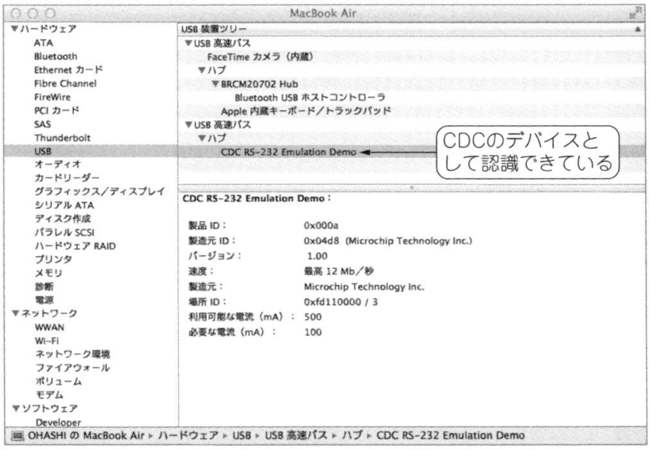

図5　CDC-ACMのデバイスとして認識しているかどうかを確認

写真5　ホストPCと18F14K50ボードとの接続

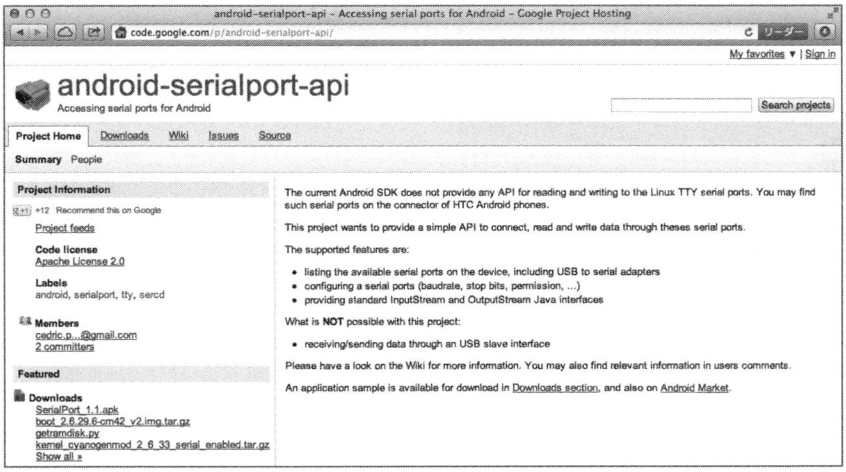

図6　android-serialport-apiプロジェクトのサイト[4]

組み込んで利用することも可能になります．

CDC-ACMは最も基本的なコミュニケーション・デバイス・クラスなので，これを理解・利用することは今後の他のCDCデバイス（CDC-ECMやCDC-NCM）への発展のためにもなると考えます．

Android端末側の準備

まずは次の要件を満たすAndroidタブレットが必要です．

- root化済み
- USBホスト機能が使える
- CDC-ACMのドライバがカーネルに含まれている

今回は，JXD-S5110という格安中華パッドを使用しました．

● テスト・ソフトウェアの準備

今回のシリアル・ポートのテスト・ソフトウェアとして，android-serialport-api（**図6**）のプロジェクトの成果物を利用します．この辺りのビルド方法は他のAndroidのアプリと変わらないので，ページの都合で割愛します．

18F14K50ボードを接続して，ポート・セッティングのメニューに現れるかどうかを確認します（**写真6**）．ここで現れない場合はroot化が成功していないことが考えられるので，root化が正常に行えているかどうかを確認しましょう．

● アプリケーションの作り込み

ここまでの動作が確認できれば，後は自分の制御対象に合わせてアプリケーションを作り込む作業になります．その前に，

/dev/ttyACMn（n = 0～の変数）

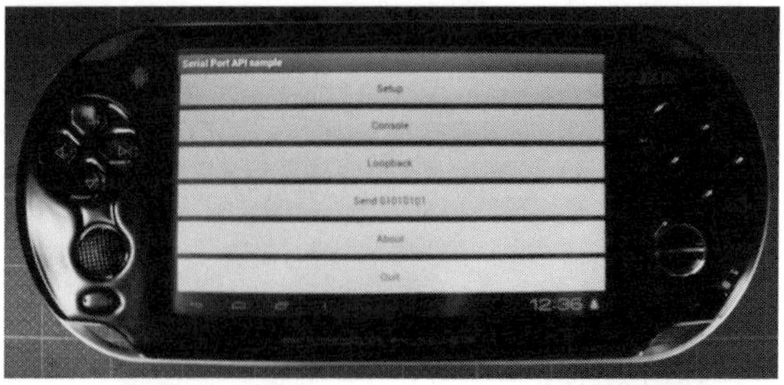

写真6　起動画面（JXD-S5110というAndroid端末の例）

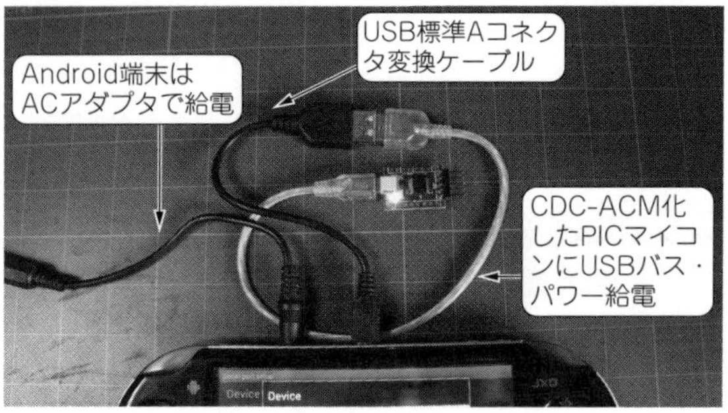

写真7　電源の供給方法

の部分のパーミッションを変更して，アプリから読み書きができるようにしておきます．実際のポートからのデータのやり取りは，android-serialport-apiを参考にしてください．

● Android端末を選ぶポイント

外部機器の制御を行うにあたり，Android端末を選ぶいくつかのポイントがあります．

(1) root化が可能かどうか

システムをデバイス・ドライバのレベルで叩きます．/devディレクトリのアクセスを行うので，root化は必須です．root化するための各種手法が確立されている端末を選択する必要があります．

(2) Androidのバージョン

バージョンが3.1以上，できれば4以上が望ましいところです．ホスト機能が確立されたのは，公式にはAndroidのバージョン3.1からです．新しめのタブレットに注目したほうがよいでしょう．

(3) CDC-ACMへの対応

Android端末を手に取り試すことができる場合は，既述したCDC-ACMクラスの搭載デバイス（Arduino）などで事前に確認することをお奨めします．

(4) 給電方法

Android端末がホストとして動作している場合は，周辺機器への給電はホスト側から行われることになります．Android端末によっては自身への給電をUSBから行うものが数多くあります．この場合だと周辺機器へ給電しつつ，自身への給電は端末単体ではできないことになるので注意が必要です．端末によっては自身に給電しつつ周辺機器を使えるものもあるようです（**写真7**）．使いたい端末が自分のニーズに合っているかどうかを確認する必要があります．

(5) 技適

格安中華パッドは一般に“技適”と呼ばれている「技術適合認証」を受けていないことが多いようです．これを受けていない端末で電波を使うと，電波管理法違反になる恐れがあることを留意してください．最近では技適取得済みの中華パッドも増えてきたので，そちらを検討するのもよいでしょう．

● 動作確認機種とお勧め機種

今回の動作が確認できたのは次の機種です．

- JXD-S5110（CFW）
- Nexus 7（root化済み）

注意点で述べた電源の問題がありますが，入手しやすいNexus7が一番無難な選択だと考えられます．

＊　＊　＊

少し変則的になりましたが，Androidでかなりお手軽にハードウェアの制御ができるのがおわかりいただけたかと思います．高機能でプログラミング環境や情報が充実しているシステムは，x86のPCベースの環境と比較しても遜色ないものです．

おおはし・おさむ，つちや・ようすけ，なりた・まさひこ

第6章

定番USB PICマイコンPIC18F14K50×Android端末でサッ！

仮想シリアル通信活用事例…お掃除ロボ「ルンバ」の制御に挑戦！

大橋 修，土屋 陽介，成田 雅彦

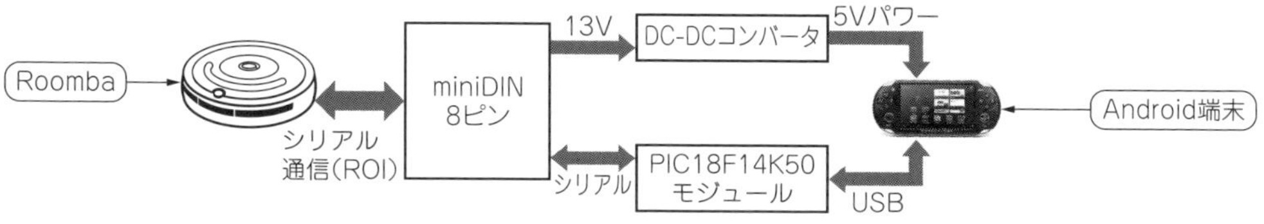

図1　システムのブロック図

前章で紹介したAndroidのシリアル・インターフェース活用術を発展させ，Android端末から掃除ロボットRoomba(ルンバ)を制御してみます．Android端末からはCDC-ACMベースによるシリアル通信とし，Roombaにコマンドを与えれば制御することができます．また，今回はCDC-ACMを実現したPIC18F14K50のボードに加えてDC-DCコンバータを装備し，Android端末やUSBハブへの給電もできるようにしています．

Roombaを制御するハードウェア

● Roombaの制御方法

RoombaにはROI(Roomba Open Interface)[注]と呼ばれる，外部制御端子とコマンド・セットが用意されています．インターフェースの物理的な接続は，TTLレベルの調歩同期式(要するにRS-232-Cのシリアル通信)になっています．コマンド・セットはアイロボット社が独自で定義したものになります．

このシリアル・インターフェースとは別に，RoombaのROIのコネクタからはRoomba自身の駆動用のバッテリの電圧も出力されています．もともと，モータなどを駆動するために13V程度の電圧が出力されています．これを5V化すればAndroid端末を含めた各種装置の電源として利用可能です．今回はこれをDC-DCコンバータで降圧して利用しています．電源レギュレータとしては3端子の7805などが有名でよく使われていますが，3端子レギュレータは差分の電圧がすべて熱として出力されるので効率が良くありません．そこでDC-DCコンバータが有効になります．なお，Android端末やUSBハブなどのほかの機器に

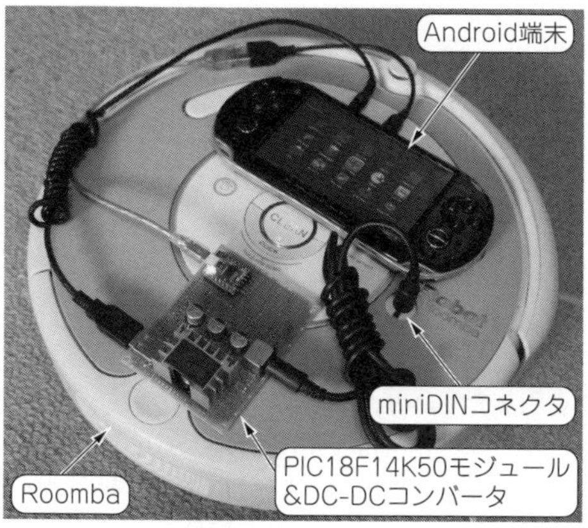

写真1　Roombaに取り付けたようす

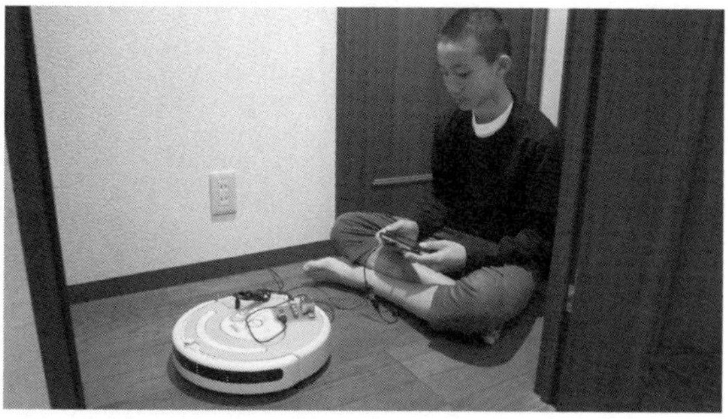

写真2　実際にAndroid端末からRoombaを操作している

注：ROI仕様書入手先URL
http://www.robotikasklubs.lv/read_write/file/Piemers/iRobot_Roomba_500_Open_Interface_Spec.pdf

表1　Roombaインターフェース回路に使用した部品一覧

部品名	型　名	個　数	入手先
USB-シリアル変換	PIC18F14K50	1	秋月電子通商
DC-DCコンバータ	HRD05003E	1	
コンデンサ	470 μF/25V	1	
	220 μF/50V	2	
	0.1 μF	2	
ユニバーサル基板	Bタイプ	1	
USBコネクタ	A型	1	
miniDINコネクタ	8ピン	1	千石電商
miniDINケーブル	両端8ピン・オス	1	福永電業
OTGケーブル	Android端末に同梱のもの	1	―

Roomba本体のminiDINコネクタは7ピンだが，ケーブル側の8ピン・コネクタの4番ピンが中央の穴に入るから問題なく使える
DIRT DETECT

写真3　Roomba本体のminiDINコネクタ

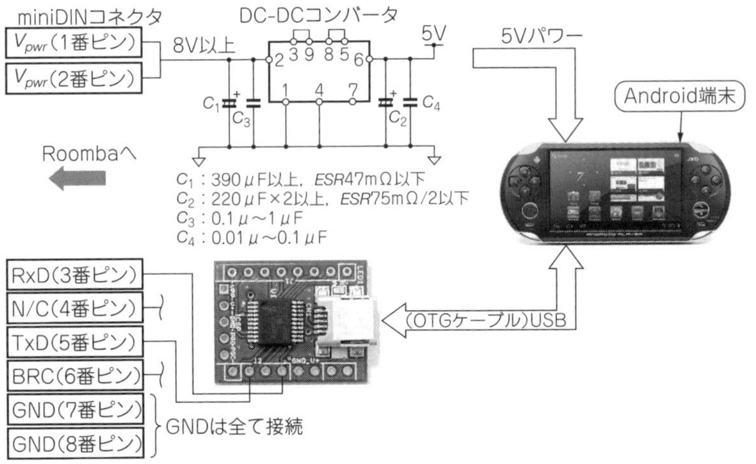

図2　Roombaインターフェース回路図

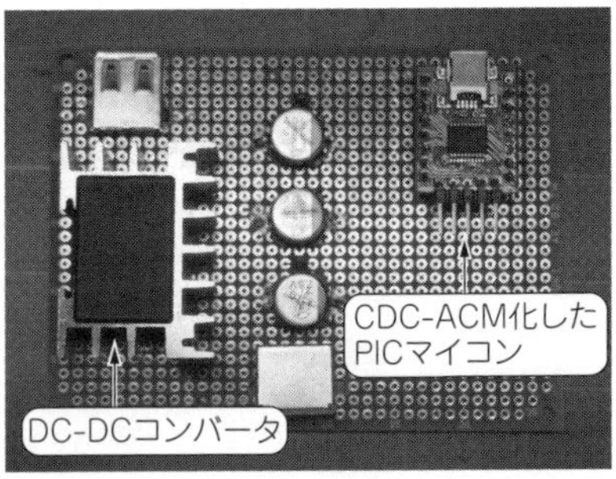

(a)部品の配置

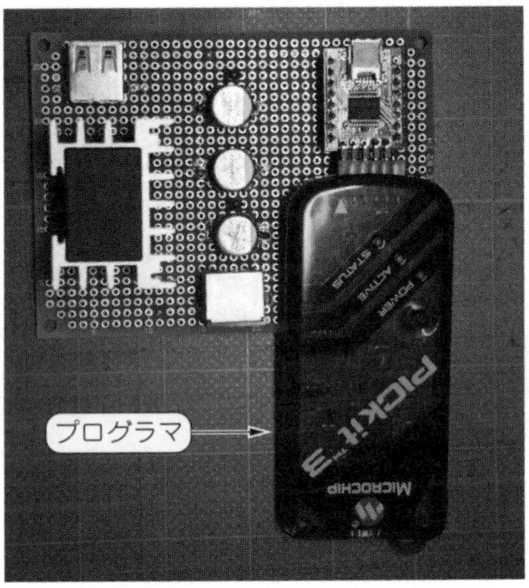

(b)プログラマを取り付けたところ

写真4　製作した基板の外観

電源を供給する必要がない場合は，DC-DCコンバータを取り付ける必要はありません．

図1にシステムのブロック図を，**写真1**に実際にRoombaに取り付けたようすを，**写真2**に操作しているようすを示します．

● PICマイコン基板の製作

今回は再現性を高めるために，半完成品を組み合わせて構築します．**表1**に使用した部品一覧を示します．

Roomba本体のminiDINコネクタ(**写真3**)は7ピンですが，入手性を考えてケーブルは8ピンのものを使っています．4番ピンが中央のキーの所に入るので問題ありません．

RoombaとAndroid端末を接続するインターフェースの回路図を**図2**に，製作した基板の部品配置を**写真4(a)**に示します．このうち，特にPIC18F14K50の配置には充分注意してください．PICマイコンのプログラムを書き換えるときに，**写真4(b)**のようにプログラマを接続するので，うまく配置しないとプログラマと部品が干渉してしまい，プログラムを書き換えるたびにPICマイコン基板を外す必要が出てきてしまいます．

そのほかの注意点としては，電源系の配線には太い線材を使うようにします．

● 制御に使用したAndroid端末

今回実験に使ったAndroid端末はJXD-S5110(**写真5**)です．これは非常に特徴的な形状をしていて，携帯ゲーム機PlayStation Portableにそっくりです．このことから「パチPSP」などと不名誉な名前で呼ばれていたりもします．ただ，今回のようにロボットを実際に操作する場合は非常に使いやすい端末であることは確かです．

写真5　Roomba制御に使用したAndroid端末JXD-S5110（金星）

Roombaを制御するソフトウェア

● RoombaとAndroid端末の接続

前章で紹介したandroid-serialport-apiのソフトウェアに手を入れて，JXD-S5110のキーパッドに合わせてRoombaが前進/後退/左右回転といった移動ができるようにします．

USB-シリアル変換を介して，Android端末をRoombaに接続します．モデル・ナンバ500番台以降のデフォルトの通信パラメータは，

- 通信速度115200bps
- データ長8ビット
- ストップ・ビット1ビット
- パリティなし
- フロー制御なし

となっています．最初の通信が成立すれば，通信速度変更コマンドを使って通信速度を変えることができます．あるいはオプションで用意されている通信速度変更手続きによって，通信速度を19200bpsにすることもできます．今回は19200bpsでRoombaとAndroid端末を接続しています．

● 準備と初期設定

充電中は初期設定などはできないので，充電ドックから外すなり電源ケーブルを外すようにしてください．

また初期設定として，Roomba起動時にボタンを継続して押し続けることによって，19200bpsの通信速度のモードに入ることができます．これは最終的には確認音（ピロロロピロピー）が発生するので，そのタイミングでボタンから指を離します．

● SCIコマンド移行用の手続き

ROIのコマンドは，1バイトから複数バイトで構成されています．お掃除コマンドなどはそのまま投入後に実行されますが，走行コマンドなどを実行させる場合などは手続きが必要になります．詳しくはROI[(2)]を参照してください．

リスト1　SCIコマンドへの移行

```
protected void onCreate(Bundle savedInstanceState) {
     super.onCreate(savedInstanceState);
     setContentView(R.layout.outputsound);
     mBuffer = new byte[1024];
     // Data creation here
     mBuffer[0] = (byte)0x80; // 128
     mBuffer[1] = (byte)0x82; // 130
     sendBytes(2);
}
protected void sendBytes(int sendSize){
     if (mSerialPort != null) {
         try {
             for(int i=0;i < sendSize;i++){
                 mOutputStream.write(mBuffer[i]);
             }
         } catch (IOException e) {
             e.printStackTrace();
         }
     }
}
```

ROIのスタート・コマンド0x80に続いて0x82を送ります．コマンド0x82の意味は，動作モードをSCI（Serial Control Interface）に入れることになります．このコマンドに続いて，実際に制御するコマンドを投入していきます．**リスト1**に示すように，onCreateでActivityが起動したときに0x80と0x82のコマンドを送信して，SCIのモードに移行させます．

● 走行コマンドの内容

今回利用したコマンドは，Roombaのドライブ・モータの駆動コマンドです．掃除機能のON/OFFやブラシの正転/逆転などさまざまな機能を網羅しています．Roombaの掃除のアルゴリズムはiWareと呼ばれていますが，プログラミング次第でこれを独自に実装することも可能だと思われます．

column　OTGケーブルについて

Android端末はバージョンによりターゲットにもホストにも成り得ます．元々の出自がターゲットになっているので，これとは反対にAndroid端末に接続する別のデバイスがターゲットになる場合は，Android端末自身はホストになるということです．この設定を担うのがOTGケーブルです．Android端末にターゲットを接続する場合はこのOTGケーブルを介して接続します．今回のAndroid端末であるJXD-S5110には同梱されていましたが，Nexus 7では別売でした．

```
Last login: Sun Oct 14 16:51:31 on ttys002
OHASHI-no-MacBook-Air:~ ooo$
OHASHI-no-MacBook-Air:~ ooo$ adb connect 192.168.1.134:8000
connected to 192.168.1.134:8000
OHASHI-no-MacBook-Air:~ ooo$ adb shell
root@android:/ # ls /dev/ttyACM0
/dev/ttyACM0
root@android:/ #
```

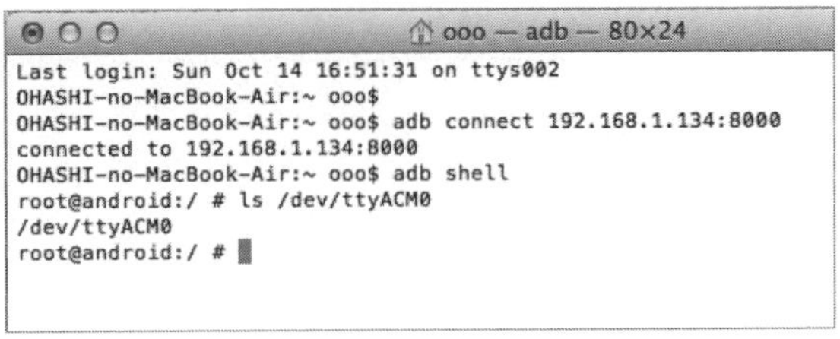

図3 コンソールからadb shellを起動してttyACM0があるかどうか確認

Wi-Fiを活用した開発＆デバッグ・テクニック

Androidソフトウェアの開発は通常，USBのケーブルでホスト（PC）と端末を接続して行います．ただ，これでは今回のようにUSBのホスト機能を用いた開発だとデバッグができません．そこで，Wi-Fi経由でホストと端末を接続して開発を行うことになります．今回もこのテクニックを用いて，開発＆デバッグを行いました．今回使用したのは「ADB over WIFI Widget」と言うWidgetになります．このソフトウェアをあらかじめAndroid端末にインストールし，開発やデバッグの際に利用します．

● ADB over WIFI Widgetの使用方法

以下，簡単にADB over WIFI Widgetの使い方について説明します．

(1) Google PlayからADB over WIFI Widgetをインストール
(2) ADB over WIFI Widgetを起動
(3) ADB over WIFI Widgetに表示されるIPアドレスを確認

リスト2 キー・イベントの取得（抜粋）

```
@Override
public boolean onKeyDown(int keyCode, KeyEvent
event){
// TODO Auto-generated method stub
//    Log.v("KeyDown", "KeyCode=" + keyCode);
if(keyCode != lastKeyCode){
    Log.v("KeyDown", "KeyCode=" + keyCode);
    switch(keyCode){
        case 19: // Forward
            Log.v("Forward", "KeyCode=" + keyCode);
            mBuffer[0] = (byte)0x89; //
            mBuffer[1] = (byte)0x00; //
            mBuffer[2] = (byte)0xc8; //
            mBuffer[3] = (byte)0x80; //
            mBuffer[4] = (byte)0x00; //
            break;
            ～中略～
    }
    sendBytes(5);
}
lastKeyCode = keyCode;
return super.onKeyDown(keyCode, event);
}
```

(4) ホスト（PC）側のコマンドプロンプトから，次のようにコマンドと（3）で確認したIPアドレスを指定
　`adb connect xx.xx.xx.xx[Enter]`
これでWi-Fi経由でAndroid端末とホストが接続されます．
(5) さらにホスト側から，
　`adb shell[Enter]`
これでシェルの動作が開始したら，Android端末を直接操作することが可能になります．/dev/ttyACM0が実際にあるかどうかを確認するとよいでしょう（**図3**）．
(6) 接続とCDC-ACMが確認できたら，Android端末の開発環境であるEclipseからも操作可能
(7) 実行ボタンを押してダウンロード＆実行

● 作成するソフトウェアについて

今回のandroid-serialport-apiのソフトウェア改造のポイントは，キー・イベントの読み取りと，それに対応したRoombaコマンドの対応にあります．

Androidでのキー・イベントの取得方法はいくつかありますが，今回は「public boolean onKeyDown(int keyCode, KeyEvent event)」と「public boolean onKeyUp(int keyCode, KeyEvent event)」を用いています．

リスト2に示すように，ボタンの押下やボタンのリリースなどのキー・イベントが発生した場合に，どのキー・コードのイベントかを判断して，そのキー・コードに対応したコマンドを送信します．

● 動作確認とソフトウェアの操作方法

以下に簡単に動作確認とソフトウェアの操作方法を

---

column　今回の製作でのはまりどころ

本システムを開発していく上で，はまりどころがいくつかありました．STARTコマンドとして0x80が定義されているわけですが，この後に0x82を投入しSCIのモードにします．このコマンドについては最新のROIのマニュアルでは記載されていません．一つ前の版のマニュアル「iRobot Roomba Serial Command Interface (SCI) Specification」で記載されている，SCIのモードに入れるためのコマンド0x82が必要になります．ネットなどで調べても，このことに言及しているページはなく，動作しているソースを解析する必要がありました．

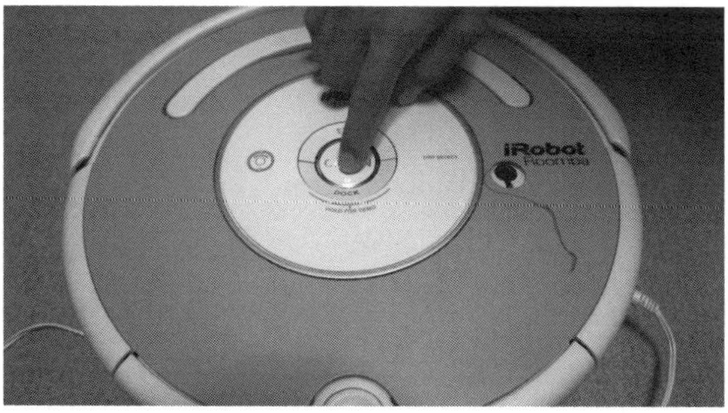

写真6　ボタンを押している

写真7　Serial Port API sample を起動

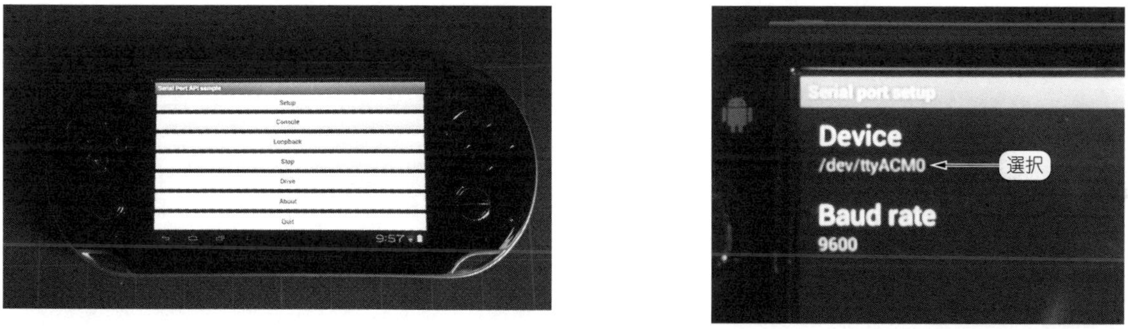

（a）メイン・メニューからSetupを選択

（b）DeviceはttyACM0（acm）を選択

写真8　デバイスと通信速度の設定

説明します．

(1) 配線の確認
(2) ボタン操作でROIを19200bpsのモードに入れる（**写真6**）
(3) Serial Port API sampleを起動（**写真7**）
(4) メイン・メニューからSetupを選択［**写真8**（**a**）］し，SetupのサブメニューからDeviceを選択してttyACM0（acm）を選択［**写真8**（**b**）］，さらにBaudrateは19200を選択し，メイン・メニューに戻る
(5) メイン・メニューからDriveを選択（**写真9**）し，Roomba中央の「CLEAN」ボタンのLEDが消灯したことを確認
(6) 上下左右のキーパッドに合わせてRoombaが動作することを確認

実際にAndroid端末からRoombaを操作しているようすが**写真2**です．使用したAndroid端末の形状が形状だけに，まさにゲームのような操作感です．

＊　＊　＊

今回は外付けのシリアル回路と，Android端末に内蔵されているLinuxカーネル・ドライバのCDC-ACMを用いて制御を実現しました．USBハブを利用すれば，さらにUSBを用いた周辺機器を増設することが可能です．そのためにはUSBハブに給電するためのしくみが必要になります．シリアル・インターフェースだけでなく，外部に給電できるROIはよく考えられた設計と言えるでしょう．

写真9　メイン・メニューからDriveを選択

おおはし・おさむ，つちや・ようすけ，なりた・まさひこ

column　FTDI社のAndroid版純正ドライバ登場

USB-シリアル変換デバイス(以下，変換デバイス)の雄であるFTDI社から，Android版の純正ドライバがリリースされました．この純正ドライバより以前から，有志によりFTDI社の変換デバイスをAndroidで活用するためのソリューションが提供されていたのは知っていましたが，筆者の環境では使えなかったために評価が行えませんでした．

本章ではAndroid端末からRoombaを制御するのに，CDC-ACMドライバを使い，PICマイコンをUSB-シリアル変換チップとして使用しましたが，こちらのAndroidドライバも使えるかを試してみたところ問題なくAndroid端末から認識され，Roombaの制御を行うことができるようになりました．Non-Rooted/Rootedのどちらの環境でも行えるため，root化できない一部の端末のユーザにも簡単に利用できると思います．

評価が確認できたデバイスとケーブルは次の通りです．

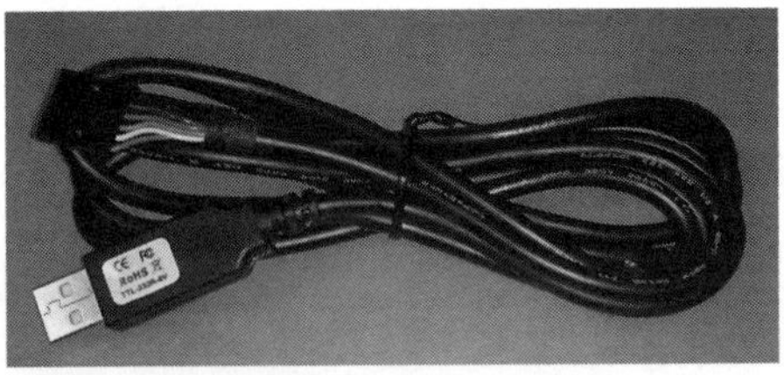

写真A　秋月電子通商から購入したFTDIチップ内蔵USB-シリアル変換ケーブル

- 端末
  ASUS Nexus 7 Android Ver.4.2
  (Non-Rooted/Roote/d)
  Sony Xperia Z
- ケーブル
  FTDI社USB-シリアル変換ケーブル
  (Roomba用にmini-DINコネクタを取り付けたもの)
- 制御対象
  iRobot Roomba 780

FTDI社のケーブルは秋月電子通商などから買えるケーブルで，USBコネクタの中にFT232Rが内蔵されていて，非常にスッキリしています(**写真A**)．電源電圧が5Vバージョンと3.3Vバージョンがあるので，ターゲットにより使い分けます．対象電圧はコネクタ部分に「TTL-232R-5V」あるいは「TTL-232R-3V3」との表記があるので，使用時には必ず確認した方がよいでしょう．

大宮技研では，Roomba用に改造したケーブルを提供しています．これによりホストとの接続はケーブル一本でスッキリまとまるので，ハードウェアの取り扱いに慣れていないユーザにも負担をかけることはないでしょう．

今回はRoomba 780を用いて各種の実験を行っていますが，以前に実験したRoomba 530シリーズに比べてコマンドが増えています．特にセンサ周りが充実したので，そのあたりも調べてレポートしたいと考えています．

なお，上記の実験に伴う実験コードは，大宮技研のWebサイト(`http://www.omiya-giken.com/`)で公開する予定です．

第7章

どこでも買える1,000円のUSBドングルで作れる！

電子回路にBluetoothをプラスしてスマホと通信する

原田 明憲

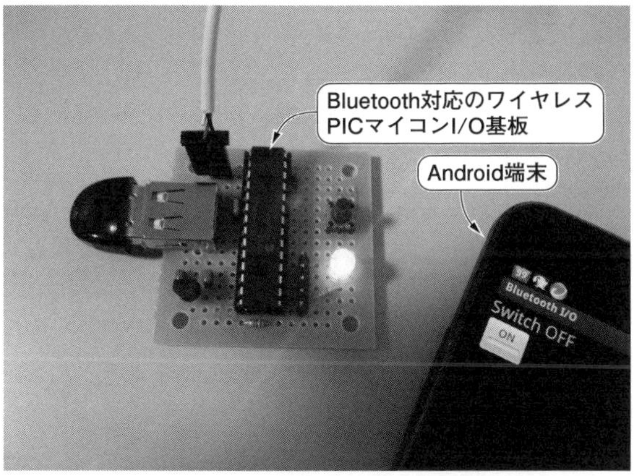

写真1　実験…Bluetooth接続でスマホと電子回路をつなぐ！
スマホからLEDをON/OFFさせたり，スイッチのON/OFFをスマホに通知させたりする

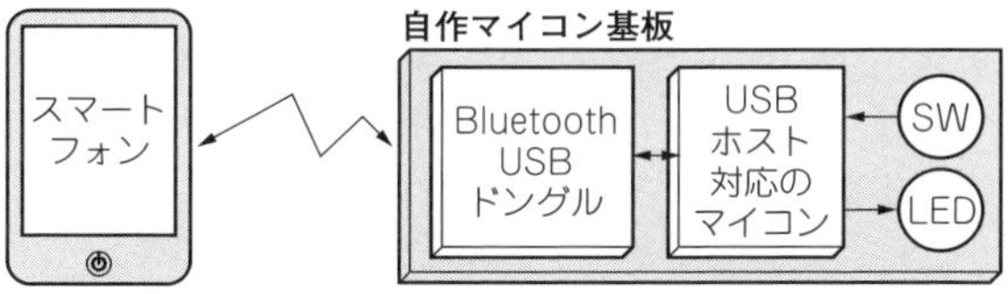

図1　実験の構成…小型で安価なBluetooth USBドングルを使うにはUSBホスト対応マイコンが必要

本章では，ほとんどのスマートフォンに搭載されているBluetoothを使用して，マイコンと通信する実験を行います．スマートフォンは，Android端末を使用します．

実験では，**写真1**に示すように，Bluetooth接続でスマートフォンを使って電子回路のLEDをON/OFFさせたり，電子回路のスイッチのON/OFFをスマホで検出したりする方法を紹介します．

Bluetooth通信モジュールは，小型で1,000円程度で入手できるUSBドングル・タイプを使います．

今回自作したマイコン用/スマートフォン用のプログラムは本書のサポート・ページから入手できます．ターゲット・マイコンPIC24FJ64GB002用でBluetooth USBドングルを使えるようにしていますが，USBライブラリ呼び出し部分を変更すればほかのマイコンでも使用できます．

表1　Bluetoothモジュールにはシリアル接続タイプとUSBドングルがある

タイプ	価　格	メリット	デメリット
シリアル接続タイプ	5,000円前後	シリアル通信ができれば大体使える	値段が高い．ちょっと大きくなる
USBドングル	1,000円以下	USBドングルとマイコン基板だけで小型	USBホスト機能が必要．RAMなどを消費する

(a) シリアル接続タイプ（RBT-001）

(b) USBドングル・タイプ（BT-MicroEDR1）

写真2　インターフェースの異なる2種類のBluetoothモジュール

Bluetooth通信と全体の構成

● キーデバイス！ Bluetoothモジュールを選ぶ

マイコンでBluetooth通信を行うには，Bluetoothモジュールを使用するのが一般的です．代表的なBluetoothモジュールのメリット・デメリットを**表1**に，外観を**写真2**に示します．

今回は小型で安価なBluetooth USBドングルを使用します．**写真3**に示すように小型で簡単な回路で実現できます．

USBドングルを使用する場合は，使用するマイコンがUSBホストに対応している必要があります．全体の構成を**図1**に示します．

写真3 45mm×45mmの小型ユニバーサル基板で作成
ユニバーサル基板ICB90（サンハヤト）を使用

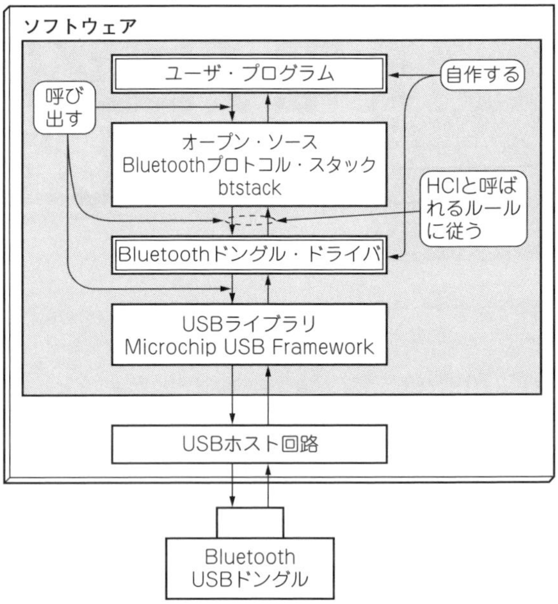

図2 Bluetooth USBドングルを使うために必要なもの

● Bluetooth USBドングルを使うために必要なもの

Bluetooth USBドングルを使うために必要なものを**図2**に示します．

▶ USBホスト対応マイコン

BluetoothのUSBドングルを使うために，マイコンにUSBホストの機能が必要になります．

小型で手軽に入手可能なもので探して，PIC24FJ64GB002（マイクロチップ・テクノロジー）を使うことにしました．

▶ USBホスト対応マイコン用プログラム

PICマイコン用のUSBホストのサンプル・プログラムがメーカから提供されています．これを少し修正してBluetoothのUSBドングルを認識させます．

▶ Bluetoothプロトコル・スタック

USBドングルを認識しただけではBluetooth通信はできません．Bluetoothの規格に沿った手順で初期化，接続が必要になります．**表2**にBluetooth通信用ライブラリの候補を示します．

独自にプログラムを作ってもよいのですが，複雑で大変そうなのでオープン・ソースのプロトコル・スタックを探しました．今回はbtstackを使用します．

以下のサイトから入手しました．

`http://code.google.com/p/btstack/`

● Bluetoothプロトコル・スタックでの決めごと

図2に示したように，Bluetoothの規格でUSBドングルとBluetooth通信用ライブラリ（USBモジュールとBluetoothプロトコル・スタック）の間のプロトコルも決められています．それをHost Controller Interface（HCI）といいます．HCIはUSBだけでなくUARTなども決められています．

USBの場合は**表3**のように処理を割り当てます．

▶ Bluetoothのプロファイル

Bluetoothは複数のデバイスが接続可能で，音声，画像，通信など扱うデータもさまざまです．使用する装置の種類（例えば，オーディオ，ケータイなど）によって，用意しないといけないライブラリが定められています．これをプロファイルといいます．

表4に示すように，規格の中でシリアル・ポートをエミュレーションするSPPプロファイルというもの

表2 マイコンで使えるBluetooth通信ライブラリ

ライブラリ	特　徴
独自作成	必要な機能だけ実装してサイズが小さくなる．ただし自作は大変
btstack	iPhoneのプログラムでも使用可能．マイコンで使用できるようにサンプルもある．最近もメンテナンスされている
iAnywhere Blue SDK	多くのプロファイルに対応しており，技術サポートがある．有料

表3 Bluetooth通信用ライブラリの処理とUSB通信のタイプを割り当てるプログラムを自作する

USB通信のタイプ	Bluetooth通信用ライブラリの処理
USB control	HCIコマンド
USB interrupt	HCIイベント
USB Endpoint OUT	データ送信
USB Endpoint IN	データ受信

があります．用意しないといけないライブラリも少なくて済むので，今回はスマートフォンもサポートしているSPPプロファイルに対応します．

● 通信実験のルール

シリアル・ポートのように，文字列を送受信できます．今回の実験では**表5**のように文字列コマンドを決めておきます．例えば，文字列“L1”と送るとマイコン側でLEDを点灯し，文字列“S1”と受信した場合はスイッチが押されていることが通知されます．

ハードウェア

● 回路

回路を**図3**に，部品表を**表6**に示します．

メイン・マイコンPIC24以外に，マイコンが最低限動作する5Vの電源から3.3Vを作成するレギュレータ，Bluetoothドングルをつなぐ USBタイプAコネクタ，コンデンサ，抵抗などが必要です．

28ピンのマイコンなのでUSB，電源などを除くと15個が入出力に使用できます．ピン・アサインを**表7**に示します．

表4　Bluetooth通信はデータのタイプによって用意するライブラリがちょっとずつ異なる

ターゲット	代表的なプロファイル
シリアル・ポート	Serial Port Profile (SPP)
オーディオ・ヘッドフォン	Advanced Audio Distribution Profile (A2DP)
ハンズフリー	Hands-Free Profile (HFP)
ダイアルアップ・サービス	Dial-Up Network Profile (DUN)
画像転送	Basic Imaging Profile (BIP)

表5　自作した文字列コマンド
例えば，文字列“L1”と送るとマイコン側でLEDを点灯し，文字列“S1”と受信した場合はスイッチが押されていることが通知される

コマンド	通信方向	パラメータ
L	スマートフォン→マイコン	1：ON　0：OFF
S	マイコン→スマートフォン	1：ON　0：OFF

表6　図3の部品表

部　品	番　号	型　名
マイコン	IC_1	PIC24FJ64GB002
レギュレータ	IC_2	XC6202P332TB
抵抗	R_1	10 kΩ
セラミック・コンデンサ	C_1	1 μF
	C_2	1 μF
	C_3	1 μF
	C_4	10 μF
スイッチ	S_1	—
LED	LED_1	—
抵抗	R_2	220 Ω
USBタイプAコネクタ	J_2	—

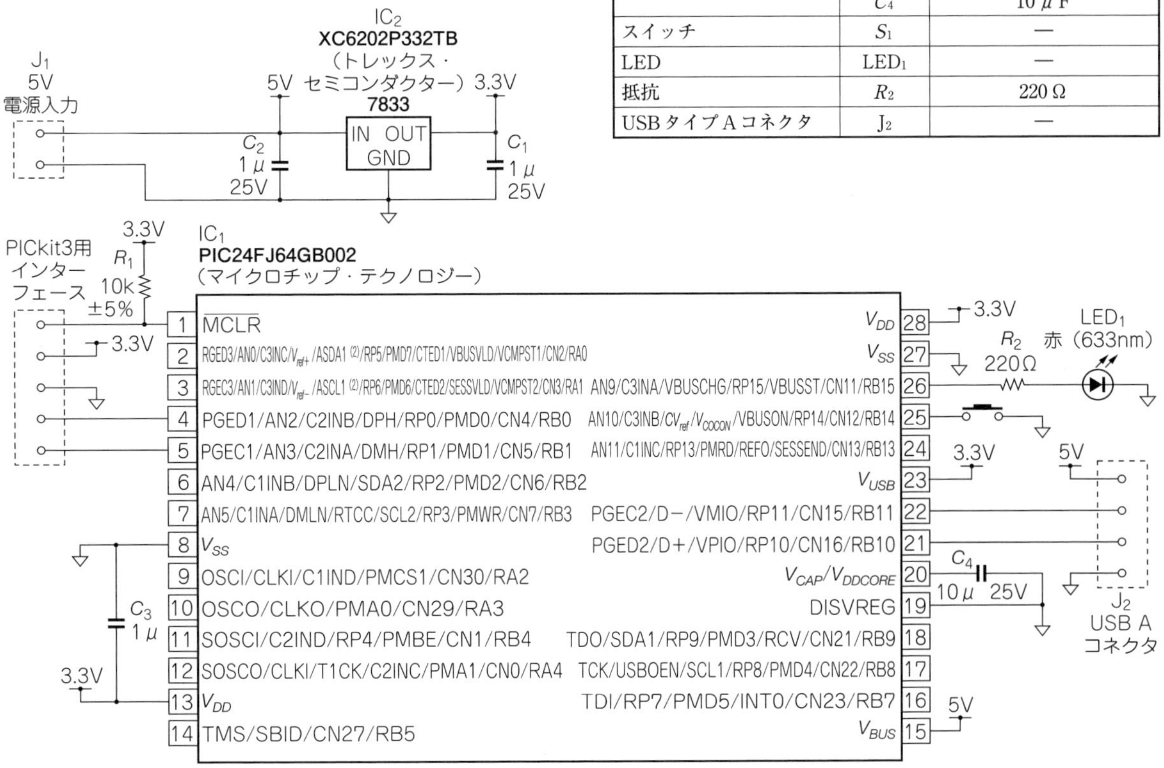

図3　Bluetooth通信実験回路

表7 PIC24マイコンで使用するピン

ピン	機能
25	入力確認用スイッチ．マイコン内部でプルアップする
26	出力確認用LED
16	デバッグ用UART TX
17	デバッグ用UART RX

● ユニバーサル基板に実装

本回路を実装したようすが**写真3**です．外形寸法45×45mmのユニバーサル基板ICB-90（サンハヤト）に回路を作りました．

▶市販の同等品

部品点数も少ないのでユニバーサル基板でも作れますが，通信販売で同等の部品と基板（**写真4**）が入手可能です．

マイコンのファームウェア

マイコン・プログラムの構成を**図4**に示します．このうちユーザ・プログラムとSPPプロファイル，Bluetooth USBドングル用ドライバを自作します．主な処理の流れを**図5**に示します．

● オープン・ソース・ライブラリやサンプル・プログラムの入手方法

マイコン開発環境はMPLAB v8.80，コンパイラはMPLAB C Compiler for PIC24 v3.30を使用しました．

マイクロチップ・テクノロジーが用意したマイコン用USBライブラリ（USBフレームワーク，Microchip Application Librariesに含まれている）は2.9e，btstackはリビジョン1714です．

● プロジェクト構造と主な処理

USBフレームワークのサンプル「Host-MCHPUSB-Generic Driver Demo」を基にプロジェクトを作成します．今回は**図6**のようにフォルダにファイルを置きました．

このうち自作したのは**表8**のファイルです．キモとなるmain.cとbt_spp.cの主な処理を次に示します．

▶main.c

- main：ポートの機能割り当て，USB，btstackの初期化を行います．
- sw_process：スイッチの状態の監視を行います．

▶bt_spp.c

- bt_spp_recive_callback：SPPでスマートフォンからの受信文字列を処理します．
- bt_spp_send：スマートフォンに文字列を送信します．
- bt_packet_handler：Bluetoothの通信で，デバイスの名前，ペアリング時のPIN番号などユーザの設定が必要なイベントがここに来ます．今回はPICBTxxxxでxxxxにはデバイスの固有番号の下位4桁を使います．ペアリングのPIN番号は0000です．

● メモリの設定と使用状況

▶開発環境の設定

図7に示すようにMPLABのビルド・オプションにて，ヒープ（heap）のサイズを3000バイトに設定します．USBホスト機能を実現するために，動的に確保できるメモリ領域を増やしておきます．

▶メモリ使用量

ユーザの使用可能なプログラムメモリ22012バイト

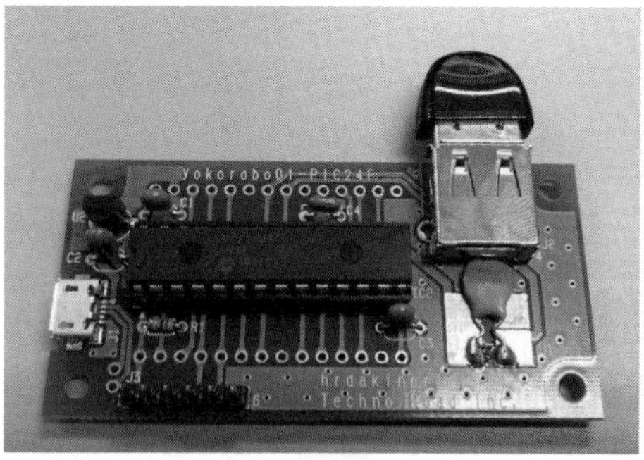

写真4 自作が面倒な人は市販の同等基板も使える

入手先：株式会社テクノロード
http://techno-road.com/shop.html#yokorobo01
基板＋部品のセット：価格（税込）：2,980円
基板のみ（部品なし）：価格（税込）：500円

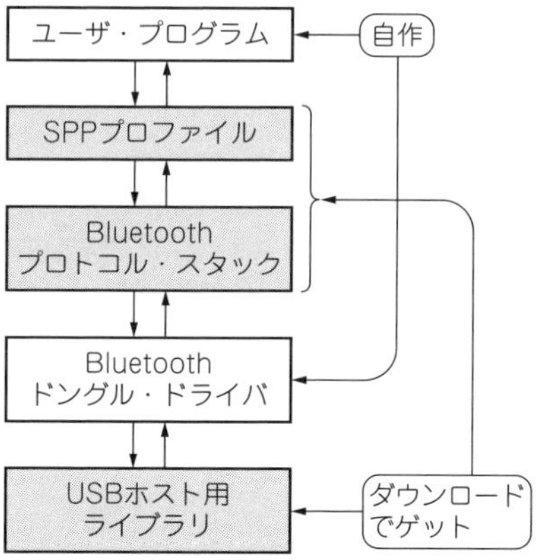

図4 マイコン・プログラムの構成

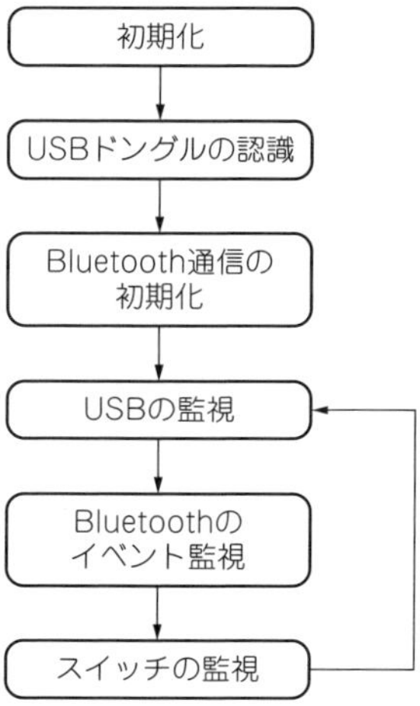

図5 マイコン・プログラムの処理フロー

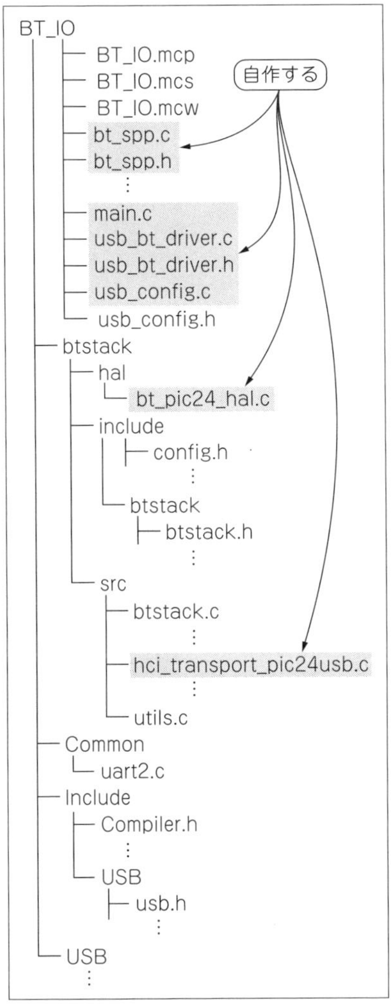

図6　マイコン・プログラムの構成と今回作成したファイル

表8　自作したプログラム

内　容	ファイル名
SPPユーザ・プログラム	bt_spp.c
	bt_spp.h
初期化とメイン処理	main.c
Bluetooth USBドングル・ドライバ	usb_bt_driver.c
	usb_bt_driver.h
USB設定	usb_config.c
btstack用の基本処理	bt_pic24_hal.c
HCIインターフェース	hci_transport_pic24usb.c

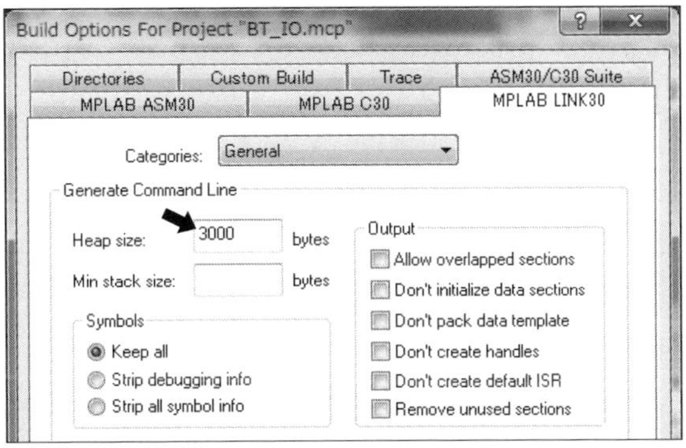

図7　USBホストに対応できるように動的に確保できるメモリの領域（ヒープ領域）のサイズを変更しておく

表9　Bluetoothを使用するための主なAPI

API名	内　容
BluetoothAdapter	Bluetoothに関するすべての操作をこのクラスを使用して行う
BluetoothSocket	接続したデバイスと通信を行う

のうち15751バイトを使用しています．RAMは8192バイトのうち4542バイトを使用しています．

スマートフォンのアプリ

● グーグルのサンプル・プログラムをベースにする

スマートフォン側の実験プログラムは，グーグル提供のBluetoothのサンプル「BluetoothChat」を参考に作成します．Android端末でちょこっとBluetooth通信を行うには，チャット用アプリケーションのサンプルBluetoothChatがちょうどいい感じです．

Androidアプリケーションの開発環境をインストールしたあと，グーグルのウェブ・サイトから入手します．

ここではAndroid2.2をターゲットとし，API Levelは8にします．Bluetoothを使用するために必要な主なライブラリ（API）を**表9**に示します．

SDKインストール・フォルダandroid-sdk¥samples¥android-8にあります．

● 作成したプログラム

図8に作成したプログラムを示します．主なプログラムの処理を紹介します．詳細は本書のサポート・ページから記事関連プログラムを入手して，ソースを参照してください．

▶AndroidManifest.xml：アプリケーションの権限にBLUETOOTH_ADMIN，BLUETOOTHを追加します．

▶main.xml：**図9**に示すように，LEDを操作するチェックボックスとスイッチの状態を表示するラベルを配置します．

▶option_menu.xml：connect，disconnectのメニュー

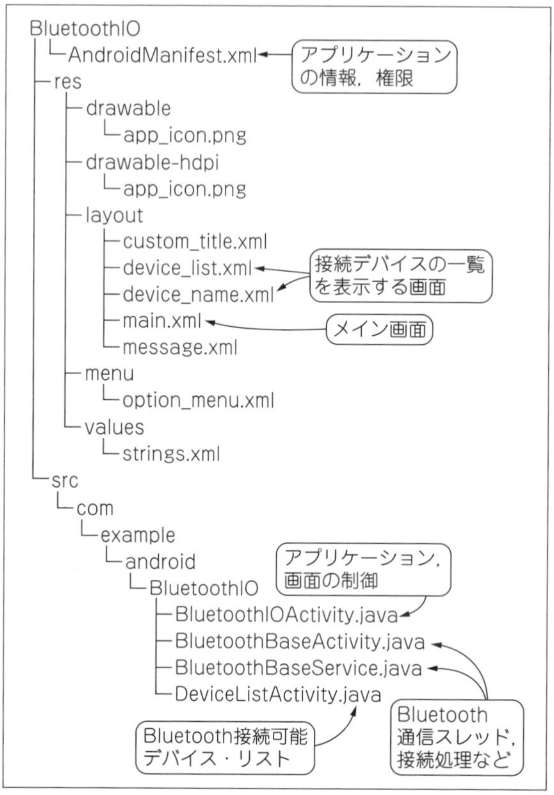

図8　スマートフォン側プログラムの構成
Googleのサンプル・プログラム「BluetoothChat」を改造

を作成します．

▶ **BluetoothBaseService.java/BluetoothBaseActivity.java/DeviceListActivity.java**：主な処理はサンプル・プログラムそのままです．

▶ **BluetoothBaseService**：プロファイルを識別するUUIDをSPP用に変更しています．SPPでは00001101-0000-1000-8000-00805F9B34FBとなります．

▶ **BluetoothIOActivity.java**：アプリケーションの主な処理を行います．

▶ **onCreate**：画面の初期化とBluetoothの初期設定処理を呼び出します．ボタンが押された場合にBluetoothにメッセージを送る処理などを行います．

▶ **onCreateOptionsMenu/onOptionsItemSelected**：メニューの設定と，connectが選択された場合とdisconnectが選択された場合の処理をします．

▶ **onActivityResult**：デバイス選択リストの選択された時の処理とBluetoothが有効になった時の処理をします．

▶ **onChangeConnectionStatus**：Bluetoothの接続状態の変化によりタイトルを変更する処理をします．

▶ **onReviceMessage**：Bluetoothからメッセージを受信した時の処理．メッセージの内容によってテキスト・ラベルの内容を変更します．

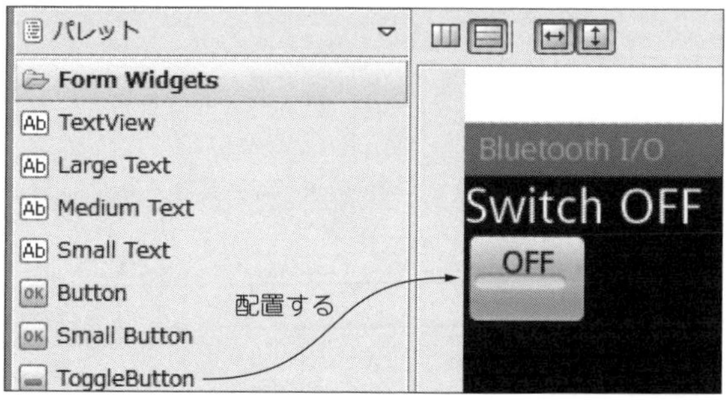

図9　main.xmlで画面イメージを決める
LED操作用チェックボックスと，スイッチの状態表示を配置する

図10　ステップ1：アプリケーションの起動

図11　ステップ2：Bluetoothの接続(connect)を選ぶ

実験！スマホとBluetoothで通信

マイコンとスマートフォンのプログラムが完成したので通信の実験を行ってみます．

ペアリング情報の保存は行っていないので，接続のたびにペアリングが必要になります．

● 実行環境

スマートフォン側：
　端末…au GALAXY S2 WiMAX (ISW11SC)
　OS…Android 2.3.6
マイコン側：
　USBドングル…BT-MicroEDR1
　マイコン…PIC24FJGB64002

Bluetoothの接続名は「PICBT*xxxx*」で，*xxxx*はデバイスの固有番号の下位4桁です．Bluetoothのペアリング番号は「0000」です．

● 実験手順

▶ **ステップ1**：スマートフォンでアプリケーションを起動します(**図10**)．

▶ **ステップ2**：メニューを表示するとconnect deviceとdisconnect deviceがあるのでconnect deviceを選

(a)一度もペアリングしたことないときはスキャンする

(b)スキャンすると今回のターゲットPICBT*xxxx*が表示される

(c)ペアリング経験があればいきなりターゲットPICBT*xxxx*が表示されている

図12　ステップ3：接続したいBluetoothデバイスを選ぶ

図13　ステップ4：ペアリング番号（今回は0000）を入力

図14　ステップ5：Bluetooth接続成功！接続しているBluetoothデバイス名が表示される

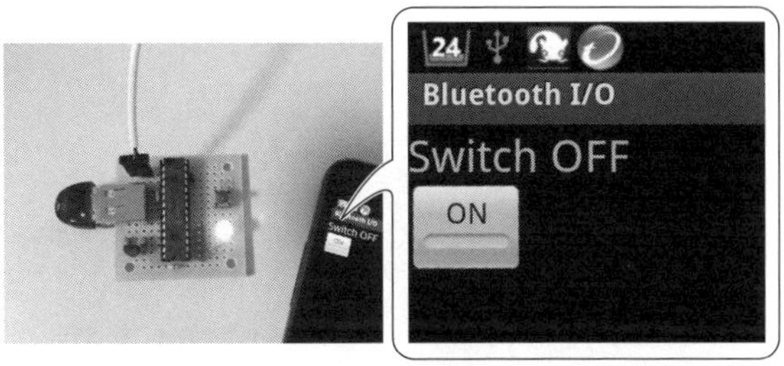

(a) ボタンを押していないときは「Switch OFF」と表示

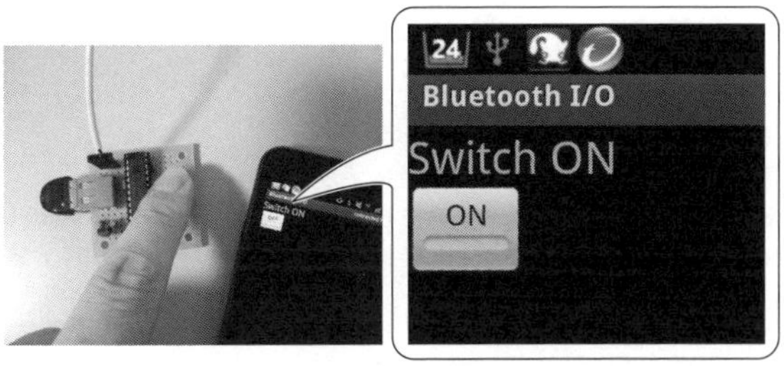

(b) ボタンを押したら「Switch ON」になる

図15　ステップ6：BluetoothでスマホとI/O！
回路のボタンを押すたびにスマートフォンのON/OFF表示が切り替わる．スマートフォン画面上のトグル・ボタンを押すたびに回路のLEDが点灯する

択します（**図11**）．

▶ステップ3-1：一度もペアリングをしていない場合は一覧に表示されません．［scan for devices］ボタンを押すと検索して一覧にPICBT*xxxx*が表示されるので，接続したいデバイスを選択します［**図12**(**a**)］．

▶ステップ3-2：一度でもペアリングしている場合は一覧にPICBT*xxxx*が表示されます．接続したいデバイスを選択します［**図12**(**b**)］．

▶ステップ4：接続が開始するとペアリングの番号を要求されるので0000と入力してください（**図13**）．

▶ステップ5：接続処理が成功すれば右上にデバイス名が表示されます（**図14**）．

▶ステップ6：スマートフォン画面上でトグル・ボタンを押すとマイコン側でLEDが点灯します．マイコン側でスイッチを押すと，画面上の文字が変化します（**図15**）．

はらだ・あきのり

第8章

大画面タブレットに波形表示も楽々！

UART接続Bluetoothモジュールでピッ！1Mサンプル/秒オシロスコープ

後閑 哲也

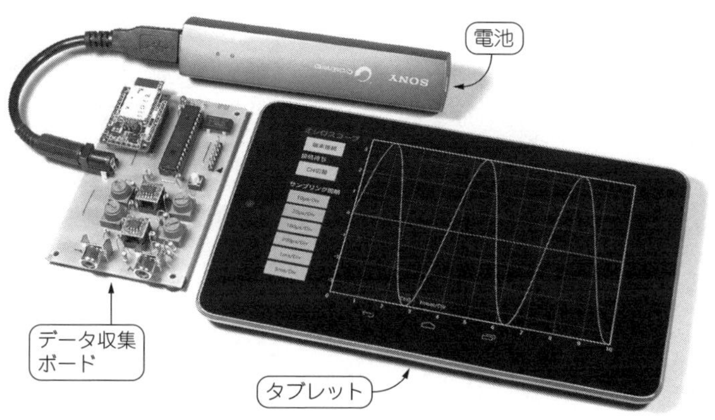

写真1　ワイヤレス・オシロスコープの外観
測定したデータをBluetoothで送信してタブレットで表示する．使用したタブレットはNexus 7．上側にある円筒形のものはスマートフォン充電器を利用した電源

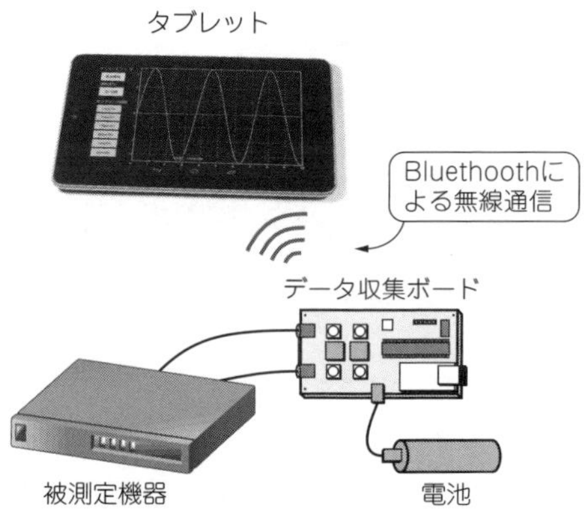

図1　ワイヤレス・オシロスコープのシステム構成

28ピンDIP(Dual-inline Package)の32ビットPICマイコンPIC32MX250FJ128B(マイクロチップ・テクノロジー)を使って，ワイヤレス・オシロスコープを製作しました(**写真1**)．表示にはグラフィック表示がきれいなタブレットを使い，測定したデータをBluetooth無線送信して表示させています．

このPICマイコンは少ピンで安価なデバイスとするため，フラッシュ・メモリ用のキャッシュが省略されています．このためほかのPIC32MXファミリが80MHz動作なのに対し，最高50MHz動作とやや遅くなっています．しかし，内蔵の周辺モジュールは同じなので，豊富な機能を使うことができます．少ピンであることから，すべての内蔵モジュールを使うことはできませんが，ピン割り付け機能により使うモジュールのみをピンに接続して使えるようになっています．

今回は，内蔵モジュールの中でも1Mサンプル/秒という高速動作の10ビットA-Dコンバータを活用した，オシロスコープを製作しました．

構成と仕様

製作するワイヤレス・オシロスコープのシステム構成を**図1**に示します．

PICマイコンで構成したデータ収集ボードを被測定機器の近くに置き，そこで計測します．計測結果はBluetooth無線で送信し，タブレットでグラフとして表示します．水平同期の切り替えやチャネル切り替えなどの簡単な操作もタブレット側から無線で行えるようにします．

無線でデータが送信されますから，少し離れたところででも，実際に測定している信号の波形をリアルタイムで見ることができます．データ収集ボードの電源を電池とすれば，どこにでも設置できますので，けっこう便利に使えます．

● ユーザ・インターフェース

ワイヤレス・オシロスコープ・システムのタブレット側の機能を**表1**に示します．

グラフ表示はタブレットの表示領域(Nexus 7は1280×800ピクセル)から，1000×700ピクセルで表示するものとしました．したがって1000サンプルの波形を表示します．

水平同期だけタブレットの画面で選択できるようにしますが，垂直ゲインと垂直位置はデータ収集ボード

表1　タブレット側の機能仕様

<table>
<tr><th>項　目</th><th>機能・仕様内容</th><th>備　考</th></tr>
<tr><td>端末選択</td><td>ペアリング済みの端末リストを表示し，そこから選択する</td><td>—</td></tr>
<tr><td>入力
チャネル</td><td>2チャネル
ボタンのタップで2チャネルの表示を交互に切り替え</td><td>—</td></tr>
<tr><td>グラフ
表示</td><td>7インチ・タブレット
波形表示：1000×700ピクセル
2チャネルのうち，選択されたいずれかのチャネルを表示する
垂直方向の位置とゲイン調整はデータ収集ボード側の可変抵抗で行う</td><td>トリガは0Vレベルの立ち上がりとする</td></tr>
<tr><td>水平同期
切り替え</td><td>アプリケーションのボタンによる選択で水平同期時間を切り替える．
1目盛の単位時間を6種類から選択
<table>
<tr><th>単位時間</th><th>サンプリング周期</th></tr>
<tr><td>10μs</td><td>1μs</td></tr>
<tr><td>20μs</td><td>1μs</td></tr>
<tr><td>100μs</td><td>1μs</td></tr>
<tr><td>200μs</td><td>2μs</td></tr>
<tr><td>1ms</td><td>10μs</td></tr>
<tr><td>5ms</td><td>50μs</td></tr>
</table>
トリガ機能あり
トリガ・レベル　0V固定</td><td>最高サンプリング周期：1Mサンプル/秒，2000サンプルを格納し表示はトリガ位置から1000サンプル分とする</td></tr>
</table>

表2　無線通信データのフォーマット

機　能	タブレット →データ収集ボード	データ収集ボード →タブレット
測定 開始	「S」，「T」，h，c，「E」，パディング h：水平同期種別(0～5) c：チャネル指定(0 or 1) パディングは64バイト固定長にするための0	「M」，「N」，data0，data1，…，data3999，「E」，パディング datax：10ビットのサンプリング・データで上位バイト，下位バイトの順 パディングで合計4100バイトの固定長で送信

上の可変抵抗で行うこととします．

● Bluetooth無線通信フォーマット

タブレットとデータ収集ボードと間のBluetoothによる無線通信データのフォーマットを**表2**に示します．

水平同期指定，チャネル指定などの必要な情報をすべて測定開始コマンドに含めました．したがって，データ収集ボードへ送信するコマンドは1種類だけとなっています．

また，データ収集ボードから受け取るデータも測定データだけですので，1種類です．測定データは10ビットの2000サンプル分なので，4000バイト以上のデータとなりますが，これを一括で送信しています．

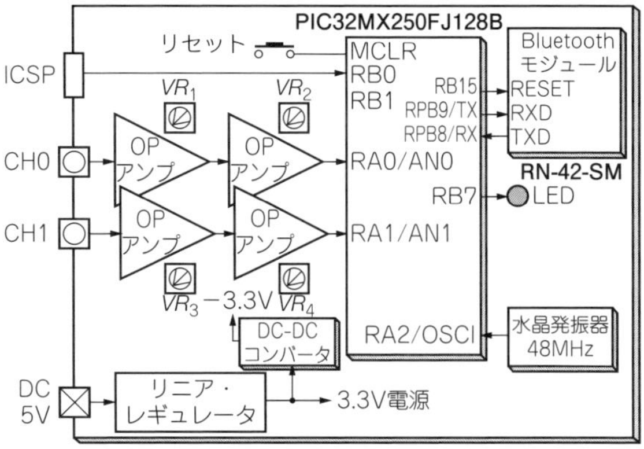

図2　データ収集ボードの全体構成

表3　データ収集ボードの仕様

項　目	機能・仕様内容	備　考
電源	DC5VをACアダプタまたは電池から供給する．内部はレギュレータで3.3Vとして供給． DC-DCコンバータで−3.3Vを生成	電池はスマホ充電用電池を流用
マイコン	PIC32MX250F128B　28ピン クロック：外部水晶発振器　48MHz 内部40MHz動作	マイクロチップ・テクノロジー
入力	2チャネル　RCAジャックで接続 周波数範囲：DC～約1MHz 入力電圧：±50mV～約0.3V オフセット：±1.5V 使用OPアンプ：MCP6H92 電源：±3.3Vで駆動	ゲインとオフセットは可変抵抗で可変
A-D変換	PIC内蔵のA-Dコンバータを使用 サンプリング周波数：最高1Mサンプル/秒 分解能：10ビット	—
無線部	Bluetoothモジュール：RN-42-SM UART通信速度：115.2kbps	—

データ収集ボード

製作するデータ収集ボードの全体構成を**図2**に示します．

● 全体構成と仕様の策定

データ収集ボード側の機能仕様を**表3**に示します．

全体の制御には32ビットPICマイコンの「PIC32MX250F128B」を使います．クロックには時間精度を良くする目的で，48MHzの水晶発振器を使いました．これから内蔵のPLL (Phase-locked Loop) により40MHzを生成し，40MIPS動作とします．ここは通常の水晶振動子を使った構成でも問題ありませんが，PLLのてい倍率を変更する必要があります．このPICマイコンは最高50MHzで動作しますが，A-Dコン

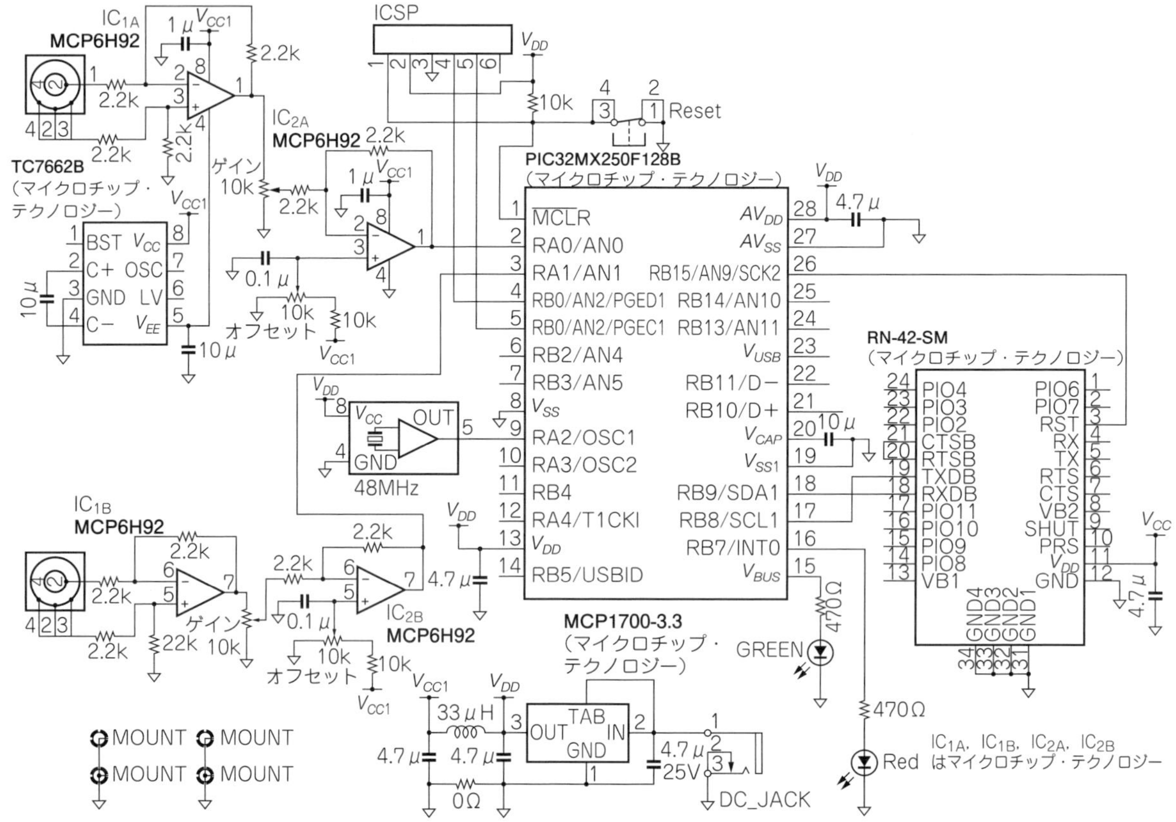

図3　データ収集ボードの回路

バータのクロック制限から40MHzを選択しました．

DCから入力可能とするため，初段のOPアンプを両電源とし差動アンプ構成としました．さらに，ゲインとオフセットをできるだけ独立に調整できるように2段構成のアンプとしました．

無線通信のためにBluetoothモジュールを使い，マイコンのUART（Universal Asynchronous Receiver Transmitter）に接続します．

電源は5V入力とし，電圧レギュレータで3.3Vを生成して供給しています．電源供給はACアダプタでもよいのですが，自由に移動できるようにするため，電池も使えるようにしました．スマートフォンの充電用電池はUSB接続となっていますので，USB Aタイプ・コネクタとDCジャックの変換ケーブルを製作して使うことにしました．これでちょうど5V出力の電源となり，便利に使えます．

● 回路の設計

図2の全体構成をもとに作成した回路が**図3**です．

▶信号入力部

OPアンプには，電源電圧が±6Vでゲイン帯域幅積（GBWP：Gain Bandwidth Product）が10MHzの「MCP6H92」（マイクロチップ）を使いました．

電源はDC5Vで，リニア・レギュレータで生成された3.3Vが全体に供給されています．初段のOPアンプを両電源で動作させるため，チャージポンプ方式のDC-DCコンバータ「TC7662B」（マイクロチップ）で−3.3Vを生成して供給します．これでOPアンプは±3.3Vで動作できるようになりますから，OPアンプ初段を差動入力回路とすれば，DC信号も計測対象として扱えるようにできます．

さらにこのOPアンプの出力を可変抵抗で調整してゲインを可変としています．次段のOPアンプでオフセットが調整できるようにします．これで，オシロスコープとして動作させたときの垂直方向の調整ができます．

初段アンプの出力は最大±3V程度まではひずみなく出力されます．初段のゲインが約10倍ですから，結果的に最大入力は約±0.3Vということになります．これ以上の振幅の信号が入力されると信号の上下がクリップされてしまいます．

▶ Bluetooth通信部

Bluetoothモジュールには，Bluetooth開発ツールとして提供されている「RN-42-SM」（マイクロチップ）を

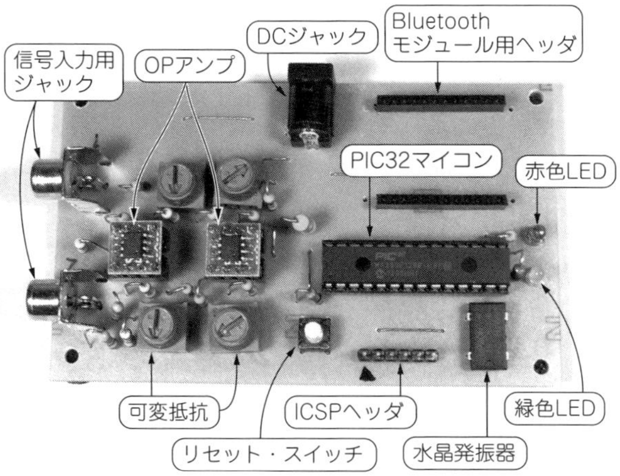

写真2　製作したデータ収集ボード

使いました．BluetoothモジュールとマイコンとのインターフェースはUARTですので簡単に接続できます．

特にこのモジュールにはBluetoothのプロトコル・スタックがすべて内蔵されていますので，マイコン側は純粋に送受信するデータを扱うだけで済みます．

▶マイコン周辺部

PICマイコンの周りにはクロック用の発振器とLED，Bluetoothモジュール，ICSP（In-Circuit Serial Programming）だけしかありません．28ピンの多くが余った状態です．LEDはデバッグの際の目印として使いましたが，完成後は特に使っていません．

● ボードの製作

完成したデータ収集ボードを**写真2**に示します．

プリント基板はEagleというフリーのツールを使って設計しました．

OPアンプは，表面実装パッケージ品を変換基板に実装してからソケットに挿入しています．ソケット実装にすることで，いろいろなOPアンプを試すことも可能になります．

信号入力にはRCAジャックを基板に直接実装しています．可変抵抗には手で直接回せるつまみ付きのものを使いました．

データ収集ボードのファームウェア

PICマイコンのファームウェア開発は，統合開発環境「MPLAB X IDE」と「XC32 Cコンパイラ」を使い，C言語で行います．

このファームウェアは，一つのファイルだけの簡単な構成となっています．ファームウェアの構成をフロー図で示したのが**図4**です．

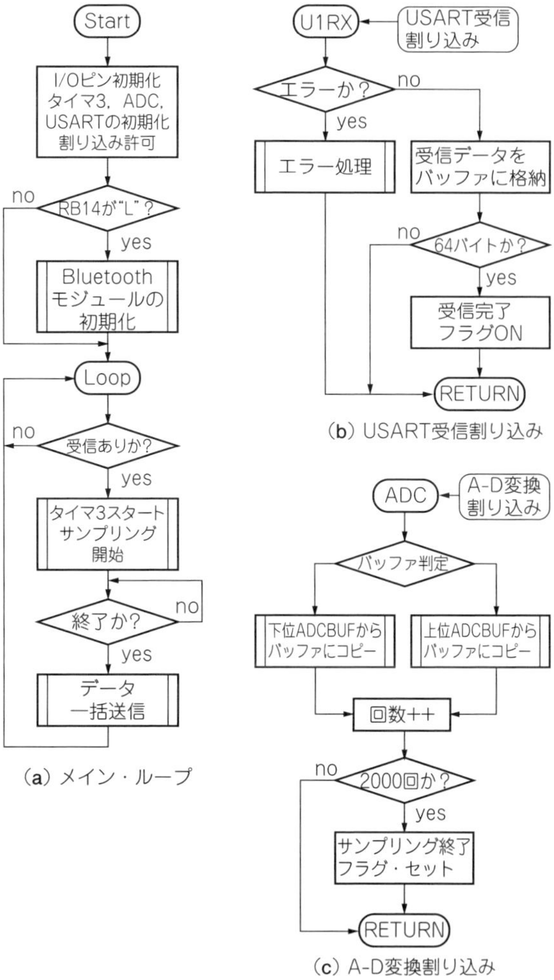

図4　データ収集ボードのファームウェアの全体処理

● 全体処理

メインの流れでは，初期化した後Bluetoothモジュールの名称などの設定を行うコマンドを送信するようにしています．これは一度だけ行えばよいので，PICマイコンのピンが"L"にされたときだけ実行するようにします．続くメイン・ループで常時，UARTからのコマンド受信があるかどうかをチェックしています．受信は割り込みで実行されていて受信完了でフラグをセットしています．

受信があればメイン・ループで受信データ処理を実行し，計測開始コマンドであれば，タイマ3をスタートさせてサンプリングを開始します．そして2000回のサンプリングが終了するまでそのまま待ちます．

その間にA-Dコンバータの割り込みでサンプリングが行われ，2000回で終了となります．

これでメイン・ループが先に進み，データを送信バッファにセットしてから一括で送信を実行します．

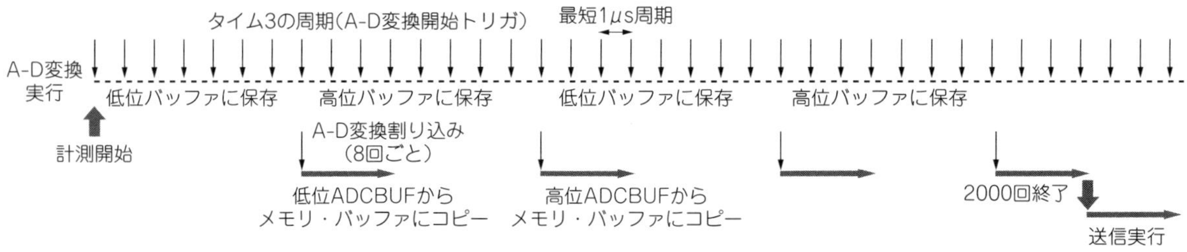

図5 信号のサンプリング処理

送信が完了したら再度，コマンド受信待ちとなります.

● 信号計測の詳細

ここで，計測の仕方，つまりサンプリングの流れを**図5**を使って説明します.

サンプリングはタイマ3の周期で自動的にA-Dコンバータをトリガすることで行われます．このタイマ3の周期が最短1μsなので，最大1Mサンプル/秒というサンプリング性能になります．このPICマイコンのA-Dコンバータの性能は1.1Mspsなので，1Mサンプル/秒でも動作が可能です.

A-Dコンバータには16個のバッファがあり，これを二つの8個分のバッファに分けて交互に使うようにします．さらに8回のA-D変換ごとに割り込みを発生するように設定しておきます．これで，片側のA-D変換バッファがいっぱいになったら割り込みが発生することになります．この割り込み処理でA-D変換バッファの内容をメモリ・バッファにコピーします.

このメモリ・コピー処理の間にもタイマ3は動作を継続していますから，A-D変換の間が空かないように，もう一方の8個のA-D変換バッファを使って変換結果を保存します．今度はこちら側の変換バッファがいっぱいになると次の割り込みが発生しますから，このバッファからメモリ・バッファにコピーします.

このようにバッファを交互に切り替えて実行しますが，メモリ・コピーを実行する割り込み処理の実行時間が，8回のサンプリング時間，つまり8μsより短時間で終われば，1μs周期のサンプリングが途切れなく実行できることになります．このとき40MIPSというPICマイコンの高速性能が生かされます．実際に十分の余裕をもって処理が完了できています.

● メイン・ループの詳細

メイン・ループ部のプログラムを**リスト1**に示します.

常時UARTからのコマンド受信完了を待っていて，受信完了したらヘッダ部を確認し，正常ならデータ処理を実行します．コマンドが「T」の場合は，計測開始コマンドですから，計測処理を開始します.

最初に水平同期種別のデータからタイマ3の周期設定を行います．次にチャネル指定データによって指定されたチャネルを選択します.

A-Dコンバータとタイマ3の動作を開始してサンプリングを開始します．この後は2000回のサンプリングが終了するまでwhileループで待ちます.

リスト1 データ収集ボードのファームウェアのメイン・ループ部

```
/*************** メイン・ループ ********************/
  while(1){
    /* 受信コマンド処理 */
    if((Flag == 1) && (RcvBuf[0] == 'S')) {
      Flag = 0;                    // 受信完了フラグ・クリア
      /* データ処理 */
      switch(RcvBuf[1]){           // 受信データで分岐
        /** データ計測開始トリガ ***/
        case 'T':
          /* サンプリング周期設定とデータ送信 */
          T3CONbits.TON = 0;       // タイマ3停止
          TMR3 = 0;                // タイマ3リセット
          AD1CON1 = 0;             // ADいったんオフ
          Hsync(RcvBuf[2]);        // サンプル周期設定
          Index = 0;            // バッファ・インデックス初期化
          if(RcvBuf[3] == 0)       // チャネル切り替え
            AD1CHS = 0;                         // AN0指定
          else
            AD1CHS = 1;                         // AN1指定
          AD1CON1 = 0x8044; // ADオン,整数,タイマ3でトリガ
          BusyFlag = 1;            // データ収集中フラグ・オン
          T3CONbits.TON = 1;// タイマ3開始、サンプリング開始
          /*** 2000回サンプリング終了待ち ***/
          while(BusyFlag == 1);
                                   // データ収集完了待ち
          /* 収集完了，データ送信実行 */
          SndBuf[0] = 0x4D; // Mセット
          SndBuf[1] = 0x4E; // Nセット
          for(i=0; i<2000; i++){
                                   // 2000個のデータをバイトに変換
            SndBuf[2*i+2] = Buffer[i] % 256;
                                   // 上位バイト
            SndBuf[2*i+3] = Buffer[i] / 256;
                                   // 下位バイト
          }
          SndBuf[4002] = 'E'; // 終了マーク
          SendData(SndBuf); // 送信実行4100バイト
          break;            // どれでもない場合
        default:
          break;
      }
    }
  }
}
```

受信待ちとヘッダの確認
ヘッダで分岐
計測開始コマンドの場合
チャネル指定で切り替え
タイマ3をいったん停止しリセット
タイマ3を水平同期で再設定
A-D変換開始ビジーON
変換終了待ち
送信ヘッダ・セット
送信終了
データを送信バッファにセット

サンプリングが終了したら，送信バッファにヘッダと4000バイトのデータをセットしてから，一括で送信します．この後最初のUART受信待ちに戻り，次のコマンド受信を待ちます．

コマンドはタブレット側から1秒間隔で送られてきますから，1秒間隔での計測を繰り返すことになります．

タブレット側のオシロ表示アプリ

オシロスコープの表示部としてタブレットを使います．この表示をするためのアプリケーション・プログラムを製作します．Androidのアプリケーション・プログラム開発ですので，統合開発環境Eclipseで，Java言語を使って行います．

● 画面の作成

オシロスコープには，波形をグラフとして表示するという機能が必要です．ボタンなどのウィジェットと同じ画面にグラフを表示させるため，Eclipseのグラフィック・レイアウト・ツールを使わず，プログラムに直接記述してGUI画面を生成しています．

オシロスコープのアプリケーションの画面構成は，図6のようにしました．左側が操作表示部で，右側がグラフ表示部になります．操作表示部には，端末の接続ボタン，入力チャネルの切り替え，サンプリング周期の切り替えボタンが6個用意されています．

グラフ表示部は，1000×700ピクセルの範囲に座標が常に表示されていて，1秒周期で計測した波形を表示するようにしています．中央の横線が0Vのレベルになります．グラフ表示部の下側に選択中のサンプリング周期とチャネル番号を表示しています．

ボタンと画面に対応する機能は表4のようにしまし

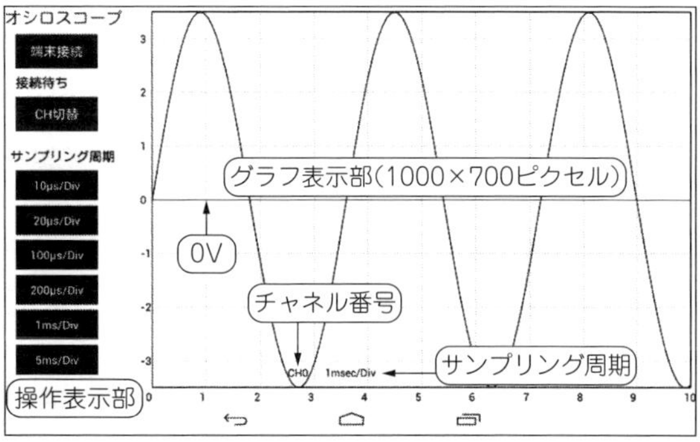

図6　ワイヤレス・オシロスコープの画面構成

表4　ワイヤレス・オシロスコープの機能一覧

ボタン名称	機　能	備　考
端末接続	最初にBluetoothで接続する端末を選択し接続する．選択できる端末はペアリング済みのものに限定 接続状態をメッセージ領域に下記のように表示する 「接続待ち→接続中→接続完了または接続失敗」	選択可能端末はダイアログで表示する． Bluetoothが無効になっている場合はダイアログで有効化を促す
CH切り替え	ボタンをタップするごとにCH0とCH1を交互に切り替える．次の計測実行コマンドで表示が更新される	—
サンプリング周期ボタン	ボタンのタップで水平同期を指定する 次の計測実行コマンドで更新される	まだ計測が開始されていない場合は，ボタンのタップで計測実行コマンドを送信する
グラフ表示	データ受信で下記を表示する ・座標表示 ・波形表示 ・チャネル番号と水平同期種別表示	垂直位置と振幅はデータ収集ボード側の可変抵抗で調整

リスト2　オシロスコープ・アプリケーションの全体構成

```
public class BT_Oscillo extends Activity {
    /**** クラス定数宣言定義 ****/
    public static final int CONNECTDEVICE = 1;
    public static final int ENABLEBLUETOOTH = 2;
    // Bluetoothインスタンス定数
    private BluetoothAdapter BTadapter;
    private BluetoothClientC BTclient;
    // バッファ，一般変数定義
    private byte[] RcvPacket = new byte[4100];        // 受信バッファ
    private byte[] SndPacket = new byte[64];          // 送信バッファ
    private int[] DataBuffer = new int[2000];         // データバッファ
    private static int TrigLevel, Index, temp;
    private static byte Hsync, FirstFlag, CHFlag;
    private int i, j;
    // クラス変数，定数の宣言
    private final static int WC = LinearLayout.LayoutParams.WRAP_CONTENT;
    private static Button[] sample = new Button[6];
    private static Button select, channel;
    private static TextView text, text0, text10;
    private static MyView graph;

    /***************** 最初に実行されるメソッド *************/
    public void onCreate(Bundle savedInstanceState) {…
    /********** アクティビティ開始時(ストップからの復帰時) ********/
    public void onStart() {…
    /********* アクティビティ再開時(ポーズからの復帰時) *********/
    public synchronized void onResume() {…
    /********* アクティビティ破棄時 **********************/
    public void onDestroy() {…
    /*********** 接続ボタンイベントクラス ******************/
    class SelectExe implements OnClickListener{…
    /*********** 遷移ダイアログからの戻り処理 ***************/
    public void onActivityResult(int requestCode, int resultCode, Intent data) {…
    /**********  ボタンイベントクラス *********************/
    class syncScope implements OnClickListener{…
    class SwitchCH implements OnClickListener{…
    /******** BT端末接続処理の戻り値ごとの処理実行 *********/
    private final Handler handler = new Handler() {…
    /*********** 受信データ処理メソッド *******************/
    public void Process(){…
    /*********** グラフを描画するクラス  ******************/
    class MyView extends View{…
}
```

フィールド変数，グローバル変数の定義

アプリ状態遷移のイベント処理

アプリ状態遷移のイベント処理

受信データ処理とグラフ描画

リスト3 オシロスコープ・アプリケーションの受信処理

```
/********** 受信データ処理メソッド *******************/
public void Process(){
  if(RcvPacket[0] == 0x4D){      // M
    switch(RcvPacket[1]) {
      case 0x4E:                 // N
        Index = 0;
        for(j=2; j<4002; j+=2){
          temp = RcvPacket[j+1]*256+(RcvPacket[j]
                                            & 0x7F);
          if((RcvPacket[j] & 0x80) != 0)
            temp += 128;
          DataBuffer[Index++] = (temp-512) * 3/2;
        }
        handler.post(new Runnable(){
          public void run(){
            graph.invalidate();// データ・グラフの再表示
        }});
        // データ計測時間確保待ち
        try{
          Thread.sleep(1000);          // 1秒お休み
        }catch(InterruptedException e){ }

        // 次のデータ送信要求
        BTclient.write(SndPacket);     // 送信実行
        break;
      default:
        break;
    }
  }
}
```

2000個のデータをバイトからint型に変換

ヘッダ部の確認

コマンド種別の分岐

Nの場合

1秒の遅延

次の計測実行コマンドを送信

グラフ描画メソッドを呼び出す

た．これらの機能はBluetoothの制御以外すべてアプリケーション本体で実行しています．

● 全体処理

アプリケーション本体の全体構成は**リスト2**のようになっています．

アクティビティ本体の最初でフィールドの変数や定数を宣言定義しています．次にアプリケーションの状態遷移に伴うイベントごとの処理メソッドがあります．最初に実行されるonCreateメソッドで，GUIを表示してからボタンのイベント・リスナを生成し，さらにBluetoothのオブジェクトを生成しています．

その次は，端末接続，チャネル切り替え，サンプリング周期を設定するボタンのイベント処理があります．

次がBluetooth受信のスレッドです．スレッド内は永久ループとなっていて，1秒間隔でデータ計測要求をしては，4100バイトのデータを受信しint型に変換しながらバッファに保存します．全部のデータの受信が完了したら，グラフ描画メソッドを呼び出して波形グラフを表示しています．グラフ描画クラスでは，座標とデータ表示を実行します．

● 受信処理

受信処理メソッドの部分が**リスト3**となります．

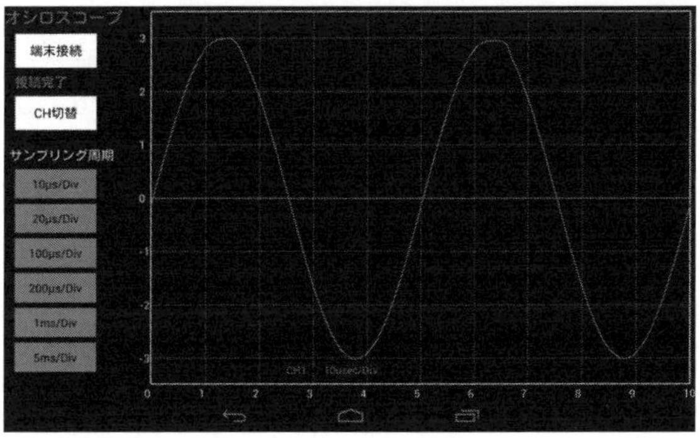

図7 実際に観測した信号を画面に表示したようす

最初にヘッダ部を確認し，正しい場合だけ先に進みます．次は4000バイトのデータを2バイトずつint型の整数に変換して配列に格納します．全部のデータ受信が完了したらグラフ描画メソッドを呼び出してグラフを描画します．このあと1秒間の待ちを挿入してから，次の計測要求コマンドを送信して計測を繰り返します．特に停止はなく永久に繰り返します．

動作確認と評価

すべての製作が完了したら，動作させてみます．

● Bluetoothモジュールの初期設定

まずデータ収集ボードに電源を接続し，Bluetoothモジュールの名称設定をします．RB14ピンを仮接続でグラウンドと接続してから，リセット・スイッチをON/OFFします．これでBluetoothモジュールの緑LEDが高速点滅を開始すれば，PICマイコンのプログラムも正常に動作していて，Bluetoothモジュールの設定も正常に開始されています．この時点でRB14とグラウンドの仮接続を離しても大丈夫です．

● タブレットの準備

タブレットの「設定」を起動し「Bluetooth」をON状態としてから再度，Bluetoothをタップします．これで「PIC32Oscillo」が新たに追加されるはずです．追加されない場合は，画面上側にある「デバイスの検索」をタップしてください．次にこのPIC32Oscilloをタップしてペアリングします．

次に「オシロスコープ」のアプリケーションをタブレットにダウンロードして起動します．起動したら画面左側の一番上にある「端末接続」のボタンをタップします．これで「PIC32Oscillo」を含むペアリング済みのリスト・ダイアログが表示されますから，ここでPIC32Oscilloを選択します．

これでボタン下側にあるメッセージで「接続完了」と緑色で表示されれば，接続動作が完了し波形表示できる状態となっています．ここに赤字で「接続失敗」と表示された場合は，再度「端末接続」をタップして同じ動作を繰り返します．電波状況により何度か繰り返す必要があります．

● 信号の観測と表示

以上で動作準備完了です．実際に何らかの信号を入力して波形を表示させてみましょう．表示したらオフセットとゲインを適当に調節して画面内に納まるようにします．

実際に表示させたようすが**図7**です．

● 評価

今回，PIC32MXの少ピン・ファミリを使ってみました．28ピンDIPというものでしたが，実感としては8ビットのPICマイコンと大して変わらず容易に使えるものでした．

しかし，8ビットに比べ圧倒的に高速処理ができますし，メモリもたっぷりあります．

少ピンなので直接カラー・グラフィック表示器などは接続できませんが，BluetoothやWi-Fiなどの無線で通信させてタブレットを表示器代わりにすれば，このような少ピンのPICマイコンでも十分，32ビットという高性能な機能を活用できます．

ごかん・てつや

第9章

ネットを介せば屋外からでもリモート制御が自由自在！

XBeeであっさりリモート操縦！実験用Wi-Fi I/O基板の製作

中本 伸一

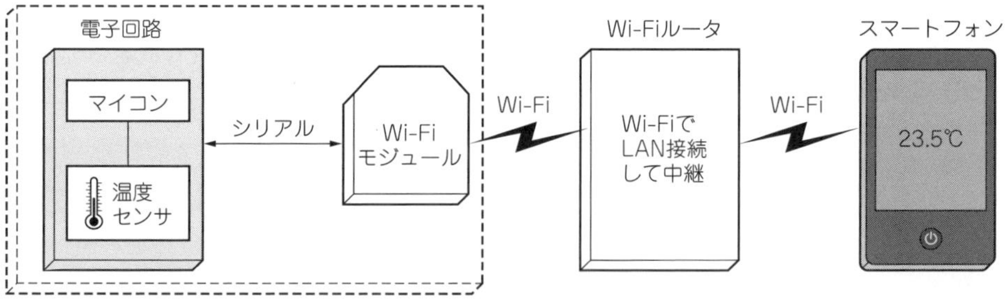

▶(a)ブロック図

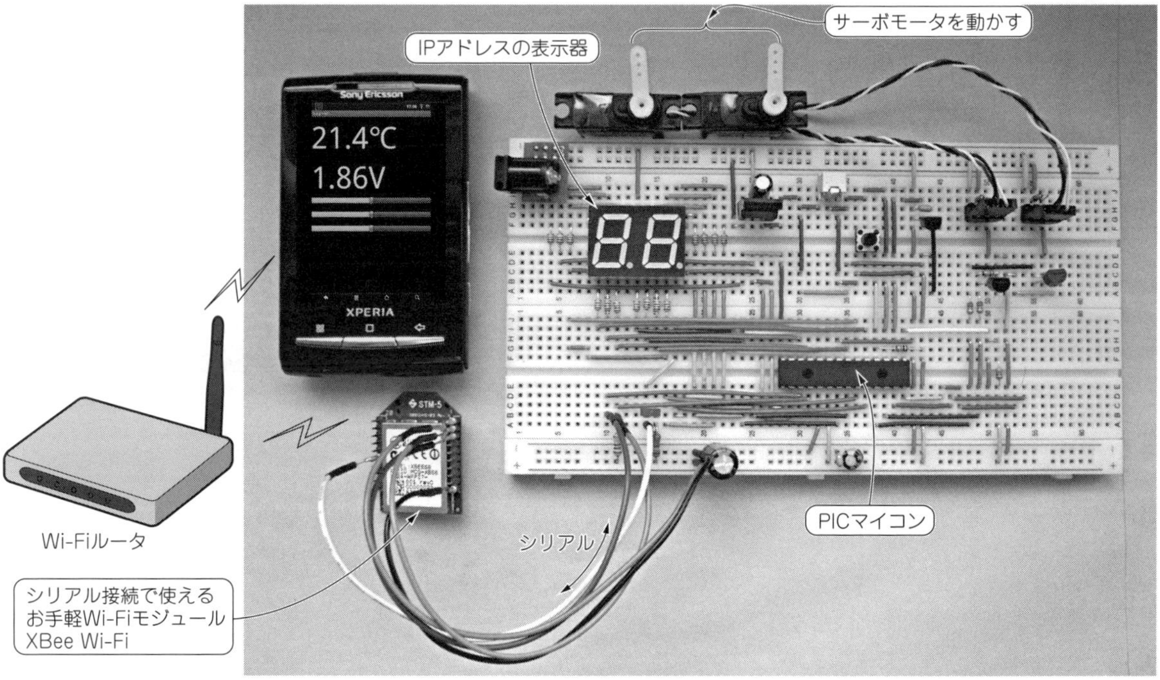

(b)外観

図1　製作したWi-Fi I/O基板の全体像
Wi-Fiモジュールとスマートフォンを仲介するWi-Fiルータが必要！ スマホでサーボモータやLED表示をコントロールでき，また温度センサで測定した温度をスマホの画面上に表示させる

Wi-Fi通信インターフェースを備えた電子回路は，屋内/屋外どちらからでもスマートフォンからリモート操作できるのでたいへん便利です．本章では，安価なシリアル接続のWi-Fiモジュールを使ってディジタルとアナログのI/O回路を製作し，実験を行います．

目　的

● アナログとディジタルのI/Oをひと通り試す

図1(a)に示すのは今回の製作したスマホとWi-Fi I/O基板回路の連携システムの全体像です．**図1(b)**

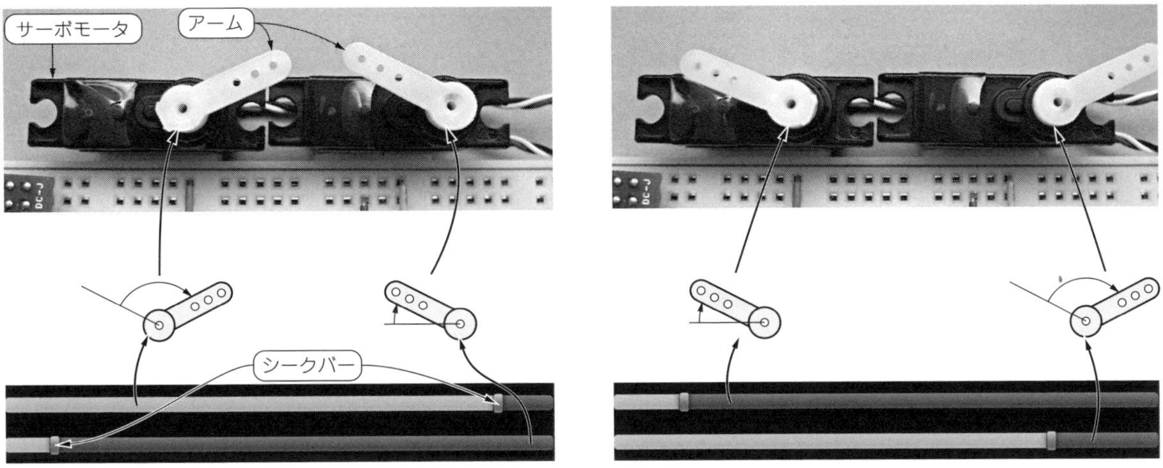

（a）アームを近づける　　（b）アームを離す

図3　コントロール用バー（シークバー）の位置と電子回路のサーボモータの位置を連動させる

は製作した回路の外観です．

製作した回路には，2桁の7セグメントLED，2個のサーボモータ，温度センサ，ボリュームが実装されています．これらを使って以下の二つを実験します．

実験1：計測した温度センサの電圧値やボリュームの電圧値をスマホに送り，**図2**のようにスマホの画面上に表示する．

実験2：スマホの画面上のシークバーを操作し，**図3**のようにその位置に対応してサーボモータを動作させたり，7セグメントLEDに0から99までの数値を表示させたりする．

アナログとディジタルのI/Oをそれぞれ試せるようにしてあるので，自作回路とスマホをつなぐときの参考になると思います．

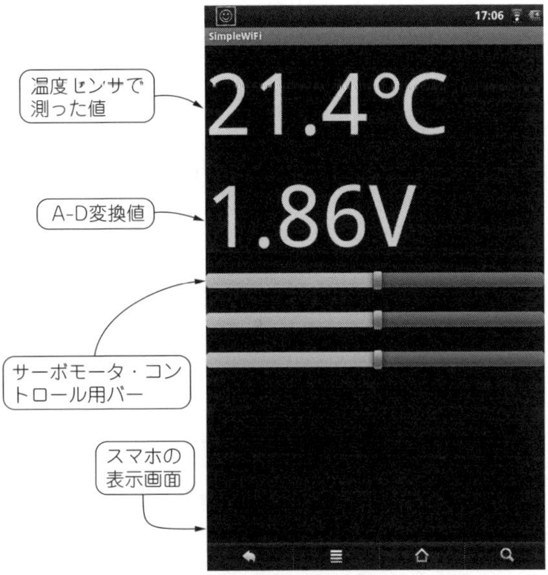

図2　Androidアプリを作成して電子回路をI/Oコントロール
上部が温度と電圧の表示で，下部にはサーボモータを操作するバー（シークバー）が並ぶ

ステップ1：ハードウェアの製作

● 必要なハードウェア

今回の実験回路は，通信販売サイトなどで容易に入手できる部品のみを使用しています．回路を**図4**に示します．

紹介する回路は，あくまで一つの製作例です．使用したWi-Fi（無線LAN）モジュールXBee Wi-Fiをシリアル・インターフェースで制御するので，同様にシリアル信号を扱えるマイコンであれば，そのまま応用できます．

必要なハードウェアは以下の四つです（**図5**）．

(1) シリアル接続のWi-Fiモジュール
(2) マイコン（シリアル入出力があるもの）
(3) 周辺回路（温度センサやサーボモータなど）
(4) Wi-Fiルータ（無線LANアクセス・ポイント）

それぞれについて，大切なポイントを解説します．

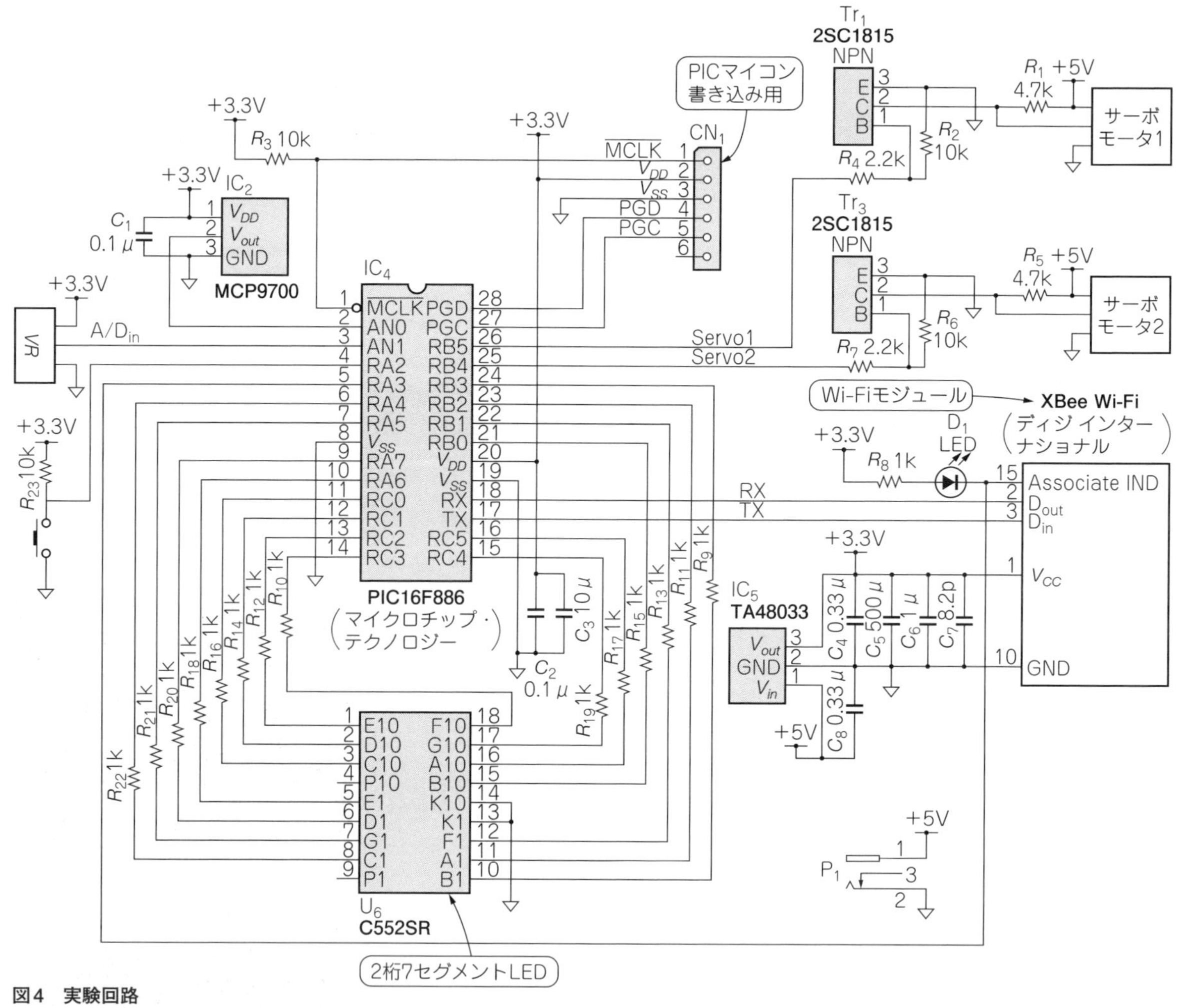

図4　実験回路

PIC16F886に7セグメントLEDとサーボモータと温度センサを接続して，シリアルでWi-Fiモジュールと接続しただけのシンプルな回路

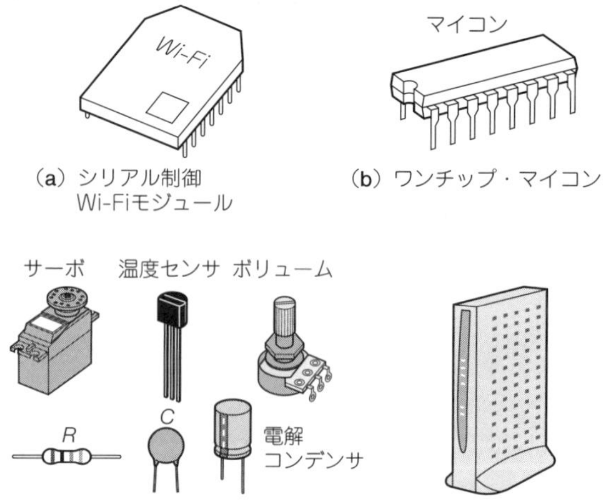

(a) シリアル制御Wi-Fiモジュール
(b) ワンチップ・マイコン
(c) 周辺回路
(d) Wi-Fiルータ

図5　今回の実験で使用する四つのハードウェア

(a) 基板アンテナ版のWi-Fiモジュール

コンパクトで扱いも簡単だが，金属ケース内に格納すると極端に感度が悪くなる．実験レベルではこちらを選択するとよい

(b) 外部アンテナ版のWi-Fiモジュール

プリント基板上に外部アンテナを接続するコネクタが実装されている．外部アンテナは金属ケースの外側に正しく取り付ける必要がある

写真1　シリアルで制御できる超お手軽Wi-FiモジュールXBee Wi-Fi

キー・デバイスその1：Wi-Fiモジュール

● 入手しやすくて制御が簡単！ XBee Wi-Fiを使う

最近では，総務省の技術基準の適合証明（技適）を取得している，Wi-Fiモジュール製品が増えてきました．今回の実験では，

- 価格が手ごろ
- 通信販売で入手が容易
- コントロールの方法が簡単

という理由で**写真1**のXBee Wi-Fi（ディジ インターナショナル）というモジュールを利用することにしました．このモジュール単体の価格は5,000円程度で，通信販売で入手が可能です．単体と評価用USBボード付属の開発キットがあるので，購入するときは間違えないようにしてください．

アンテナ形式の違いによって，外部アンテナ版［**写真1(a)**］と基板アンテナ版［**写真1(b)**］が選べます．金属ケースに格納するなら，シールド効果によって通信距離が極端に短くなるので，外部アンテナ版を使用して，金属ケースの外側にアンテナを取り付ける必要があります．今回の実験には金属ケースを使用しないので，コンパクトな基板アンテナ版を使用しました．

他のWi-Fiモジュールを使う場合は，使用するモジュールのコマンド仕様に合うように，プログラムを作成する必要があります．

▶SSIDとパスワードは事前にマイコンに設定しておく

一般にWi-Fiには，悪意ある第三者にネットワーク内に侵入されないように，ログインするためのパスワードが設定されているのが普通です．

Wi-Fi接続するためには，Wi-Fiアクセス・ポイントの名前とパスワードの二つの情報が必要になります．

写真2に示す開発キットの評価用USBボードがあれば，パソコンを使用して，**図6**のように事前にWi-Fiアクセス・ポイントのログイン情報を書き込んでおくことが可能になります．一度書き込んでしまうと，その後はWi-Fiモジュールへの設定は不要になり，電源を入れれば，自動的にアクセス・ポイントに接続します．

この評価用USBボードがなくても問題なく使用できます．今回の実験では，起動時にPICマイコンからシリアル・コマンドで，アクセス・ポイントに関する設定を行います．

● 応用のヒント

▶インターネット・アクセスできるように固定IPアドレスにする

このモジュールは，シリアルのコマンドでネットワークを設定するのですが，初期状態では，IPアド

写真2　固定のIPアドレスをXBee Wi-Fiに設定するときは開発キットに含まれる評価用USB基板を使う
評価用USBボード（ディジ・インターナショナル）．このボードを使用するとパソコンからWi-Fiモジュールの設定を変更できる．このボードを利用してあらかじめ必要な設定を書き込んでおけばマイコンによる初期設定を省略できる

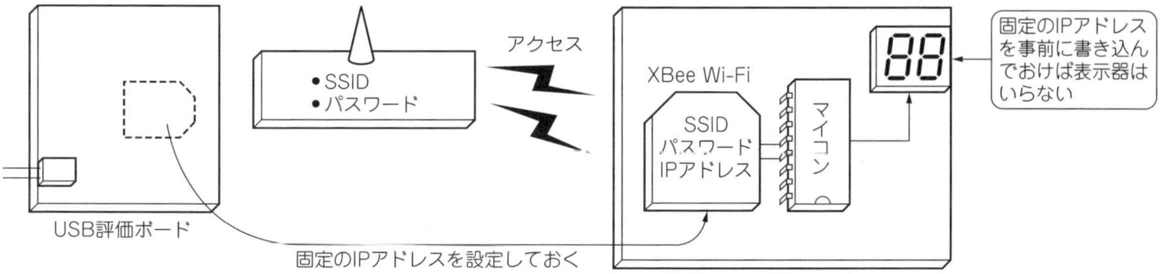

図6　開発キットの評価用基板を使えばWi-Fiアクセス・ポイントの名前とパスワードをWi-Fiモジュールに事前に書き込んでおける
（今回は使わない）

レスをWi-Fiルータから自動的に取得する設定になっています．普段はこれで構わないと思います．

ネットワークのIPアドレス設定に詳しい方であれば，初期化時にコマンドを用いて，手動でIPアドレスの設定も可能です．手動でIPアドレスを設定できれば，後述するIPアドレス取得に使うセグメントLED表示も不要になり，スマホ側の設定も簡単になります．

また固定IPアドレスはルータのポート変換設定を利用すると，インターネットからのアクセスも可能になります．興味のある方はぜひ固定IP化にトライしてみてください．

▶このモジュール実は単体でもA-D入力/PWM出力を備えている

実はこのXBee Wi-Fi単体でも，ポート入出力やA-D入力，PWM出力を備えていて，別にマイコンを接続しなくても，今回の実験と同様な機能を実現することができます．しかし電子回路とスマホの連携というメイン・テーマをより明確に説明する意味で，今回はあえてXBee Wi-Fi内蔵の周辺回路は使用せずに，マイコンとシリアル接続する方法で実験を行います．

● 使用上の注意

▶その1：電源に500μFコンデンサを追加

XBee Wi-Fiは受信時に140mA，送信時に260mAと比較的パワーを食うモジュールです．最も問題になるのは，起動時に瞬間的に750mAほどの大電流が流れるということです．

このためモジュールに接続する電源回路は，相当な電流を一気に流せるように工夫する必要があります．

起動時の瞬間的な大電流による電源電圧低下を低減するために，モジュールの電源ラインの直近に，500μF程度の電解コンデンサを接続する必要があります．

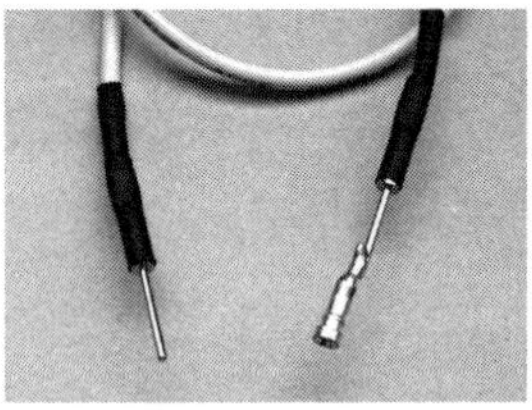

(a) 細い信号ピンを確実にブレッドボードに接続できるようになるコネクタ

Wi-Fiモジュールの信号ピンはとても細いので，オス-メスのジャンプ・ワイヤでは接触不良になる．そこで細いメスのソケットをはんだ付けしてみた

(b) XBee用の2.54mmピッチ変換基板(秋月電子通商)

基板を利用すると，今回使用したWi-Fiモジュールを2.54mmピッチに変換できる．基板上に3端子レギュレータが実装されているが，容量不足なので取り外して使用する

写真3　XBee Wi-Fiは端子のピッチや径がちょっと特殊なので変換があると便利

この消費電流の大きさが，このモジュールの弱点だといえます．

▶その2：2mmピッチと中途半端なので変換基板が要る

このモジュールのコネクタは2mmピッチです．そのままでは2.54mmピッチのブレッドボードには挿入できません．モジュールの信号ピンはかなり細いので，今回は**写真3(a)**のようなオス-メスのケーブルを作成してブレッドボードに接続しました．

写真3(b)のXBee用2.54mmピッチ変換基板(300円)を使うと便利で，通販で入手が可能です．ただし，XBee Wi-Fiで使用する際には，必ず基板上に実装されている3端子レギュレータを取り外す，あるいはパターンカットして無効化してください．

このレギュレータでは容量が小さすぎて，XBee Wi-Fiの起動時の消費電流を賄えません．

キー・デバイスその2：PICマイコン

● シリアルI/Oを備えていてピン数がある程度多いタイプを選ぶ

今回は，シリアルで制御できるWi-Fiモジュールを使用します．マイコンは，シリアル入出力を備えていれば基本的に何を使用しても構いません．皆さんが普段使い慣れているマイコンをWi-Fiモジュールに接続して，実験と同様なことができます．

しかしマイコンのピン数は，ある程度多い方が便利です．理由は，Wi-Fiでスマホと接続するためには，必ず表示装置が必要になるからです．

前述のように，アクセス・ポイントからWi-Fiモジュールに IPアドレスが割り当てられるようになっています．IPアドレスは，外からではわからないので，なんらかの表示装置を使用して，IPアドレスを表示させる必要があります．表示させたIPアドレスを，スマホ側のアプリケーションに設定することで，Wi-Fiを通じて連携が可能になります．

表示装置といっても，4ビットのLEDでバイナリ表示させるという簡単なものでも構いません．今回はわかりやすくするために，2桁の7セグメントLEDを使用することにしました．7セグメントLED表示のためには，14本のI/Oピンが必要になります．I/Oのピン数がそれなりに多いマイコンを使用する必要があります．

● 定番PIC16F886を使う

入手が容易で，確実に記事の内容を再現してもらえるように，PICマイコンの中でも一般的な，**写真4**に示すPIC16F886を使用しました．このマイコンを採用した理由を示します．

写真4　シリアルI/Oを備える定番PICマイコンPIC16F886でスマホとつなげる
I/Oのピン数が多いので，今回のような2桁7セグメントLEDを使用するのにうってつけのチップである．シリアル，A-D変換，タイマなどの標準的な機能も当然利用できる

写真5　書き込み器PICkit3を使うと基板から外さなくてもプログラムを書き換えられる
PICkit3プローブ（マイクロチップ・テクノロジー）．PICF886マイコンのプローブ専用ピンに接続すれば，マイコンを回路に取り付けたままでフラッシュにプログラムを書き込める．PICマイコンを使う機会が多いユーザには必須のアイテム

- 秋月電子通商などで170円程度．安価ですぐ入手できる
- ポートのピン数が多いので2桁7セグメントLEDを簡単に接続できる
- 3.3Vで動作するのでシリアルWi-Fiモジュールとの接続が容易
- 内蔵クロックで動作するので外付けクロックが不要
- A-D変換機能を内蔵しているので温度センサを簡単に接続できる
- 開発言語として無料版のC言語を使用できる
- 安価なインサーキット書き込み器PICkit3（3,900円）が使える

通常の開発手法であるPICプログラマを使っても，一応製作は可能ですが，毎回マイコンを基板から着脱するのは面倒です．開発効率が悪いので，今回は**写真5**に示すPICkit3というマイクロチップ社純正の書き込み器を利用してみます．この書き込み器を使用すると，PICマイコンを，回路に取り付けたままでプログラムできるので，極めて効率良く開発とテストを繰り返すことができます．

今後もPICマイコン・ファミリを利用するのであれば，この機会にPICkit3を購入しておくと，将来的にも役に立つと思います．

このインサーキットプログラム機能を利用するためには，3本の専用信号線をPICkit3に接続する必要があります．この3本の信号線はPICkit3に占有されるので，他のI/Oポートなどの目的には使用できません．

▶固定IPアドレスを使うならピン数は少なくてよい

今回の実験では，マイコンの起動時に，Wi-Fiモジュールにアクセス・ポイントの情報を設定するようにしています．

しかし，あらかじめ**写真2**の評価用USBボードを使用して，Wi-Fiモジュールに必要な設定を書き込んでしまえば，起動時のWi-Fiモジュールの初期化は不要になります．またこの際に固定IPアドレスを使用するように設定すれば，IPアドレスを表示させる必要もなくなるので，7セグメントLEDも省略できます．

もしピン数の少ないマイコンを使用する場合には，Wi-Fiモジュールと評価ボードを同時に入手して，固定IPアドレスの設定を行ってください．

キー・デバイスその3：センサほか

次に，マイコンに接続するユーザの周辺回路が必要です．今回の実験では，**表1**の部品を使いました．

▶温度センサ

温度センサで温度を測定して，スマホに転送して表示させます．**写真6**の温度センサMCP9700Eを使いました．

▶サーボモータ

スマホから，サーボモータをコントロールしますので，電力容量が小さい**写真7**のサーボモータPICO STDを使います．

▶7セグメントLED

PIC16F886はピン数が多いので，**写真8**の7セグメントLEDをスタティックに点灯できます．そのためプログラムが簡単になります．

表1　主な周辺部品

項　目	型　名	価　格*	個　数
温度センサ	MCP9700	25円	—
2桁7セグメントLED	C552SR	100円	—
NPNトランジスタ	2SC1815	5円	2個
サーボモータ	PICO/STD/F（GWS社）	800円	2個
3端子レギュレータ	TA48033	100円	—
5VのACアダプタ	（容量1.5A以上）	600円	—
抵抗やコンデンサやスイッチやLEDなど	—	1円～50円	適宜
ブレッドボード	EIC-102J	600円	—
ジャンプ・ワイヤ	EIC-J-L	400円	—

＊秋月電子通商での通販価格

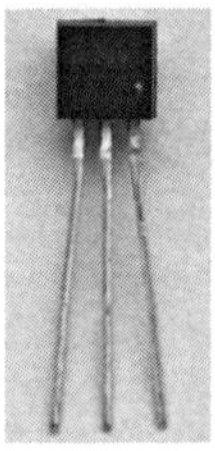

写真6　温度センサMCP9700E（マイクロチップ社）
写真では文字が見えないが，とても使いやすい温度センサ．0℃の気温で500mVの電圧が出力される．10mV/1℃なので25℃ならば750mVの出力になる

写真7　超小型サーボモータPICO STD（GWS社）
今回はあくまで実験なので低消費電力の超小型のサーボモータを使用した．大型のサーボモータを使用する際には5V電源の容量に気をつけたい

写真8　2桁7セグメントLED C552SR
起動時にWi-FiモジュールのIPアドレスを表示する．その後はスマホのシークバーの操作に対応して00から99の数値を表示する．赤色のLEDは流す電流の割には輝度が高いので視認性がよい．今回のようにスタティック点灯を使用する際には赤色LEDの方が有利になる

▶サーボモータ電源

サーボモータの接続には，少しコツが必要です．サーボモータが動作するには4.8V以上の電圧が必要なので，今回の実験回路には5Vの電源を使用します．

しかしPICマイコンの電源は，3端子レギュレータで5Vから3.3Vを生成して使用します．これはWi-Fiモジュールの動作電圧が3.3Vなので，マイコンを同じ3.3Vで動作させて，直接シリアル信号を接続するためです．

▶サーボモータ制御トランジスタ：2SC1815

サーボモータの制御信号は，2SC1815を使用して，3.3Vレベルのポート出力を5Vに変換しています．

▶温度センサIC & 可変抵抗

PICマイコンのA-D変換入力ピンには，温度センサICを接続します．またA-D変換のテスト用として，ボリュームで調整可能な電圧を，もう一つのA-D変換入力ピンに接続します．

写真9　XBee Wi-Fiモジュールの電源には470 μF程度の大容量電解コンデンサを付ける
この部品は極めて重要．ないとWi-Fiモジュールが起動するときに流れる突入電流により電源電圧が瞬間的に低下して正常に動作しなくなる．Wi-Fiモジュールへ接続している電源ケーブルの直近に取り付けているが，よりWi-Fiモジュールの直近に取り付けた方が効果的

▶スイッチ

またプルアップしたボタン・スイッチを，空いている入力ポートに接続してあります．このボタンを押すと，Wi-FiモジュールのIPアドレスを表示する動作を行うようにプログラムします．

▶LEDと抵抗：Wi-Fi接続が順調な証し

特に重要なのは，Wi-Fiモジュールの15番ピンの信号線に接続するLEDと抵抗です．この信号は普段はHIGHレベルですが，Wi-Fiアクセス・ポイントへのログインに成功すると，1秒間隔で“H”と“L”を繰り返します．この信号に，LEDを接続することで，Wi-Fiログインに成功したかどうかを表示できます．特にデバッグ時には，必須の機能です．

● 実験回路製作の注意点

▶Wi-Fiモジュールの電源ケーブルの直近には470μFの電解コンデンサを取り付ける

前述しましたが，電源を入れてもWi-Fiモジュールの突入電流により電源電圧が低下して，Wi-Fiモジュールが正常に起動しません．場合によってはマイコンもパワー・ダウン・リセットを繰り返してしまいます．

できればブレッドボード側ではなく，Wi-Fiモジュール側のピンのすぐそばに，**写真9**の470μF電解コンデンサを取り付けられれば，より確実です．

▶書き込み器PICkit3接続用の5ピン・コネクタを用意

PIC書き込み器PICkit3を接続するための信号線を，基板上に用意して，PICkit3を接続できるようにしておきます．電源ライン2本とPICkit3の信号線が3本で，**写真10**のような合計5ピンのコネクタを準備します．開発が終了したら，このコネクタを取り外せば，独立した電子回路として動作します．

▶3端子レギュレータ直近に発振防止用のパスコンを確実に取り付ける

安定した動作を実現するためにパスコンは確実に取

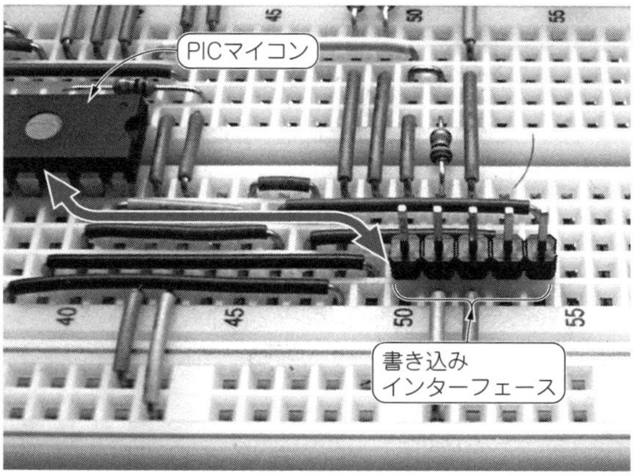

写真10　PICkit3を接続するための5ピンのピン・ヘッダ
PIC16F886の3本のプローブ専用線と電源とGNDの合計5本の信号を取り出すコネクタ．開発が終了したら取り外して次の基板に使える

写真11　3端子レギュレータの近くには発振防止用のパスコンを付ける
このパスコンを忘れると，予期せぬ電源レベルの変動により原因不明のトラブルに惑わされることがある．必ず実装する

り付けてください．特に3端子レギュレータには，**写真11**に示す発振防止のパスコンを，忘れずに取り付けてください．

キー・デバイスその4：Wi-Fiルータ

Wi-Fiを使用して，スマホと電子回路をつなぐ際に，**図1(a)** のように接続を仲介してくれるのが，Wi-Fiルータです．自宅でインターネットを利用している家庭では，すでにWi-Fiルータが設置されているかもしれません．

接続には，単にそのWi-Fiルータに設定されているアクセス・ポイントの名前SSIDとパスワードを調べて，スマホとWi-Fiモジュールに設定する必要があります．

しかし自宅にWi-Fiルータがない，あるいは現在使用しているWi-Fiルータには触れたくはない，という方は，新たにWi-Fiルータを購入する必要があります．家電量販店で3,000円程度で販売されています．

● 古すぎるWi-FiルータはXBee Wi-Fiに使えない

あまりに古いWi-Fiルータでは，XBee Wi-Fiと接続できない場合があります．Wi-Fiの暗号化の方式には，WEP方式とWPA方式の2種類が一般的です．XBee Wi-Fiは，WPA方式にしか対応していません．使用するWi-Fiルータの暗号化方式が，WPA方式であるかどうか確認してください．

最近のルータはほとんどがWPA方式を選択できるので，問題ないと思いますが，古いWi-FiルータではWEP方式しかサポートしてない機種も存在するので，注意が必要です．心配であれば推奨Wi-Fiルータを購入するのが最も手っ取り早い方法です．今回の実験に使用できるルータの例を**表2**に記します．

● まず暗号化方式をWPAに設定しておく

Wi-Fiルータは，付属のマニュアルに従って，事前にパソコンと接続して初期設定を行う必要があります．

まず大切なのは，Wi-Fiの暗号化の方式をWPAに設定することです．またアクセス・ポイント名やパスワードは，自分で適当な値に設定しておいてください．またDHCP機能を有効にして，スマホやWi-Fiモジュールが Wi-Fi接続してきた際に，IPアドレスを自動で割り当てるようにしておきます．Wi-Fiルータの設定が完了したら，まずスマホをWi-Fiルータに接続してみます．

スマホでWi-Fiルータに接続できたら，正しくIPアドレスが割り当てられているかを確認してください．それが確認できたら，同じアクセス・ポイント名とパスワードでWi-Fiモジュールも確実に接続できます．

表2　実験に使えるWPA対応Wi-Fiルータは3,000円程度で入手できる
執筆時点（2012年6月）で実験に使えるWi-Fiルータの例

型　名	メーカ名	参考価格*
WN-G150TR	アイ・オー・データ	2,640円
PA-WR8160N-ST	NEC	2,950円
CG-WLR300NM	コレガ	3,310円
WHR-300	バッファロー	3,980円

＊ヨドバシ.comの価格

ステップ2：PICのファームウェア製作

電子回路とスマホをWi-Fiモジュールと Wi-Fiルータを介して接続するときのマイコン側のプログラミングについて解説します．Wi-Fiモジュール XBee Wi-Fiの初期設定から通信の確立までが一番のキモです．

今回のターゲット・マイコンはPIC16F886ですが，プログラムはC言語で記述しています．皆さんが普段使用しているマイコン用にも参考になると思います．

統合開発環境＆Cコンパイラの準備

● 入手方法

まずマイクロチップ・テクノロジーのウェブ・サイトから，**表3**に示す開発ツール無償評価版をダウンロードします．

● 統合開発環境とCコンパイラのインストール

ダウンロードした後は，まず統合開発環境MPLAB Xからインストールします．次にCコンパイラ XC8をインストールします．インストール後に一度MPLABを再起動するとXC8が認識されます．**表3**に記したマイクロチップ社のサイトから，ツールのインストール方法や使用方法に関しての詳しいマニュアルがダウンロード可能ですので参照してください．本稿では詳細な操作方法は割愛します．

● 書き込み器PICkit3のUSBドライバのインストール

またPICkit3に同梱されているCD-ROM内のドライバも，忘れずにインストールしておきます．

ドライバをインストールしたら，必ず付属の赤いUSBケーブルを使用して，PICkit3をパソコンに接続します．無事にPICkit3のUSBのドライバが組み込まれていることを，必ず確認してください．

ユーザ・プログラムの作成手順

● 新規プロジェクトの作成

それではインストールしたMPLABを起動して，**図7**のように「Create New Project」を選びます．

次に**図8**のように「Standalone Project」を選択して[Next]をクリックします．

図9のように「Family」として「Mid-Range 8-bit」を選択し，「Device」は今回使用する「PIC16F886」を指定します．

「Select Tool」ではとりあえず**図10**の「Simulator」を選びます．

「Select Compiler」では先ほどインストールしたCコンパイラXC8を選びます．

表3　PICマイコンの開発ツールを用意する
サイトのURLは，
http://www.microchip.com/pagehandler/en-us/family/mplabx/

種　類	ツール名	ファイル名
統合開発環境	MPLAB X	MPLAB X IDE v1.20
Cコンパイラ	XC8	MPLAB XC8 Compiler v1.00

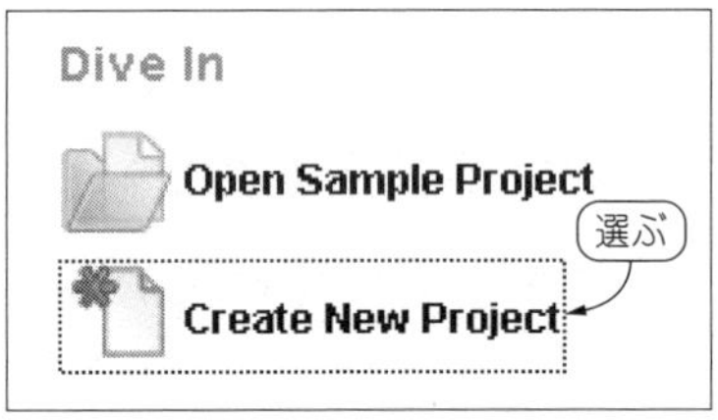

図7　新規プロジェクト作成手順①…作成フォームを起動する

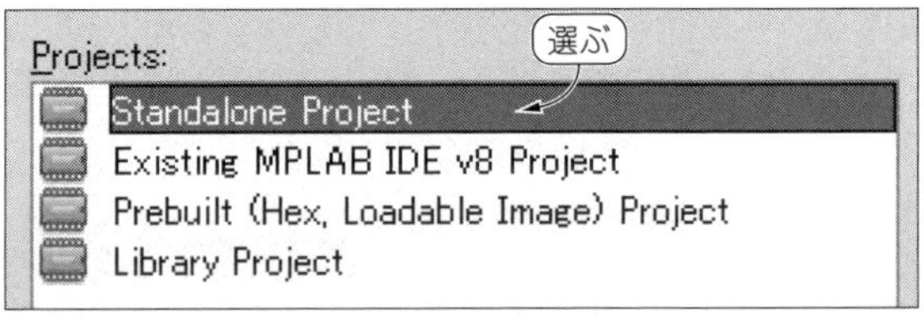

図8　新規プロジェクト作成手順②…「Standalone Project」を選ぶ

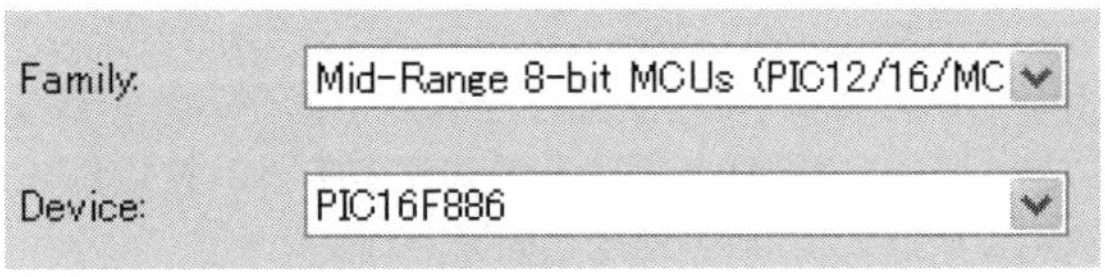

図9　新規プロジェクト作成手順③…ターゲット・マイコンを指定する

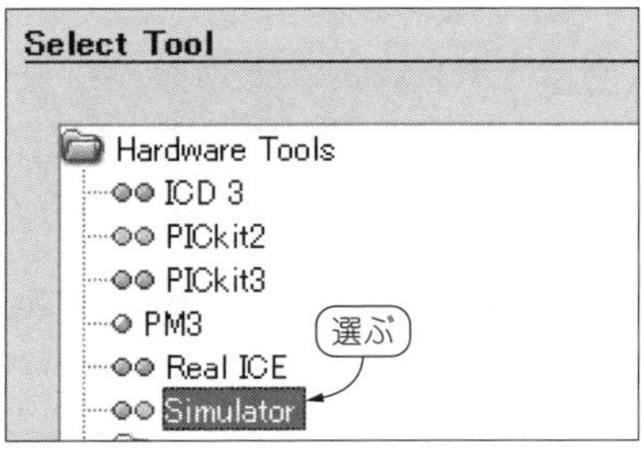

図10　新規プロジェクト作成手順④…仮で「Simulator」を選んでおく

「Project Name」に，適当な名前をつければ新規プロジェクトが作成されます．

● ユーザ・プログラムの作成

次に「Source Files」を右クリックして「New」を選び，「newmain.c」というファイルを新規に作成します．

作成したnewmain.cには，デフォルトでサンプルのCプログラムが入力された状態になっています．本来はここにユーザ・プログラムを記述します．

今回は，このサンプル・ソースをすべて削除して，**リスト1**のソースに入れ替えます．この差し替え用のnewmain.cのソース・ファイルは本書のサポート・ページから入手できます．

「Run」メニュー内の「Build Main Project」を選択して，エラーなくコンパイルが終了したら成功です．

● マイコンにプログラムを書き込む

PICkit3を5ピンのコネクタで実験回路に接続して，電源をONします．

プロジェクトの「Select Tool」プロパティを，先ほどとりあえず設定した「Simulator」ではなく「PICkit3」に変更します．

後は［Make And Program Device］ボタンを押せば，PIC16F886にプログラムが書き込まれます．

詳細な開発ツールの使用方法に関しては，マイクロチップ・テクノロジーのサイトにあるマニュアルを参照してください．

これで，マイコン側の実験の準備は終了です．

シリアル送受信は割り込みで処理する

以降，マイコン側プログラムの動作について，ザックリと解説します．プログラムは各行にコメント文を入れているので，詳細はそちらをご参照ください．

● シリアル受信：いつくるのかわからない

Wi-Fiモジュールからのシリアル・データは，いつ送られてくるかわかりません．またスマホのタッチ・パネルを操作すると，大量のシリアル・データがマイコン側に送られます．

こうしたいつどれくらい発生するかわからないデータを常に監視していると，**図11**のように，マイコンは他の仕事が全くできません．

他の仕事を実行しながら，シリアル・データを取りこぼさないで受け取るためには，シリアル・データを割り込みで取り込む必要があります．

● シリアル送信：時間がえらいことかかる

またシリアル・データの送信にも，かなりの時間が必要です．今回使用したWi-Fiモジュールのシリアル速度は，9600bpsと比較的遅いので，1文字送信するのに約1msの時間がかかります．シリアル・データの送信の完了を待つために，送信ステータス・レジスタをポーリングすると，かなりの時間，処理が滞ってしまいます．

割り込み処理を使えば，マイコンの処理パワーをほとんど消費せずにシリアル・データを自動的に送信できます．

割り込みによるシリアル・データの送受信には，キュー処理と呼ばれる手法がよく使われます．キューと呼ばれるバッファにデータを入れるプログラムと取り出すプログラムを切り分けて，**図12**や**図13**のように待ちの大きな処理をメイン・プログラムから切り離します．

このソースで使用しているキュー処理は，他のマイコンにも十分に応用が可能だと思いますので，ぜひ参

(a) 常に監視していると仕事が進まない

(b) 割り込みで知らせるようにすれば他の仕事をしていられる

図11　シリアル通信は割り込みで処理するのがよい

例えば，ケータイの着信をずっと見張っていなければならないと他の仕事は全くできない（ポーリング処理）．着信音が鳴るようにしてあれば，ケータイが鳴るまでは他の仕事をし，かかってきたときだけ電話に出て，終わったら今までの仕事に戻れる（割り込み処理）．シリアル通信は，データがいつどれだけくるかわからないので，割り込み処理がよい

考にしてみてください.

● サーボモータ：タイマ割り込みで制御

サーボモータをコントロールするには，**図14**に示すようにパルスの幅を増減します．こうしたパルスを作成する際に，ソフトウェアで時間待ちをすると，他の仕事が全くできません.

そこで今回は，TIMER1割り込みで20ms間隔を生成し，TIMER0とTIMER2の割り込みで，各チャネルのサーボモータのコントロール・パルス幅を決めています.

この方式であれば，メイン・プログラムがシリアル・データの処理を行いながらでも，自動的にサーボモータのパルスを作成してくれます.

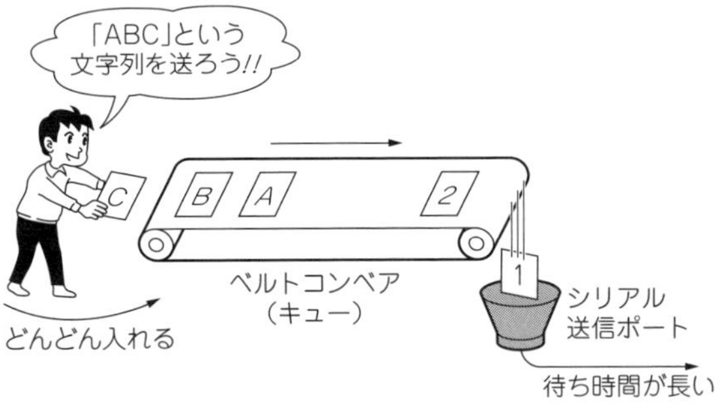

図12 バッファ（キュー）をかませれば，処理のタイミングを切り分けられる
メイン・プログラムは，送りたい文字列をベルトコンベアに並べればOK．ベルトコンベアで自動的に運ばれて順に送信してくれるので，待たされない

Wi-Fiモジュールの初期化と通信の確立

● Wi-Fi通信の確立

それでは**リスト1**に示すプログラム全体の流れを見てみましょう.

まずPIC18F886マイコンの，各種のレジスタ類を初期化します．これはどんなマイコンでも同様だと思います．シリアルポートやI/Oポートやタイマなどの初期化を行います.

次にWi-Fiモジュール XBee Wi-Fiの初期化を行います.

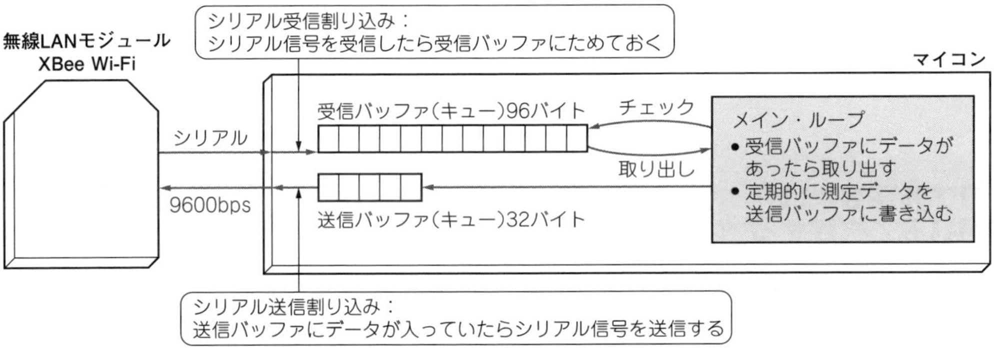

図13 シリアル通信は時間がかかって待ちきれないので，メイン・ループではなく，必要なときだけ動く割り込みで処理する

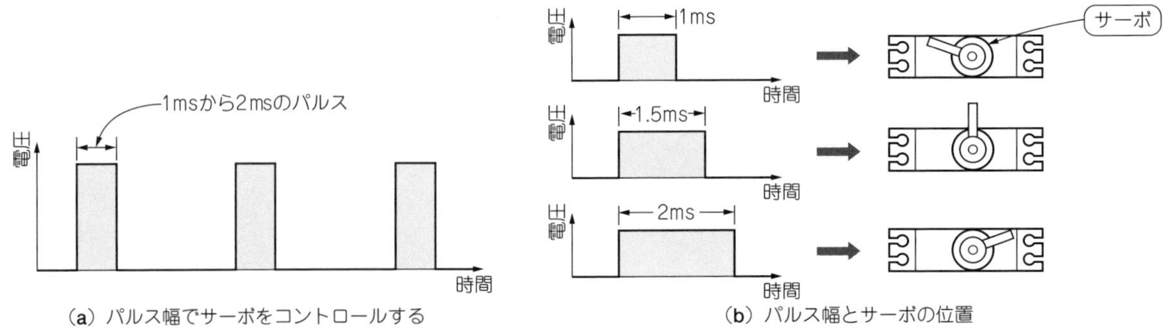

図14 サーボモータは約20ms周期のパルス信号のパルス幅でコントロールする
パルス幅が1msだとサーボモータは左端に，1.5msだと中央付近に，2msだと右端に静止する．パルス周期を変えると，動作スピードや静止トルクが変わる．タイマ割り込みを三つ組み合わせて，2チャネルのサーボモータのコントロール・パルス幅を決める．割り込みを使えば，メイン・プログラムが別の処理を行っていても，サーボモータを自動制御できる

▶ステップ1：アクセス・ポイントのSSIDとパスワードをXBee Wi-Fiに設定する

図15(a) に示すように，Wi-Fiのアクセス・ポイントへのログインに必要なアクセス・ポイント名やパスワードなどの情報を，XBee Wi-Fiに設定します．

現在のソースではアクセス・ポイント名とパスワードを，「SSID」と「PASSWORD」にしてありますが，各自の環境に合わせた値を書き込まないといけません．

▶ステップ2：アクセス・ポイントにログインしてXBee Wi-Fiに割り当てられたIPアドレスをゲット

SSIDとPASSWORDを設定したことにより，XBee Wi-Fiモジュールは起動時に指定したアクセス・ポイントに，ログインを試みます．無事にログインできると，**図15(b)** のようにモジュールの15番ピンの信号が，“L”になります．“L”になったことをチェックすれば，ログインできたことを検出できます．

ログインを確認した後に，ATコマンドを送出して，モジュールに割り当てられたIPアドレスを取得して，7セグメントLEDに表示します．この表示を見ると，Wi-FiモジュールのIPアドレスが判明するのでメモしておきます．

▶ステップ3：XBee Wi-Fiに割り当てられたIPアドレスにスマホから通信する

ステップ2でメモしたXBee Wi-FiのIPアドレスをスマホの通信相手として設定し，通信します．

XBee Wi-Fiがスマホ側からのパケットを受け取ると，**図15(c)** のように，スマホ側のIPアドレスを自

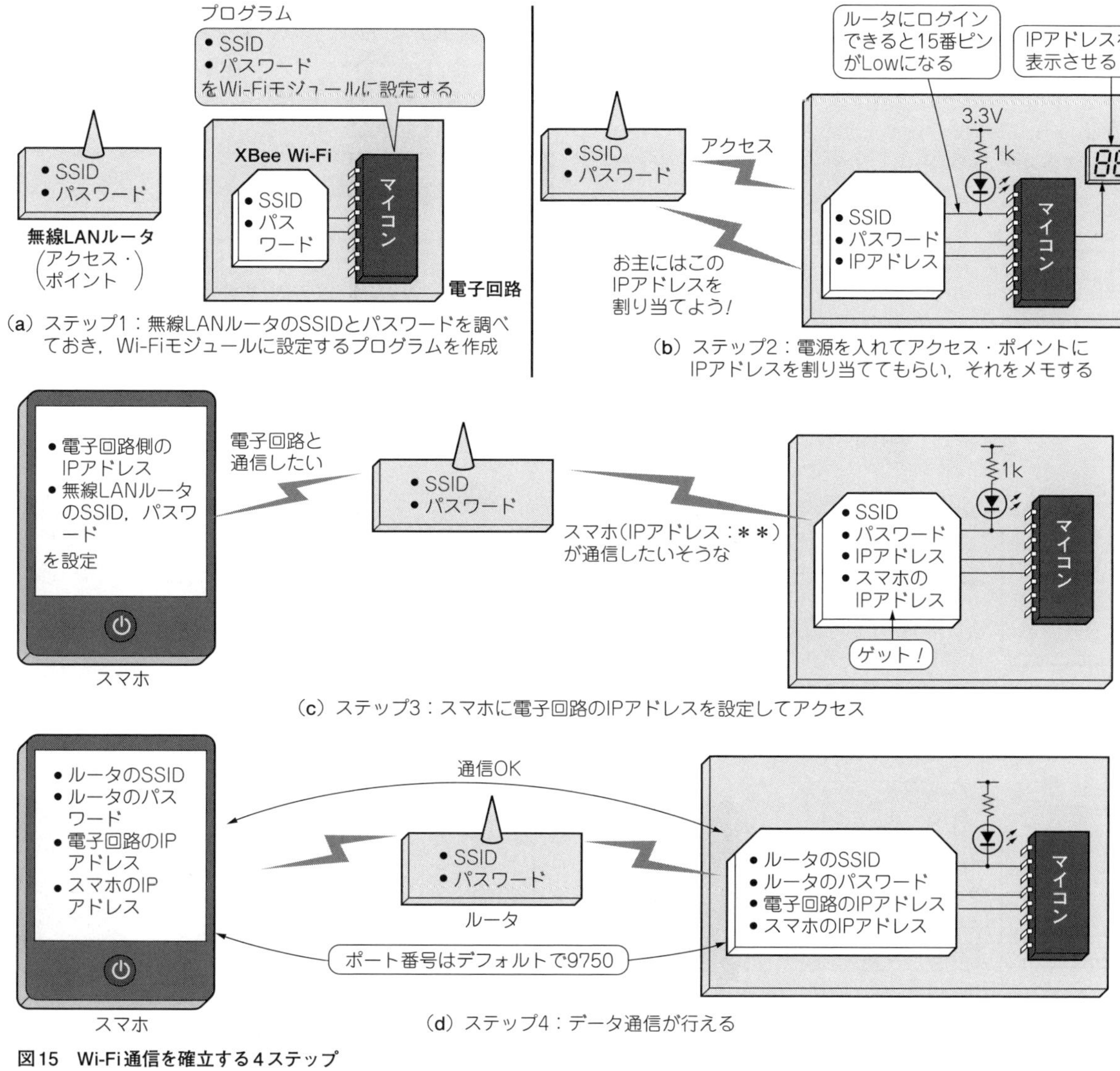

図15　Wi-Fi通信を確立する4ステップ

動的に内部に記憶します．

▶ステップ4：通信が確立

XBee Wi-Fiにマイコンからシリアル・データを送信すると，この記憶しているIPアドレスに向けてデータを送信します．こうした動作により，**図15**(**d**)に示すように，電子回路とスマホの双方からお互いにネットワーク通信が可能になります．

ネットワーク通信の際のポート番号は，デフォルト状態で送受信とも9750番です．

● XBee Wi-Fiにコマンドを設定するには

▶ステップ1：データ・モードで起動する

XBee Wi-Fiは，**図16**(**a**)に示すように，電源を投入するとデータ・モードで立ち上がります．データ・モードはスマホとのデータ通信を行うモードです．

▶ステップ2：コマンド・モードに移行する

XBee Wi-FiにSSIDやPASSWORDなどを設定したい場合は，**図17**に示すように，コマンド・モードに遷移させる必要があります．

コマンド・モードに移行させるには，**図16**(**b**)に示すように，1秒間データを送らずに待った後に「＋＋＋(プラスを3個)」送出します．

▶ステップ3：OKならCR(¥r)が返ってくる

1秒間データを送らずに待つと，**図16**(**c**)に示すように，XBee Wi-FiからOKを表すCR(¥r)が送られてコマンド・モードに遷移します．

▶ステップ4：コマンド・モードでいろいろ設定

XBee Wi-Fiに各種設定を行うコマンドは**表4**の通りです．「AT」という文字列に続けて各種のコマンドを送ります．SSIDやPASSWORDなどの設定を行えます．

▶ステップ5：10秒ほっとくとデータ・モードに戻る

コマンド・モードに遷移してから10秒間なにもコマンドを送らないと，自動的にデータ・モードに戻ります．あるいは「ATCN」コマンドを送出すると，即時データ・モードに戻ります．

● XBee Wi-Fiはアスキー・コードでデータをやりとりする

図18に示すように，XBee Wi-Fiはアスキー・コードでデータを送受信します．マイコンのプログラム内で送受信した値を使おうと思ったら，バイナリに変換しないといけません．

メイン・ループ

その後は，メイン・ループ内でシリアル・データの到着をチェックして，データを受け取ったら，その内容を解析して，必要な処理を行います．サーボモータ

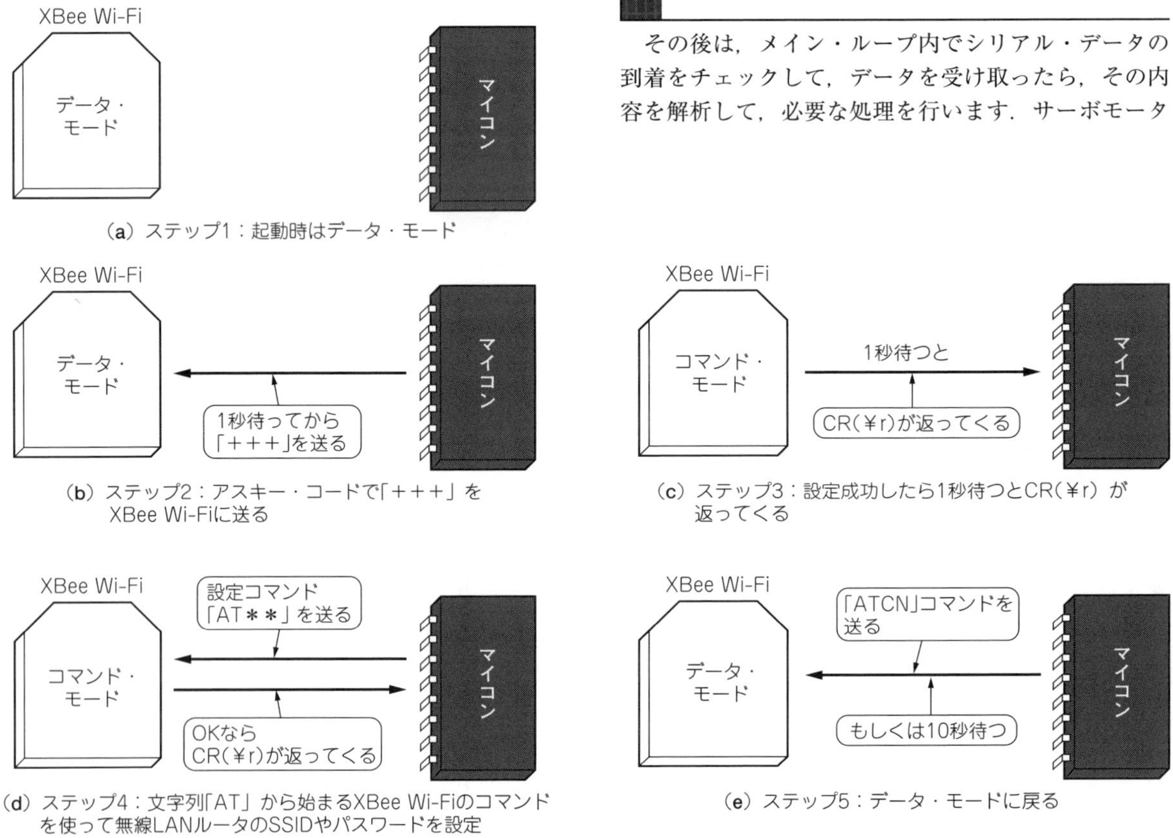
XBee Wi-Fi
データ・モード
マイコン
(a) ステップ1：起動時はデータ・モード
XBee Wi-Fi
データ・モード
1秒待ってから「＋＋＋」を送る
マイコン
(b) ステップ2：アスキー・コードで「＋＋＋」をXBee Wi-Fiに送る
XBee Wi-Fi
コマンド・モード
1秒待つと
CR(¥r)が返ってくる
マイコン
(c) ステップ3：設定成功したら1秒待つとCR(¥r)が返ってくる
XBee Wi-Fi
設定コマンド「AT＊＊」を送る
コマンド・モード
OKならCR(¥r)が返ってくる
マイコン
(d) ステップ4：文字列「AT」から始まるXBee Wi-Fiのコマンドを使って無線LANルータのSSIDやパスワードを設定
XBee Wi-Fi
「ATCN」コマンドを送る
データ・モード
もしくは10秒待つ
マイコン
(e) ステップ5：データ・モードに戻る

図16　Wi-FiモジュールXBee Wi-FiにSSIDやパスワードを設定する方法

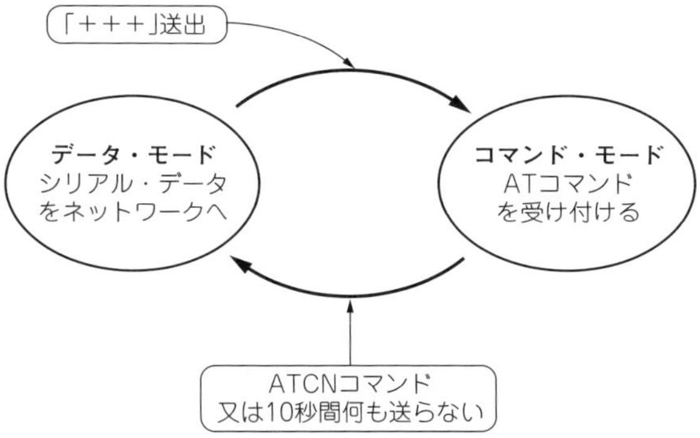

図17　Wi-FiモジュールXBee Wi-Fiの状態遷移図
データ・モードではシリアル・データはすべてネットワーク通信される．コマンド・モードに移行すると，ネットワーク通信は行われず，コマンド受け付け状態になる

表4　Wi-Fiモジュールで使用できるATコマンド（抜粋）

コマンド	説　明
ATID SSID	Wi-Fiアクセス・ポイント名を指定する
ATPK PASSWORD	Wi-Fiアクセス・ポイントのパスワードを設定する
ATEE 数字	暗号化方式を指定する． 0：暗号化なし，1：WPA，2：WPA2
ATRE	設定を工場出荷状態にする
ATMY	自分に割り当てられているIPアドレスを表示する
ATCN	データ・モードに戻る
ATWR	現在の設定をモジュール内のメモリに書き込む

のコントロールや，シリアル・データの実際の送受信は，割り込みで処理されますので，メイン・ループの実行が止まることは，見かけ上ありません．

A-D変換の値は，電源電圧に対する相対値で得られますが，電源電圧は3.3Vの3端子レギュレータで安定化されていますので，この電圧を基準にすれば，電圧の絶対値を求めることができます．

こうした計算は，マイコン側では行わずに，浮動小数点演算が得意なスマホ側で行います．

温度データは，そう急激には変化しないので，2.56秒に一度のタイミングで，定期的に温度データと電圧データを送出しています．

● やりとりするデータのフォーマットを決めておく

マイコンとスマホがやりとりするデータのフォーマットを図19に示します．アルファベット1文字が付加された数値データが，カンマで区切られています．

アルファベットが対象を，数値が設定値や測定値を表します．

先頭が，大文字のアルファベットという取り決めをしておいて，カンマで区切ることによって，どのタイミングでコマンドが送られても，またもし仮にシリアルのバッファが足りなくなり，送られたデータが，途中で切れた場合でも，アルファベットが出現するまで読み飛ばすことにより，問題なく次に到着したデータを利用できます．

＊

このソースはシンプルですが，他のマイコンにも十分に応用が可能です．個人で利用するのであれば自由に改変してご利用ください．

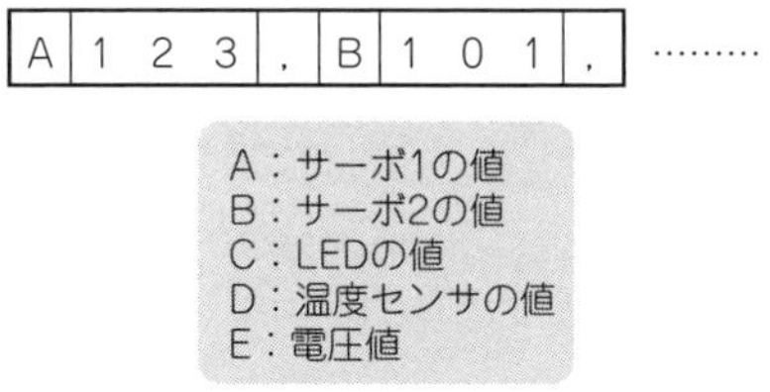

図19　電子回路とスマホの間でやりとりされるデータの構造を決めておく
先頭にアルファベットの大文字を置いて，数字が続き，カンマで終わるように通信データの構造を決めておく．もし途中でデータが切れたとしても，アルファベットが出現するまで読み飛ばせば，引き続き正しいデータを読み込める．また数字の最後がカンマでなければ，その数字はエラーとして扱い無効にする

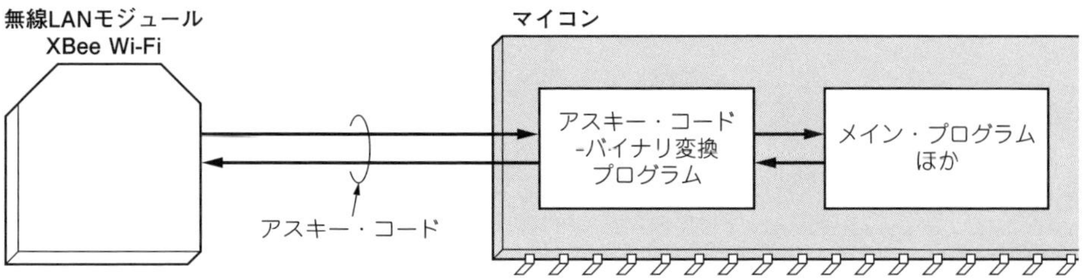

図18　XBee Wi-Fiとマイコンはアスキー・コードの文字列をやりとりするので，マイコン・プログラム内で使えるようにバイナリ変換が必要

リスト1　マイコン側のWi-Fi接続プログラムのソース

C言語で記述したので他のマイコンでも参考になる．コメントを参考にして改造してほしい

```
#include "pic.h"
// Setup configure register
  __CONFIG(FOSC_INTRC_NOCLKOUT & LVP_OFF & DEBUG_ON & WDTE_OFF &
BOREN_OFF & PWRTE_OFF & CP_OFF & CPD_OFF);
// Constants
#define RXBUFSIZE 96 // Serial buffer size
#define TXBUFSIZE 32 // Serial buffer size
// LED segment data table
static const char LeftDigit[16] = {0xaf, 0x81, 0xb6, 0xb3, 0x99,
0x3b, 0x3f, 0xa1, 0xbf, 0xbb, 0xbd, 0x1f, 0x2e, 0x97, 0x3e, 0x3c};
static const char RightDigit[16] = {0xde, 0x18, 0xec, 0xbc, 0x3a,
0xb6, 0xf6, 0x1c, 0xfe, 0xbe, 0x7e, 0xf2, 0xc6, 0xf8, 0xe6, 0x66};
// Work vars
char Servo1; // Servo1 position (0 to 99)
char Servo2; // Servo2 position (0 to 99)
char Servo3; // Servo3 position (0 to 99)
char RxBuf[RXBUFSIZE]; // Recieve queue
char TxBuf[TXBUFSIZE]; // Transmit queue
char Digit[8]; // Digit buffer
char Reply[16]; // Reply data buffer
char Index; // Result store index

char PortB; // PORTB image copy for asynchronous bit operation
volatile char Tick; // PORTB copy for bit operation
volatile char RxIn; // Receive queue entry pointer
volatile char RxOut; // Receive queue output pointer
volatile char TxIn; // Receive queue entry pointer
volatile char TxOut; // Receive queue output pointer
int Temp; // Temperature value
int Volt; // Voltage value

//
// Common Interrupt handler
//
static void interrupt InterruptHandler(void)
{
  char i;
  signed char j;
  if(T0IF) // TIMER 0 interrupts?
  {
   T0IF = 0; // Clear TIMER0 interrupts
   T0IE = 0; // Disable TIMER2 interrupts
   PortB |= 0x10; // Set servo2 port (servo2 signal
                                         will be low)
   PORTB = PortB; // Out port data
  }
  if(TMR1IF) // TIMER1 interrupts?
  {
   TMR0 = 110 + Servo2; // Set TIMER0 counter again
                           (Range must be 110 - 210)
   TMR1IF = 0;   // Clear TIMER1 interrupt flag
   T0IF = 0;    // Clear TIMER0 interrupts
   T0IE = 1;    // Enable TIMER0 interrupts
   PR2 = 145 - Servo1; // Set TIMER0 counter again
                           (Range must be 145 - 45)
   TMR2 = 0;    // Clear TIMER2 counter
   TMR2IF = 0;   // Clear TIMER2 interrupts
   TMR2IE = 1;   // Disable TIMER2 interrupts
   TMR1H = 0x63; // Set TIMER1 interval timer high
                          (interval will be 20mS)
   TMR1L = 0xc0; // Set TIMER1 interval timer low
                      (interval will be 40000 * 5uS)
   PortB &= 0x0f; // Clear both servo port(servo
                             signal will be high)
   PORTB = PortB; // Out port data
   Tick++; // Advance internal timer
  }
  if(TMR2IF) // TIMER 2 interrupts?
  {
   TMR2IF = 0;   // Clear TIMER2 interrupts
   TMR2IE = 0;   // Disable TIMER2 interrupts
   PortB |= 0x20; // Ser servo1 port (servo1 signal
                                         will be low)
   PORTB = PortB; // Out port data
  }
  if(RCIF) // Serial receive interrupts?
  {
   RCIF = 0; // Clear interrupt source
   i = RCREG; // Get received char
   j = RxIn - RxOut; // Get queued data count
   if(j < 0) // If negative number?
    j += RXBUFSIZE; // Make it plus
   if(j < RXBUFSIZE - 1) // Dose queue have space
                          to put received data?
   {
    RxBuf[RxIn] = i; // Save received char
    if(RxIn == RXBUFSIZE - 1) // Reach to the end of
                                          the queue?
     RxIn = 0; // Go to top again (ring buffer)
    else
     RxIn++;
   }
  }
  if(TXIF) // Serial send interrupts?
  {
   TXIF = 0; // Clear interrupt source
   if(TxOut == TxIn) // Check data exists in send queued
    TXIE = 0; // Disable TX interrupts if no data
   else // TX data is queued
   {
    TXREG = TxBuf[TxOut]; // Set TX data from queue
    if(TxOut == TXBUFSIZE - 1) // Reach to the end of the queue?
     TxOut = 0; // Go to top again (ring buffer)
    else
     TxOut++; // Advance TX get pointer
   }
  }
}
```

PICは割り込みが一つしかないのですべてこれに書く

タイマによるサーボモータの制御

シリアル受信

キューにためる

シリアル送信

```
//
// Sense incoming serial data
//
char RxSense(void)
{
  signed char i;
  i = RxIn - RxOut; // Check queued number
  if(i < 0) // Negative? (may wraped queue index)
   i += RXBUFSIZE; // Make it plus
  return i; // Return with queued number
}
```

データがたまっているかチェック

```
//
// Get serial data from queue
//
char GetChar(void)
{
  char i;
  while(!RxSense()); // Wait untill receive data
                                       has come
  i = RxBuf[RxOut]; // Get queued data
  if(RxOut == RXBUFSIZE - 1) // Reach to the end of
                                        the queue?
   RxOut = 0; // Go to top again (ring buffer)
  else
   RxOut++; // Advance get pointer
  return i; // Return with received data
}
```

キュー処理からの取り出し（シリアル受信）

```
//
// Put serial char data and send
//
void PutChar(char ch)
{
  signed char i;
  i = TxIn - TxOut; // Get queued data count
  if(i < 0) // If negative number?
   i += TXBUFSIZE; // Make it plus
  if(i < TXBUFSIZE - 1) // Dose queue have space to
                                   put send data?
  {
   TxBuf[TxIn] = ch; // Save received char
   if(TxIn == TXBUFSIZE - 1) // Reach to the end of
                                        the queue?
    TxIn = 0; // Go to top again (ring buffer)
   else
    TxIn++;  // Advance Tx input queue pointer
   TXIE = 1;  // Enable interrupts
  }
}
```

キューにセットする（シリアル送信）

```
//
// Put serial string data and send
//
void PutStr(const unsigned char *str)
{
  char i;
  for(;;)
  {
   i = *str++; // Fetch char
   if(i == 0) // EOS encountered?
    break; // Exit string send loop
   PutChar(i); // Send 1 char
  }
}
```

1秒待ちさせるために送りっぱなしの関数を用意

```
//
// Put serial string data and wait CR
//
void PutStrWait(const unsigned char *str)
{
  char i;
  for(;;)
  {
   i = *str++; // Fetch char
   if(i == 0) // EOS encountered?
    break;  // Exit string send loop
   PutChar(i); // Send 1 char
  }
  while(GetChar() != '\r'); // Wait CR
}
```

XBee Wi-Fiに文字列を送信．コマンドがセットされたらCR（\r）が返ってくるまで待つ

```
//
// Sleep timer
//
void Sleep(char time)
{
  char i;
  char ticksave;
  for(i = 0; i < time; i++) // Repeat for delay time
  {
   ticksave = Tick; // Clear tick save
   while(Tick == ticksave); // Wait until tick
                           change(wait 20mS)
  }
}
```

スリープ

```
//
// Get A/D data
//
unsigned int GetAd(char ch)
{
  ADCON0 = 0x83 | (ch << 2); // Specify conversion
                                        channel
  while(ADCON0 & 0x02); // Wait until A/D
                       conversion finish
  return (ADRESH << 8) | ADRESL; // Get A/D result
}
```

A-D変換データをとってくる

```
//
// 7 segment LED display
//
void ShowLed(char dgt)
{
  PORTA = RightDigit[dgt & 15] & 0xf0; // Setup
                                  LED segment data
  PortB = (PortB & 0x30) | ((LeftDigit[dgt >> 4]
& 0x80) ? 1 : 0) | (RightDigit[dgt & 15] & 0x0e);
                                   // Set LED data
  PORTB = PortB;  // Set port
  PORTC = LeftDigit[dgt >> 4] & 0x7f; // Setup
                                       LED data
}

//
// 7 segment LED display (decimal)
//
void ShowDecimal(char dgt)
{
  ShowLed(((dgt / 10) << 4) | (dgt % 10)); //
                Convert decimal to hex value
}

//
// 7 segment LED display
//
void BlankLed(void)
{
  PORTA = 0; // Setup LED segment data
  PortB = (PortB & 0x30); // Set port B
  PORTB = PortB; // Set port
  PORTC = 0; // Setup LED data
}
```

7セグLEDの点灯，消灯

```
//
// Make reply data
//
void MakeReply(unsigned int val)
{
  unsigned int  k = 10000; // loop 10000, 1000,
                                      100, 10. 1
  char i = 0;
  for(;k;)  // Repeat untill k has value
  {
   Digit[i++] = val / k + '0'; // Create target
                                          digit
   val = val % k; // Get modulo
   k /= 10; // Get next digit division
  }
  for(i = 0; i < 4; i++)  // Skip leading 0
   if(Digit[i] != '0') // Some digit except '0'
                                        found?
    break; // Exit loop
  for(; i < 5; i++)  // Copy digit string to reply
                                          buffer
   Reply[Index++] = Digit[i]; // Copy 1 digit
  Reply[Index++] = ','; // Insert delimiter
}
```

XBee Wi-Fi送信データをバイナリーアスキー・コード変換

```
//
// Get address data
//
unsigned int GetValue()
{
  unsigned int i = 0;
  char j;
  for(;;)
  {
   j = GetChar(); // Get 1 char
   if(j < '0' || j > '9')
    break;
   i = i * 10 + j - '0'; // Get number
  }
  return i;
}
```

XBee Wi-Fi受信データをアスキー・コードーバイナリ変換

```
//
// Main
//
main() ◀── メイン・プログラム
{
  char i;
  while(!(OSCCON & 0x04)); // Wait untill
                  HFINTOSC is stabled
// Clock setup
  OSCCON = 0x71; // Set prescaler 8MHz and use
                            internal clock
// Set port direction & purpose
  ANSEL = 0x03; // Set PA0 & PA1 is analog input
  PORTA = 0x00; // Clear PORTA
  PortB = 0x30; // Clear PORTB & set servo ports
  PORTB = PortB; // Set PORT B data
  PORTC = 0x00; // Clear PORTC
  TRISA = 0x0f; // Set PA4,5,6,7 output
  TRISB = 0xc0; // Set PB0,1,2,3,4,5 output
  TRISC = 0xc0; // Set PC0,1,2,3,4,5 output
//  Setup variables
  Servo1 = 50; // Ser default servo1 position
  Servo2 = 50; // Ser default servo2 position
  Servo3 = 50; // Ser default servo2 position
  RxIn = 0; RxOut = 0; // Clear receive queue pointers
  TxIn = 0; TxOut = 0; // Clear tansmit queue pointers
// Setup serial port
  SPBRG = 12; // Set 9600bps of 8MHz clock
  RCSTA = 0x80; // Enable TX & RX pin
  TXEN = 1; // Enable TX
  CREN = 1; // Enable RX
  RCIE = 1;   // Enable serial receive interrupts
//  Set A/D converter
  ADCON0 = 0x81; // A/D clock source is FOSC/32 & enable
                                        A/D logic
  ADCON1 = 0x80; // Set A/D result format is right
                                        justified
//  Setup TIMER
  OPTION_REG = 0x84; // Prescaler = 64 TIMER0 tick will
                             16uS OSC 8MHz/4/32
  TMR1ON = 1; // Enable TIMER1
  TMR1IE = 1; // Enable TIMER1 interrupts
  T2CON = 0x0f; // Enable TIMER2 & prescaler 1:4 &
                                postscaler 1:8
//  Enable interrupts
  PEIE = 1; // Enable peripheral interrupts
  GIE = 1; // Enable global interrupts
```

マイコンの初期化

```
//  Init XBee WiFi
   Sleep(200); // Wait 2 seconds to stabilize XBee WiFi
  PutStrWait("+++"); // Send escape code
  PutStrWait("ATRE\r"); // Send default settings
  PutStrWait("ATEE 1\r"); // Send WPA mode
  PutStrWait("ATPK PASSWORD\r"); // Send password
                                    (need to edit)
  PutStrWait("ATID SSID\r"); // Send SSID (need to
                                             edit)
```

XBee Wi-Fiの初期化

```
  PutStrWait("ATCN\r"); // Send return
  ShowLed(0); // Show modem set up successfully
  while(PORTA & 0x08); // Wait until WiFi login
                                       complete
  ShowLed(1); // Show login succeeded
  Sleep(250); // Wait 5 sec for DHCP negotiation
  PutStrWait("+++"); // Send escape code
  PutStr("ATMY\r"); // Send default settings
  for(i = 0; i < 4; i++) // Repeat 4 digits
  {
   ShowLed(GetValue());
   Sleep(50); // Wait 1 sec
  }
  PutStrWait("ATCN\r"); // Send return
  BlankLed(); // Black LED to wait packet
```

7セグLEDにIPアドレスを表示

```
//  Start main loop ◀── ここからメイン・ループ
  for(;;)
  {
//  Button check
   if((PORTA & 0x04) == 0) // Check button is
                                    pressed
   { // Display my IP address
    BlankLed(); // Black LED to reply button
    Sleep(60); // Wait 1.2 sec to go AT command mode
    PutStrWait("+++"); // Send escape code
    PutStr("ATMY\r"); // Send retreive IP address
                                        command
    for(i = 0; i < 4; i++) // Repeat 4 digits
    {
     ShowLed(GetValue()); // Get value and show
                                         value
     Sleep(50); // Wait 1 sec
    }
    PutStrWait("ATCN\r"); // Send return to data
                                   mode command
    ShowDecimal(Servo3); // Show LED value again
   }
```

ボタン押下時に7セグLEDにIPアドレスを表示

```
//  Receive process
   if(RxSense())
   { // Serial data has come from WiFi module
    i = GetChar(); // Get one byte
    switch(i) // Only ACT A,B,C
    {
    case 'A': // Servo 1?
     Servo1 = GetValue(); // Get servo 1 value
     break;
    case 'B': // Servo 1?
     Servo2 = GetValue(); // Get servo 2 value
     break;
    case 'C': // LED value?
     Servo3 = GetValue(); // Get servo 3 value
     ShowDecimal(Servo3); // Show LED value
     break;
    case 'D': // Temperture ?
    case 'E': // Variable register??
     GetValue(); // Get value and skip
     break;
    }
   }
```

スマホから受信

```
//  Send process
   switch(Tick & 0x7f) // Mask Tick (0 to 127)
   {
   case 0: // Send packet every 2.56S
    Tick++; // Prevent double sending
    Index = 0; // Reset result store index counter
    Reply[Index++] = 'D'; // Set protocol char A
    MakeReply(Temp); // Set temperture value
    Reply[Index++] = 'E'; // Set protocol char B
    MakeReply(Volt); // Set variable register
                                        value
    Reply[Index++] = 0; // Set EOS
    PutStr(Reply); // Send IP address for reply
    break;
   case 0x24: // Get temp data every 2.56S
    Temp = GetAd(0); // Get temperture A/D value
    break;
   case 0x48: // Get voltage data every 2.56S
    Volt = GetAd(1); // Get voltage A/D value
    break;
   }
  }
}
```

スマホに送信

ステップ3：サクサク動くスマホのアプリ製作

ここでは，スマートフォン（以下，スマホ）側のアプリケーション・ソフトウェア（以下，アプリ）の作成方法を解説します．画面表示などを行うアプリ本体とネットワーク通信，タッチ操作は別々に並列で動くようにしておけば，操作性のよいサクサク動くアプリが作成できます．

主なスマホには，iPhoneとAndroid端末，Windows Phone端末の3種類がありますが，今回はAndroidアプリの開発方法をとりあげます．他のスマホでも，基本的な動作原理は全く同じですので，本章を参考にできます．

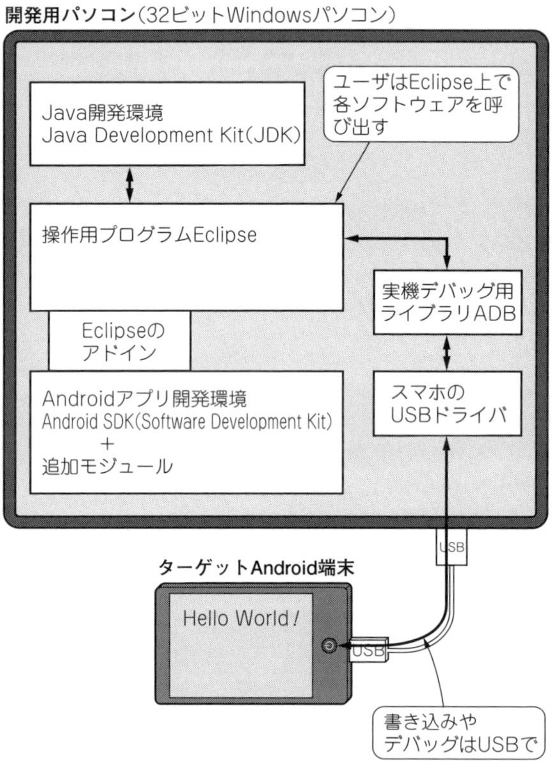

図20　スマホアプリの開発環境
Android端末を32ビット版Windowsパソコンで開発する場合．アプリの書き込みや実機デバッグはUSBで行う

Androidアプリ開発環境の構築

● 無償開発環境をダウンロードでゲット

スマホアプリを作成するためには，まず開発ツールをインストールする必要があります．スマホアプリの開発環境の全体像を**図20**に示します．

Androidのアプリ開発環境は，**表5**に示すサイトですべて無償ダウンロードできます．

各社のサイトから，無料の開発ツール群をダウンロードしておきます．今回は執筆時点（2012年6月）で最も一般的に使われている，Windows XPなどの32ビット版OSを使用していることを前提に解説します．

特にAndroid SDKをダウンロードするサイトは重要です．ダウンロードした開発ツールのセットアップ方法や，Androidアプリの作成方法，サンプル・プログラムなどが数多く置かれています．時間があれば，ぜひじっくりと目を通しておいてください．

本章では，そこに書かれている内容を一部抜粋して説明します．

● 開発環境その1：Java Development Kit（JDK）のインストール

Androidアプリは，すべてJavaというプログラミング言語で記述します．まずJavaの開発環境Java Development Kit（JDK）からインストールします．

後で紹介するEclipseという統合開発環境も，Javaで記述されています．

インストール自体は，［Next］をクリックしていけば，特に難しいことなく終了するはずです．インストールの後に，ユーザ登録を求められますが，現時点では登録しなくても先に進めます．

● 開発環境その2：Android SDKのインストール

▶ Android SDK本体

次にAndroid SDKをインストールします．Android SDKとは，Androidアプリ開発に必要なツールやライブラリの集合体です．

表5　Androidアプリの開発に必要なファイル

名　前	ファイル名	アドレス
JDK	Java SE Development Kit 7u5	http://www.oracle.com/technetwork/java/javase/downloads/index.html
Android SDK	SDK for Windows	http://developer.android.com/sdk/index.html
Eclipse	Eclipse IDE for Java Developers	http://www.eclipse.org/downloads/

新しいバージョンのAndroidがリリースされるたびに，SDKも新たに追加されます．ダウンロードしたSDKを起動すると，デフォルトのロケーションのC:¥Program Files¥Android¥android-sdkにインストールされます．

このディレクトリ名は，後で使用しますので，どこかにメモしておきます．インストール後にSDK Managerが起動しますので，このツールを利用して，ネットワーク経由で，さらに必要なツールを再度ダウンロードします．

▶追加モジュール

まず次に示す必要なモジュールを選択します．

- 「Tools」すべて
- 「Android 4.1」～「Android 1.5」すべて
- 「Extras」-「Android Support Library」/「Google USB Driver」

[Done]で先に進んで[Install]をクリックすると，ダウンロードが開始されます．しばらく時間がかかりますので，気長にお待ちください．「Done loading packages」と表示されればAndroid SDKのインストールは終了です．

● 開発環境その3：実機デバッグ環境の構築

今回の実験では，スマホの実機を，USBで接続してデバッグします．実機がなくても，AVDと呼ばれるエミュレータ上でデバッグできますが，実機によるデバッグの方が，はるかにレスポンスも良く快適です．

そのためには，手持ちのスマホとパソコンが，USBで正しく接続されている必要があります．

▶ステップ1：USBドライバ&デバッグ用adbドライバを入手

新しいスマホを入手したら，そのメーカのサイトにアクセスして，その機種のUSBドライバをダウンロードします．

また多くの場合，開発者向けにadbドライバという，USBデバッグに欠かせない追加ドライバも入手できます．このドライバも必ず探し出して，事前にダウンロードしておきます．

▶ステップ2：USBドライバのインストール

最初は，通常のUSBドライバをインストールし，スマホを接続して外部ディスク・ドライブとして正しく認識されている状態にします．これでスマホに，自由に音楽や動画などのデータを転送できる状態になります．

▶ステップ3：adbドライバを読み込ませる

次にスマホのアプリ設定内の開発メニューで，あらかじめ「USBデバッグ機能」および「スリープモードにしない」を，有効に設定します．この状態で再度USB接続すると，先ほどの外部ディスク・ドライブとは違うデバイスとして認識されます．

図21　USBで実機デバッグを行えるようにするためにスマホをAndroid Composite ADB Interfaceで認識させる
デバイスマネージャでこのように表示されればUSBデバッグが可能になる

この際にadbドライバを読み込ませます．すると**図21**に示すように，Android Composite ADB Interfaceというデバイス名で認識されるようになるはずです．実機でデバッグするために，必ずこの状態を確認してからこの先に進んでください．

● 開発環境その4：ツールの操作用GUIを提供するEclipseのインストール

最後にEclipseのインストールを行います．Eclipseは極めて優れたフリーの統合開発環境（のひな型）です．ソフトウェアの化粧周りはEclipseに任せて，コンパイラやデバッグ用ソフトウェアを別途用意して関連付けすれば，Javaのソースを編集してコンパイルしてデバッグできる，統合開発環境が構築できます．

▶ステップ1：Eclipse本体のインストール

ダウンロードしたファイルを解凍すると，eclipseというフォルダが生成されます．そのフォルダをC:¥Program Files¥の下に移動させて，フォルダ内のeclipse.exeを起動します．初回の起動時には，プロジェクトを格納するルートディレクトリを尋ねてきますので，わかりやすい場所にある適当なディレクトリを指定し，「2度と聞かない」というチェックを付けてOKをクリックします．

▶ステップ2：Androidアプリ開発用の拡張プログラムのダウンロード

Eclipseが起動したら，「Help」-「Install New Software」を選び，[Add]ボタンをクリックします．

「Name」欄には「Android Plugin」と，「Location」欄には「`https://dl-ssl.google.com/android/eclipse/`」と入力します．

次に「Developer Tools」にチェックを付けて[Next]をクリックし，ライセンスの確認画面で「I accept」にチェックを付けるとFinishできます．

するとネット経由で，Androidのアプリ開発に必要なプラグイン（Eclipseの拡張プログラム）をダウンロードして，Eclipseを再起動します．

▶ステップ3：Android SDKと関連付け

再起動後に，「Window」-「Preferences」に進み，左側の[Android]をクリックします．「SDK Location」

を尋ねてきますので，先ほどメモしておいた「Android SDK」のフォルダを指定して［OK］を押します．

▶ステップ4：Javaコンパイラの関連付け

次に重要なJavaコンパイラの設定を行います．左側の［Java］をクリックし，［Compiler］をクリックします．「Compiler compliance level」を「1.6」に設定して，［OK］をクリックします．

この設定を行わないと，この記事で紹介しているJavaプログラムをコンパイルできません．

Eclipseを再起動すれば，開発ツールの準備が完了します．

図22　Androidアプリ用のプロジェクトを新規作成する

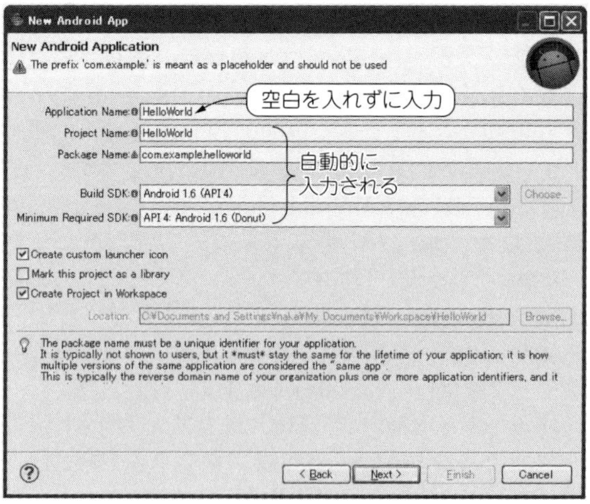

図23　アプリの設定

これから作成するアプリの名前を設定する．「Application Name」の欄に「HelloWorld」と入力すると他の欄も自動的に埋まる．SDKのバージョンは1.6を指定する

スマホアプリ作者の仲間入り！「Hello World」表示プログラムの作成

● アプリ作成の手順

それでは新しい開発環境を確認するために，定番の「Hello World」表示プログラムを作成してみましょう．

▶ステップ1：Androidアプリ・プロジェクトの新規作成

まずFileメニューの「New」-「Project」を選びます．どんな種類のプロジェクトを新規作成するか聞いてきますので，**図22**のように「Android Application Project」を指定し，［Next］をクリックします．

▶ステップ2：アプリ名の入力

次に何という名前のプログラムを作成するか聞いてきますので，「Application Name」の欄に，「HelloWorld（空白を入れないこと）」と入力します．すると**図23**のようにその他の欄も自動的に埋めてくれます．

▶ステップ3：Androidのバージョンを指定

その下にある「Build SDK」と「Minimum Required SDK」は，共に1.6を指定します．これは1.6を指定しておけば，それ以降のバージョンのスマホでも問題なく動作するからです．バージョン1.6のスマホは，タダ同然で市場に流通していますので，とても経済的に入手できます．

もしここで2.2などを指定すると，2.1や1.6のスマホで実行できなくなってしまうので，注意してください．

▶ステップ4：アイコンの指定

次はアイコンの指定です．好みのアイコンを選択して，［Next］をクリックします．

▶ステップ5：アプリの作成

すぐにアプリが動作するように，必要最低限のメイン・プログラムを自動生成するかどうかを聞いてきますので，**図24**のように「BlankActivity」を選択します．［Next］をクリックするとさらに細かいオプションを指定できますが，ここでは「Title」だけを**図25**の

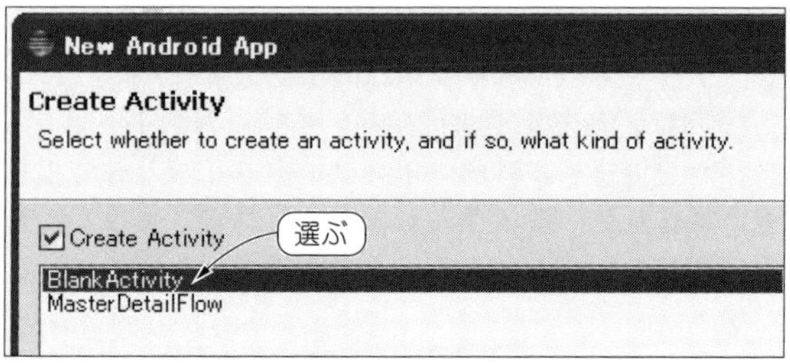

図24　Create Activityにチェックを付けてBlankActivityを選択する

これで画面が表示されるだけのアプリがすぐに作成できる．すぐに画面が出せるようにするために空のActivityを作成している

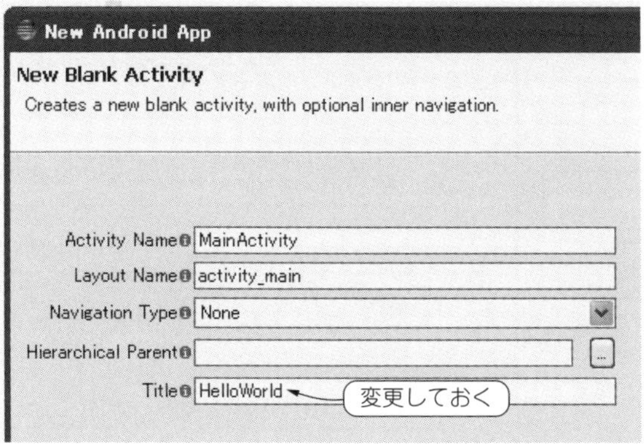

図25　画面の上部に表示されるタイトルを設定する
TitleにHelloWorldと入力する．このTitleはアプリの最上部に表示される

ように「HelloWorld」に変更しておきます．Titleはアプリの実行時に，画面上部に表示されます．

最後に[Finish]をクリックすれば「Hello World」表示プログラムの完成です．

● 「Hello World」表示プログラムの実行

それでは自動的に作成された「HelloWorld」を実行してみましょう．USBデバッグ・モードに設定したスマホを接続しておいて，「CTRL」+「F11」を押します．するとEclipseはソースをコンパイルして，アプリを作成し，スマホに転送して実行してくれます．スマホの画面上に，「Hello World!」と表示されたら成功です．

これで皆さんも，スマホアプリ作者の仲間入りです．

実験！ Wi-Fi接続でスマホと通信

Wi-Fiでスマホと電子回路をつなぐ実験に使用するスマホアプリは，**図26**のように「SimpleWiFi」という名前にしました．

画面上には温度，電圧が表示されていて，その下にスライド・ボリュームのような表示が三つあります．これをシークバーと呼びます．シークバーのつまみをサムと呼びます．

このサムを左右に操作すると，二つのサーボモータと2桁7セグメントLEDの値をコントロールすることができます．電子回路とスマホがWi-Fi経由で双方向にコントロールできるようになります．

● 実験手順

▶ステップ1：実験プログラムを入手

今回の実験アプリのソースを**リスト2**に示します．実験プロジェクト全体は本書のサポート・ページから

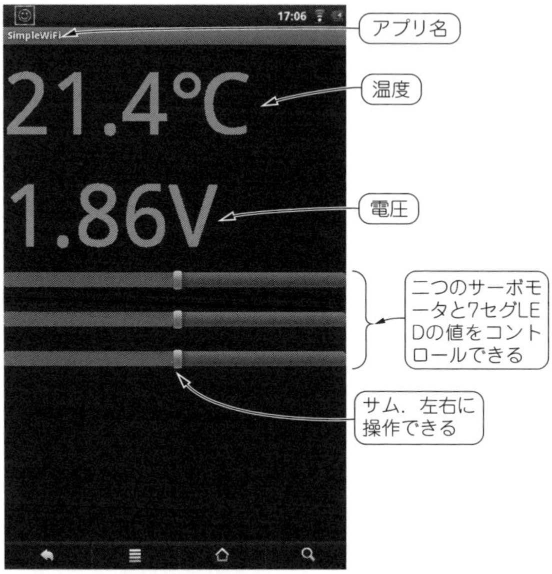

図26　Android端末側の実験アプリ…SimpleWiFi
上部には温度と電圧が表示される．その下の3本のシークバーを左右に操作するとサーボモータ1，サーボモータ2，LED表示をコントロールすることができる

入手できます．

▶ステップ2：開発環境に読み込ませる

実際にEclipseに読み込ませるには，ダウンロードして解凍したフォルダを，「Import」メニューで選択してEclipseに読み込ませます．

▶ステップ3：ソースの修正

次にソースの一部を変更します．SimpleWiFiアプリの先頭付近に，Wi-FiモジュールのIPアドレスを記述している部分があります．このIPアドレスを，皆さんのWi-FiモジュールのIPアドレスに書き換えます．今回の場合，Wi-FiルータがXBee Wi-Fiに割り当てたIPアドレスになります．

また温度や電圧を表示する文字の大きさも，各自のスマホの画面サイズに合わせて適宜変更してください．

▶ステップ4：転送&実行

[CTRL]+[F11]を押せば，SimpleWiFiがスマホに転送されて，実行を開始します．

実験プログラムの解説

● アプリ本体と通信処理は分けておく

今回のスマホアプリ「SimpleWiFi」の構成ですが，**図27**に示すようにSimpleWiFi.javaとUdp.javaとUtil.javaという三つの部分に分かれています．

▶ SimpleWiFi.java

今回のアプリの本体です．

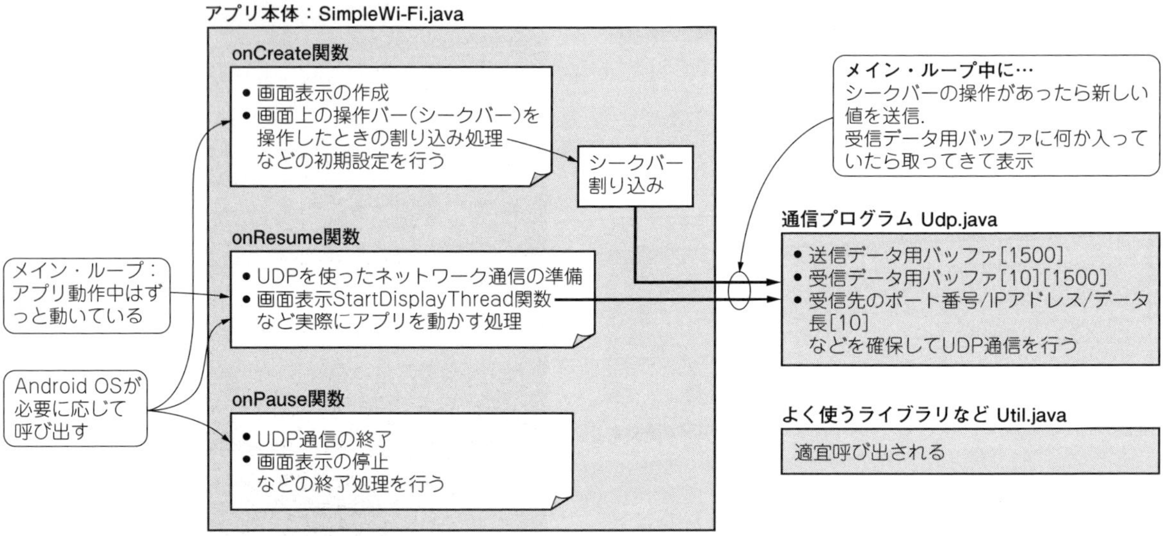

図27　作成するネットワーク通信アプリの全体像
Androidのアプリは状態の変化によって，OSから決められた関数が呼び出されるしくみになっている．今回はアプリ本体SimpleWiFi.javaとネットワーク通信プログラムUdp.javaの二つを主に作成する

▶ Udp.java

電子回路側とのシリアル・データ通信の受信処理などを主に記述しています．受信データはいつどれだけ来るかわからないので，まずバッファにためておきます．そのバッファをメイン・ループからチェックしにいって，データが入っていたら取り出して処理を行います．

▶ Util.java

よく使うライブラリをまとめたものです．

アプリ本体SimpleWiFi.javaのソースを**リスト2**に示します．

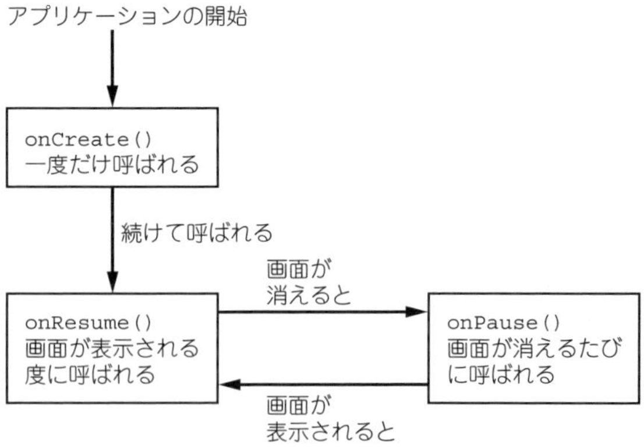

図28　最低限この三つの関数だけを実装すればとりあえずアプリは動く
Androidのアプリの状態遷移図．実際にはもっと複雑な状態遷移があるが，ここでは必要最小限の遷移のみを示している

● アプリ本体(SimpleWiFi.java)は最小限の構成で実験する

Androidのプログラムは，マイコンのプログラムとは違い，`main()`から実行を開始するというわけではありません．必要な関数を準備しておいて，OS側から呼び出してもらいます．

Androidのアプリの大ざっぱな流れを**図28**に示します．Androidのアプリは，最低限`onCreate()`，`onResume()`，`onPause()`だけ理解すれば，大抵の用途には事足ります．

今回の実験アプリでは画面の操作バー(シークバー)を操作したときに値を送信させます．定番の三つの関数以外に，シークバー関係の割り込み処理も行います．

● onCreate関数：起動時に一度だけ呼ばれる

ユーザがアプリを起動すると，まず`onCreate()`関数が呼び出されます．

`onCreate()`関数ではアプリの初期化を行います．今回のサンプルでは変数の初期化や，表示する画面の初期化などを行っています．またユーザが，シークバーを操作した際に呼び出される関数なども，ここで登録しておきます．スマホの縦横の表示を切り替えたときも，アプリが再起動されますので，`onCreate()`が呼び出されます．

● onResume関数：画面表示を開始するときに呼ばれ，メイン・ループを記述する

Androidでは複数のアプリを同時に利用することが

できますが，液晶画面に表示されるのは一つのアプリだけです．

つまりアプリは表示されたり消されたりを繰り返すことになります．自分のアプリが表示される直前にonResume()関数が呼ばれます．この関数ではアプリが表示されて動き出すための準備を行います．

今回のサンプルではネットワーク接続の準備と表示用のスレッドを生成しています．

● onPause関数：アプリの終了処理を行う

またユーザの操作でアプリを切り替えたり，電話がかかってきたり，[ホーム]ボタンを押してホーム画面を表示させたり，戻るボタンでアプリを終了させたりすると，自分のアプリの画面が消えます．

この際に呼び出されるのがonPause()関数です．この関数ではアプリの画面が隠れるための準備を行います．今回のサンプルではネットワーク接続を終了させて，表示用のスレッドを停止させています．

onPause()関数は名前はPause（一時停止）ですが，実際にはもう2度とアプリに戻らない場合もあるので，その場合に備えて，このまま終了してもよいようにきれいに後片付けを行います．事実上の終了処理だと考えてよいでしょう．

特に生成したスレッドは確実に停止させておく必要があります．スレッドが残っていると最悪の場合，次回アプリを起動した際に起動できなる可能性があります．

● その他の割り込み：シークバー操作時の処理

画面上で左右に動くシークバーに触ると，まずonStartTrackingTouch()が最初に一度だけ呼び出されます．

シークバーを左右にずらしている最中は，連続的にonProgressChanged()が何度も呼び出されます．

指を離すと一度だけonStopTrackingTouch()が呼び出されて，シークバーの処理が終わります．

このようにAndroidのプログラムは，呼ばれる予定の関数をあらかじめ用意しておいて，呼び出されるのを待つというスタイルです．

● ネットワーク通信処理（Udp.java）もシンプルに

ネットワーク通信には，TCP/IP通信とUDP通信がありますが，今回はシンプルで簡単に利用できるUDP通信を使用しました．

Udp.javaはWi-FiモジュールとのUDP通信を担当するライブラリです．一般にネットワークを受信する関数はパケットが到着するまで待つ（ブロックされるといいます）ことが多いので，バックグラウンドで処理する必要があります．Udp.javaはこうした面倒な処理をすべて担当してくれますので，UDP通信が気軽に利用できます．

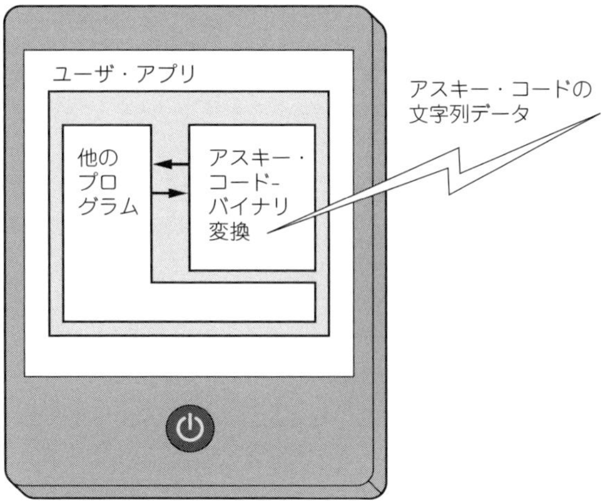

図29　やりとりするデータはアスキー・コードなのでプログラムで使うときはバイナリに変換する

UDP通信の際のポート番号は，Wi-Fiモジュールのデフォルト状態が送受信とも9750番です．

▶ネットワーク通信アプリ作成の注意

ネットワーク通信を行うアプリを作成する際には，プロジェクトのパーミッションにINTERNETを追加することを忘れないでください．このパーミッションの設定を忘れてもエラーが出ないので原因になかなか気づかないので注意してください．

▶その他の処理：アスキー・コード-バイナリ変換

マイコン・プログラムの解説でも述べましたが，今回ネットワーク通信するデータはアスキー・コードなので，アプリ本体などで利用するには，**図29**に示すようにバイナリに変換します．

アプリ作成のキモ

● バックグラウンド処理は必須

Androidのアプリはユーザの操作に常にレスポンス良く反応するために，何かを待つ処理が必要であれば，必ずマルチスレッドを利用して，バックグラウンドで処理する必要があります．

このアプリの例では，**図30**に示すようにネットワーク受信と，温度と電圧表示にマルチスレッドを利用しています．

● 使いやすさに90%の労力をかける

今回のソースは，理解しやすさを重視して，大変シンプルなものになっています．本来のアプリは，Preference機能を利用して，設定を保存したり，

リスト2 メイン・ループを記述するアプリ本体SimpleWiFi.javaのソース・コード
これ以上シンプルにできないくらいに単純化している

```
package jp.cqpub.transistor;

import java.io.UnsupportedEncodingException;
import android.app.Activity;
import android.graphics.Color;
import android.os.Bundle;
import android.os.Handler;
import android.widget.LinearLayout;
import android.widget.SeekBar;
import android.widget.TextView;
import android.widget.SeekBar.OnSeekBarChangeListener;

//
//  SimpleWiFi main Activity
//
public class SimpleWiFi extends Activity
{
//  Common variables
  String ModuleAdrs = "192.168.11.5"; // WiFi module IP address (edit
                                                          it please)
  int TextSize = 40; // Temperature & Voltage text size (edit it
                                                             please)

  LinearLayout layout1;          // Layout object
  SeekBar seekBar1, seekBar2, seekBar3;// Seek bar object
  TextView text1, text2;         // Text view object
  TextView text3, text4;         // Text view object for space
  Udp UdpObj;                    // UDP object
  Thread DispThread;             // Display thread object
  volatile boolean abortflag;    // Thread abort flag
  Handler hHandler;              // Drawing handler
  int Servo1, Servo2, Servo3;    // Servo1 & 2 & 3 value
  //
  // onCreate
  //
  @Override
  public void onCreate(Bundle savedInstanceState)
  {
   super.onCreate(savedInstanceState);
          // Do default call back procedures first
   hHandler = new Handler(); // Create UI handler
   abortflag = false; // Clear abort flag first
   Servo1 = 50; // Set default servo1 value
   Servo2 = 50; // Set default servo2 value
   Servo3 = 50; // Set default servo3 value

   layout1 = new LinearLayout(this);
                                  // Create linear layout object
   layout1.setOrientation(LinearLayout.VERTICAL);
                                    // Set vertical arrangement
  setContentView(layout1); // Attach layout object to main view

   text1 = new TextView(this); // Create text of 1st item
   text1.setTextSize(TextSize); // Set text size 50
   text1.setTextColor(Color.CYAN); // Set CYAN color
   layout1.addView(text1); // Attach 1st text object

   text2 = new TextView(this); // Create text of 1st item
   text2.setTextSize(TextSize); // Set text size 50
   text2.setTextColor(Color.CYAN); // Set CYAN color
   layout1.addView(text2); // Attach 1st text object

   seekBar1 = new SeekBar(this); // Create Seek Bar object
   seekBar1.setMax(99); // Set maximum number of this seek bar
   seekBar1.setProgress(50); // Place sum to center first
   layout1.addView(seekBar1); // Attach seek bar 1

   text3 = new TextView(this); // Create text view for spacer
   text3.setTextSize(20); // Set spacer height
   layout1.addView(text3); // Attach text object for spacer

   seekBar2 = new SeekBar(this); // Create Seek Bar object
   seekBar2.setMax(99); // Set maximum number of this seek bar
   seekBar2.setProgress(50); // Place sum to center first
   layout1.addView(seekBar2); // Attach seek bar 2

   text4 = new TextView(this); // Create text view for spacer
   text4.setTextSize(20); // Set spacer height
   layout1.addView(text4); // Attach text object for spacer

   seekBar3 = new SeekBar(this); // Create Seek Bar object
   seekBar3.setMax(99); // Set maximum number of this seek bar
   seekBar3.setProgress(50); // Place sum to center first
   layout1.addView(seekBar3); // Attach seek bar 2
   //
   // Seek Bar 1 event listener
   //
   seekBar1.setOnSeekBarChangeListener(new OnSeekBarCha
                                              ngeListener()
   {
    @Override
    public void onStartTrackingTouch(SeekBar seekBar){}
// Do nothing
    @Override
    public void onProgressChanged(SeekBar seekBar, int
                       progress, boolean fromTouch)
    {
     Servo1 = seekBar1.getProgress(); // Get sum position
     byte [] senddata = GetSendData().getBytes(); // Build
                                                   send data
     UdpObj.Send(senddata, senddata.length); // UDP packet
                                                        send
    }
    @Override
    public void onStopTrackingTouch(SeekBar seekBar){}
// Do nothing
   });
   //
   // Seek Bar 2 event listener
   //
   seekBar2.setOnSeekBarChangeListener(new OnSeekBarCha
                                              ngeListener()
   {
    @Override
    public void onStartTrackingTouch(SeekBar seekBar){}
// Do nothing
    @Override
   public void onProgressChanged(SeekBar seekBar, int
progress, boolean fromTouch)
    {
     Servo2 = seekBar2.getProgress(); // Get sum position
     byte [] senddata = GetSendData().getBytes(); // Build
                                                   send data
     UdpObj.Send(senddata, senddata.length); // UDP packet
                                                        send
    }
    @Override
    public void onStopTrackingTouch(SeekBar seekBar){}
// Do nothing
   });
   //
   // Seek Bar 3 event listener
   //
   seekBar3.setOnSeekBarChangeListener(new OnSeekBarCha
ngeListener()
   {
    @Override
    public void onStartTrackingTouch(SeekBar seekBar){}
// Do nothing
    @Override
    public void onProgressChanged(SeekBar seekBar, int
progress, boolean fromTouch)
    {
     Servo3 = seekBar3.getProgress(); // Get sum position
     byte [] senddata = GetSendData().getBytes(); // Build
                                                   send data
     UdpObj.Send(senddata, senddata.length); // UDP packet
                                                        send
    }
    @Override
    public void onStopTrackingTouch(SeekBar seekBar){}
// Do nothing
```

メイン・ループ

```
    });
  }
  //
  // Create Temperature & Voltage display thread
  //
  private void StartDisplayThread()
  {
   DispThread = new Thread(new Runnable() // Create thread object
   {
    @Override
    public void run()
    {
     float temp; // Temperature work
     float volt; // volt work
     for (;!abortflag;) // Repeat forever until abortflag is set
     {
      if(UdpObj.GetQueueCount() != 0)// Packet has come?
      { // Yes, some UDP packet has come
       String receivestr; // Prepare string work
       byte [] senddata = new byte[UdpObj.GetLength()];
                                          // Create receive buffer
       UdpObj.GetData(senddata); // Get UDP packet from queue
       try
       {
        receivestr = new String(senddata, "US-ASCII");
                                    // Convert byte array to string
        try
        {
         temp = Integer.parseInt(GetNumberString(receivestr,
'D'));                                  // Get 'D' header number
         volt = Integer.parseInt(GetNumberString(receivestr,
'E'));                                  // Get 'E' header number
        }
        catch (NumberFormatException e){temp = 0; volt = 0;}
        final String str1 = String.format("%2.1f", (float) temp *
330 / 1024 - 50) + "℃";
        final String str2 = String.format("%1.2f", (float) volt *
3.3 / 1024) + "V";
        hHandler.post( new Runnable() {public void run()
                                         // Send Handler message
        {
         text1.setText(str1);
                   // Post text1 draw command into message queue
         text2.setText(str2);
                   // Post text2 draw command into message queue
        }});
       }
       catch (UnsupportedEncodingException e){}
                                 // Error trap but no error happens
      }
      try
      {
       Thread.sleep(100);
            // Sleep a while to give execution time to anther thread
      }
      catch (InterruptedException e){ }
                                 // Ignore error(never happens)
     }
     abortflag = false;
                 // Clear abort flag for thread exit indication
    }});
   DispThread.start(); // Start thread just after definition
  }

  //
  //  onResume() process
  //
  @Override
  public void onResume()
  {
   super.onResume(); // Do default process
   UdpObj = new Udp(ModuleAdrs, 9750, 9750); // Create UDP
                                                  object
   StartDisplayThread(); // Start display temperature &
                                  voltage display thread
```

メイン・ループをスタートさせる．UDP開始

```
  }

  //
  // onPause() process
  //
  @Override
  public void onPause()
  {
   super.onPause();    // Do default process
   if (UdpObj != null) // UDP object exists?
    UdpObj.Abort();    // Terminate UDP handler thread
   abortflag = true;   // Set display thread abort flag
   while(abortflag);   // Abort confirmation
  }
```

アボート・フラグをセット
↓
メイン・ループを終了

サブルーチン

```
  //
  // Get number string from integer
  //
  private String GetDigit(int num)
  {
   int div = 10000000;              // Power of ten
   boolean nonzero = false;         // Store index
   byte dgt;                        // Digit
   String result = "";
   while (div >= 1)                 // until 10
   {
    dgt = (byte) (num / div);       // Set digit
    if(nonzero == true || dgt != 0)// Leading zero supress?
    {
     result = result + String.valueOf(dgt); // Set digit
     nonzero = true;
    }
    num %= div;    // Get modulo
    div /= 10;     // Divided by ten
    if(div == 1)   // Only one digit?
     nonzero = true;
   }
   return result; // Return with length

  }
```

バイナリ→アスキー・コード変換（アスキー・コード→バイナリ変換はJavaのライブラリとしてある）

```
  //
  //  Build UDP packet contents
  //
  private String GetSendData()
  {
   return "A" + GetDigit(Servo1)   // Set A000,
   + ",B" + GetDigit(Servo2)       // Set B000,
   + ",C" + GetDigit(Servo3) + ",";// Set C000,
  }
```

送信文字列の作成（「A＊＊＊，B＊＊＊，C＊＊＊」など）

```
  //
  // Extract number string from received packet
  //
  private String GetNumberString(String str, char ch)
  {
   int index = str.indexOf(ch);  // Get 'D' or 'E' position
   if(index < 0)                 // Header char not found?
    return "0";                  // Return with "0"
   str = str.substring(index + 1); // Skip header char'
   index = str.indexOf(',');     // Find comma
   if(index < 0)                 // Comma not found?
    return "0"; // Return with invalid number
   return str.substring(0, index);
  }
}
```

受信データから数字を取り出す（「D＊＊＊，E＊＊＊」など）

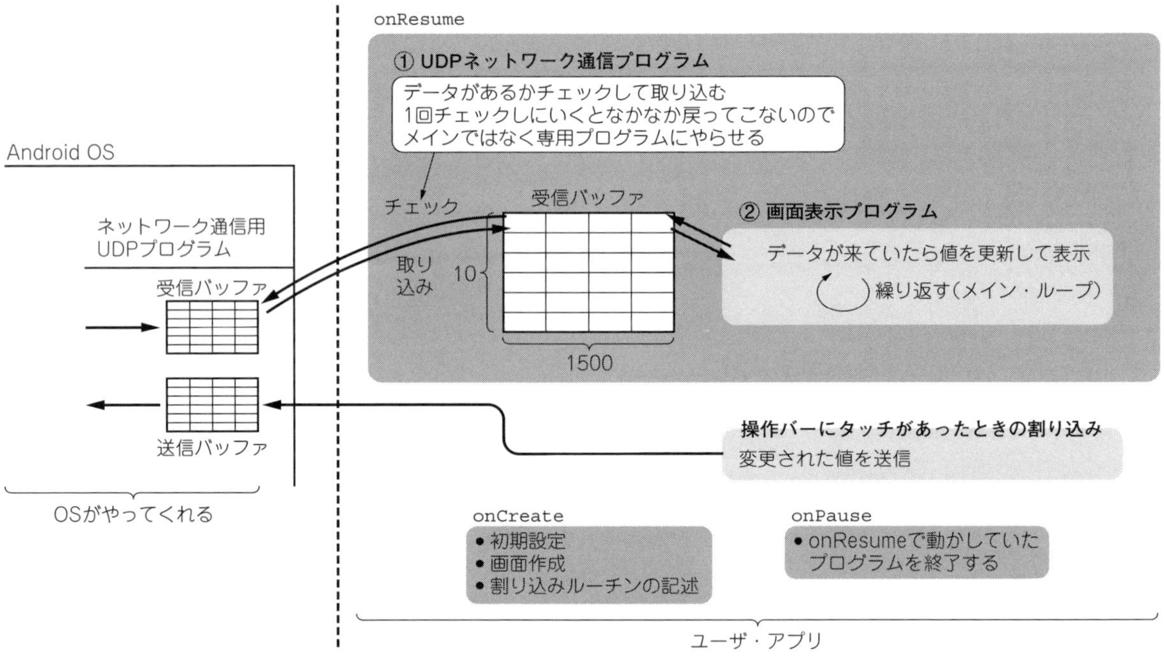

図30 ユーザ・アプリとAndroid OSの関係
画面表示を行うアプリ本体とネットワーク通信プログラムを別々に動かすことで操作性を良くしている

Menuで動作を切り替えたり，複数の画面を移動したりと，手を加えれば加えるほど，どんどん使いやすいソフトになっていきます．経験的にいえばスマホのアプリは，本質的な動作を担う部分は10％程度で，残りの90％は使い勝手を良くするためのコーディングに費やされると思います．

より使いやすいアプリを作成するために，ここから先は皆さんでいろいろ研究してみてください．

実験で使用したプログラムのソースにはコメントを付加してあるので参考にできます．個人で学習用に利用するのであれば，各自の電子回路の動作に合わせて自由にソースを改造してかまいません．

なかもと・しんいち

専用アプリの作成不要！
スマホのウェブ・ブラウザからマイコン操作！

第10章 XBee Wi-Fi&ARM基板で作る超小型ワイヤレス・ウェブ・サーバ

圓山 宗智

iPhoneやAndroid端末など機種ごとに専用アプリをいちいち用意するのはたいへんです．そこで，ウェブ・サーバ機能をARM Cortex-M0マイコン基板に搭載しました．マイコンが表示/操作データを処理するので，スマホ側は専用アプリが不要となり，ブラウザを備えた端末から同じように動かせます．

ここでは，マイコンと無線LANを簡単にインターフェースできるモジュールXBee Wi-Fiを使ったウェブ・サーバのしくみとその製作方法を紹介します．

写真1　ARM Cortex-M0基板「MARY」による超小型ウェブ・サーバ
MARY-MBの上にMARY-XBを重ね，MARY-XBのコネクタの上にXBee Wi-Fiを搭載している

作り方

XBee Wi-Fiモジュールは無線LANとシリアル通信(Universal Asynchronous Receiver Transmitter；UART)をブリッジしてくれますので，UART機能をもつマイコンに簡単に接続できます．

● マイコンにウェブ・サーバを作り込む

JavaScriptを含むウェブ・アプリをサーバ側に搭載すれば，GUI(Graphical User Interface)によるシステム機器との入出力インターフェース制御も可能になります．

● XBee Wi-Fiモジュールを使う

本章で使用したWi-FiモジュールXBee Wi-Fiの型番はXB24-WFPIT-001(チップ・アンテナ内蔵タイプ)です．アンテナのタイプは外付け方式のものでも大丈夫です．

● 超小型基板シリーズMARYを使う

本章では，MARYと呼ばれるARMマイコン基板にウェブ・サーバを構築します．

MARYとは，拙著「2枚入り！組み合わせ自在！超小型ARMマイコン基板」(CQ出版社)で紹介したもので約3cm角の超小型基板シリーズのことです．

メインのCPUボードはMARY-MB(MCU Board)といい，ARM社Cortex-M0をコアに持つフラッシュ内蔵マイコンLPC1114(NXPセミコンダクターズ)を搭載しています．またMARY-MBどうしは上下左右にあるコネクタで複数枚接続でき，マルチCPUシステムに組み上げることもできます．詳しくは下記のウェブサイトを参照してください．

http://toragi.cqpub.co.jp/tabid/412/Default.aspx

本章ではMARY-MBを1枚だけ使います．MARY基板シリーズにはMARY-MBの上に重ねることがで

OSI参照モデル	TCP/IP階層	プロトコル
第7層：アプリケーション層	アプリケーション層	HTTP DHCP POP3 SNMP SMTP Telnet FTP ……
第6層：プレゼンテーション層		
第5層：セッション層		
第4層：トランスポート層	トランスポート層	TCP UDP
第3層：ネットワーク層	インターネット層	IP
第2層：データ・リンク層	ネットワーク・インターフェース層	PPP Ethernet…
第1層：物理層		

(第4層～第1層：XBee Wi-Fiが受け持つ)

図1 TCP/IP階層とXBee Wi-Fiの対応範囲
ユーザはアプリケーション層のみを処理すればよい

きる周辺基板を複数種類用意しています．カラーOLED表示基板やGPS基板などがあります．ここではディジ インターナショナル社の無線モジュールXBeeを搭載できるMARY-XB（XBee Board）を使います．XBee Wi-Fiは他のXBeeとピン・コンパチブルなのでMARY-XBをベース基板として活用できるのです．**写真1**のような3cm角の超小型ウェブ・サーバを実現できます．

ネットワーク環境

● XBee Wi-Fiの便利さ

XBee Wi-FiがTCPプロトコル通信を行う際，**図1**に示すTCP/IP階層のトランスポート層以下の部分をすべて受け持ってくれます．ユーザはアプリケーション層のみ（今回はHTTPプロトコルのみ）を処理すればよいことになり，とても楽になります．

● 実験用のネットワーク環境

本章での実験では**図2**のようなネットワーク構成を前提にしています．無線LANルータの下にXBee Wi-Fiによるウェブ・サーバと，PCやスマートフォンなどのクライアント機器がぶら下がる一般的な構成です．クライアント機器側のウェブ・ブラウザからウェブ・サーバをアクセスします．

この**図2**の例では「`http://192.168.10.104/`」にアクセスするとウェブ・サーバ内のコンテンツにアクセスできます．ここで指定するIPアドレスは，無線LANルータがXBee Wi-Fiに対して割り当てたものを指定します．

XBee Wi-FiとクライアントAd-Hocで直接接続してもいいのですが，**図2**の構成のほうが複数のクライアントがウェブ・サーバと通信できるので，使い勝手は良いと思います．

● 無線LANルータの仕様

無線LANルータはDHCP（Dynamic Host Configuration Protocol）サーバ機能付きでクライアント側にIPアドレスを自動割り付けしてくれるものを用意してください．

また，無線LANの暗号化はWPA2をサポートしているものをお勧めします．暗号化がWEPでもXBee Wi-Fiは接続できますが，最新のファームウェアに更新する必要があり，また暗号キーはASCII文字列しか対応していません．

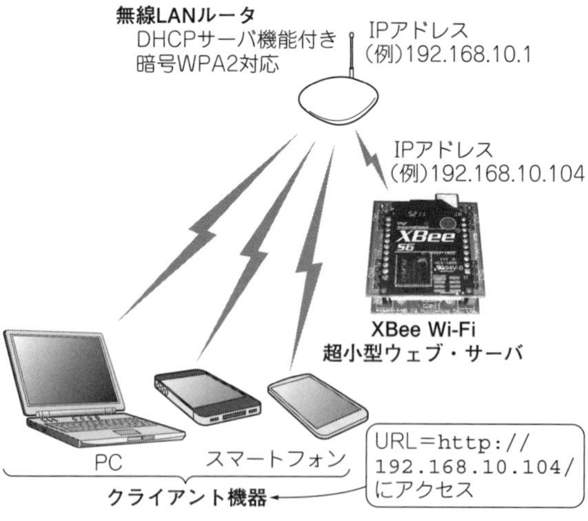

図2　実験用ネットワーク環境
無線LANルータの下に，本稿で紹介するXBee Wi-Fiによるウェブ・サーバと，PCやスマートフォンなどのクライアント機器がぶら下がる構成．ここに書いたIPアドレスは筆者の環境の例

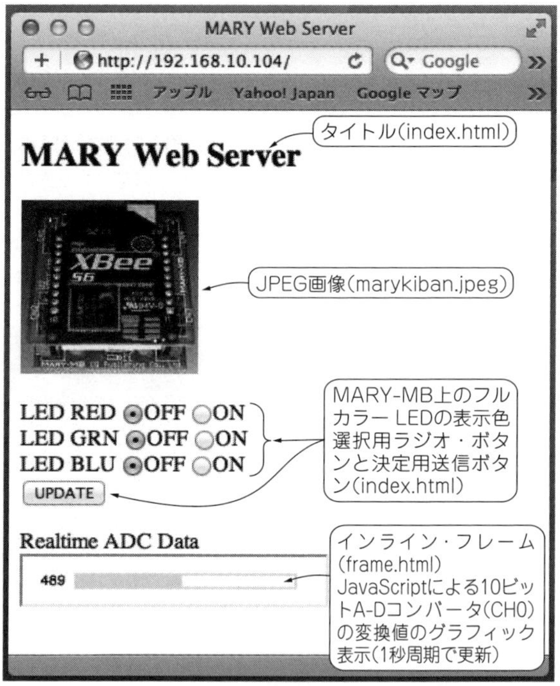

（a）画面

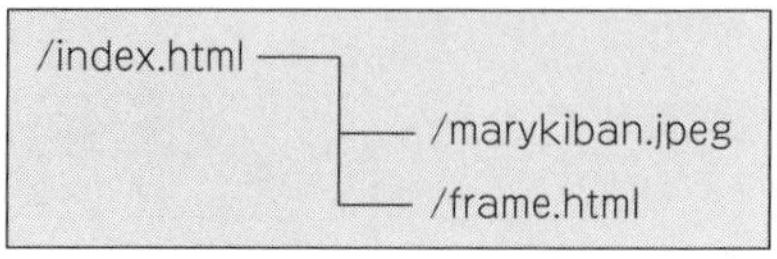

（b）Webコンテンツ構造

図3　ウェブ・コンテンツの画面仕様
MARY-MB上のフル・カラーLED制御用のラジオ・ボタンと送信ボタン，およびLPC1114のA-D変換結果のグラフィカル表示がある．A-D変換結果の部分はインライン・フレームとなっていて，ここだけ1秒間隔で自動更新する

ウェブ・コンテンツ

● ウェブ・コンテンツの画面仕様

本稿で試作したウェブ・コンテンツの画面の仕様を**図3**に示します．ページ・タイトルの下にJPEG画像が埋め込まれています．

その下にラジオ・ボタンと送信ボタンがあり，MARY-MB上に実装されているフル・カラーLEDの発光色を変更できます．

その下にはLPC1114に内蔵されているA-Dコンバータのチャネル0（AD0）の変換値をJavaScriptによりグラフィカルに表示しています．このA-D変換値の表示部分はインライン・フレームになっていて，ここだけを1秒間隔で自動更新するようになっています．画面全体を更新するとJPEG画像の読み込みに時間がかかってもたつくので，必要な部分だけ更新するようにしました．

リスト1　最上位コンテンツ “index.html”
index.htmlより下の階層のファイル（データ）は，JavaScriptにより強制的に時間差を付けてロードしている．A-D変換値を表示するインライン・フレーム内のデータframe.htmlは1000 msごとにロードして更新する

```
<!DOCTYPE html>
<HTML>
<HEAD>
<TITLE>MARY Web Server</TITLE>
</HEAD>
<BODY>
<SCRIPT TYPE="text/javascript">
<!--
function LoadFrame()  ────── ③
{
  var frm = document.getElementById('FRM_ADCDATA');
  frm.src = 'frame.html';
  setTimeout("LoadFrame()", 1000);
}
function LoadImage()  ────── ②
{
  var img = document.getElementById("IMG_MARYKIBAN");
  img.src = "marykiban.jpeg";
  setTimeout("LoadFrame()", 500);
}
window.onload = function()──── ①
{
  setTimeout("LoadImage()", 500);
}
// -->
</SCRIPT>
<H2>MARY Web Server</H2>
<IMG ID="IMG_MARYKIBAN" WIDTH="128" HEIGHT="128" ALT="">
<P>
<FORM ACTION="/index.html" METHOD="POST">
LED RED
<INPUT TYPE="RADIO" NAME="RED" VALUE="0" checked   >OFF
<INPUT TYPE="RADIO" NAME="RED" VALUE="1"           >ON
<BR>
LED GRN
<INPUT TYPE="RADIO" NAME="GRN" VALUE="0" checked   >OFF
<INPUT TYPE="RADIO" NAME="GRN" VALUE="1"           >ON
<BR>
LED BLU
<INPUT TYPE="RADIO" NAME="BLU" VALUE="0" checked   >OFF
<INPUT TYPE="RADIO" NAME="BLU" VALUE="1"           >ON
<BR>
<INPUT TYPE="SUBMIT" VALUE="UPDATE">
</FORM>
</P>
<P>
Realtime ADC Data
<BR>
<IFRAME ID="FRM_ADCDATA" NAME="FRM_ADCDATA" WIDTH="220" HEIGHT="35" SCROLLING="no">
You need a browser which supports 'IFRAME' tag.
</IFRAME>
</P>
<NOSCRIPT>
You need a browser which supports JavaScript.
</NOSCRIPT>
</BODY>
</HTML>
```

【JavaScript動作説明】
① index.htmlがロードされたら，`function()`内を実行する．500 ms後に`LoadImage()`を実行する
② `LoadImage()`の中で，`<IMG>`タグ内にJPEG画像marykiban.jpegをロードして，500 ms後に`LoadFrame()`を実行する
③ `LoadFrame()`の中で，`<IFRAME>`タグ内にHTML文書frame.htmlをロードして，1000 ms後に再度`LoadFrame()`を実行する．以降，この`LoadFrame()`が1000 msごとに繰り返される

画像データ．サイズのみ指定しており，SRC名は指定していない．SRCは上記JavaScriptが実行されて決定される

この領域内（ラジオ・ボタンのON/OFF状態）は，index.htmlをロードするたびにMARY-MB基板上のフル・カラーLEDの点灯状態に対応して更新する

インライン・フレーム．サイズのみ指定しており，SRC名は指定していない．SRCは上記JavaScriptが実行されて決定される

● コンテンツ・データ

ウェブ・コンテンツのデータは，Cプログラムに埋め込んでLPC1114のROM上に持たせています．**リスト1**に最上位コンテンツindex.htmlを，**リスト2**にインライン・フレーム内のコンテンツframe.htmlを示します．

リスト2　インライン・フレーム“frame.html”
描画用CANVAS内にA-D変換結果データをグラフィック表示する

```
<!DOCTYPE html>
<HTML>
<HEAD>
<TITLE>Auto Update Information</TITLE>
</HEAD>
<BODY onLoad="draw_adc_graph()">
<SCRIPT type="text/javascript">
<!--
function draw_adc_graph()
{
  var adcdata;
  adcdata = 489        ;
  var canvas = document.getElementById('adc_
graph');
  if (canvas.getContext)
  {
    var context = canvas.getContext('2d');
    context.fillText(""+adcdata, 5, 13);
    context.strokeStyle = 'rgb(000,255,000)';
// GRN
    context.strokeRect(30,5,160,10);
    context.strokeStyle = 'rgb(000,255,000)';
// GRN
    context.fillStyle   = 'rgb(000,255,000)';
// GRN
    context.fillRect(30,5,(adcda
ta*160/1024),10);
  }
}
// -->
</SCRIPT>
<CANVAS ID="adc_graph" WIDTH="200"
HEIGHT="30">
You need a browser which supports 'CANVAS'
tag.
</CANVAS>
</BODY>
</HTML>
```

frame.htmlがロードされるたびにdraw_adc_graph()を実行する

A-D変換結果の値はframe.htmlがロードされるたびに更新されてくる

【JavaScript動作説明】
adcdataに応じて，文字とグラフィックをCANVAS内に描画する

グラフィック表示領域(CANVAS)．サイズのみ指定し，内容は上記JavaScript内で描画する

index.htmlに，<IMG>タグや<IFRAME>タグで直接その下のコンテンツ・データを取得するように記述しておくと，index.htmlをロードしたウェブ・ブラウザは高速化のため，画像データやHTML文書を同時に取得しようとしてTCPコネクションを複数本生成することがあります．

しかし，XBee Wi-FiはTCPコネクションを同時に1本しか生成できないので，上記の場合は取りこぼすコンテンツ・データが生じます．このため，本稿ではコンテンツ・ファイルのロードを強制的に時間をずらして行うようにしました．

JavaScriptにより，最上位コンテンツindex.htmlがロードされてから500ms後にJPEG画像marykiban.jpegを取り出して，その後さらに500ms後にインライン・フレーム内のコンテンツframe.htmlを取り出します．それ以降は，1000ms周期でframe.htmlをロードしてインライン・フレーム内を更新し続けるようにしました．

● マイコン側でコンテンツを一部修正して送出

index.html内にはラジオ・ボタンの状態を示す個所があります．マイコンがindex.htmlを送出するとき，現在のMARY-MB基板のフルカラーLEDの状態に応じてindex.htmlのラジオ・ボタンの状態を示すオプション値を変更します．

また，frame.htmlはJavaScriptによるグラフィック表示を受け持ちますが，そのときのA-D変換値を格納する変数の値をマイコンがframe.htmlを送出するときに最新値に変更します．これによって，ウェブ・サーバ側の最新状態がウェブ画面上に表示されます．

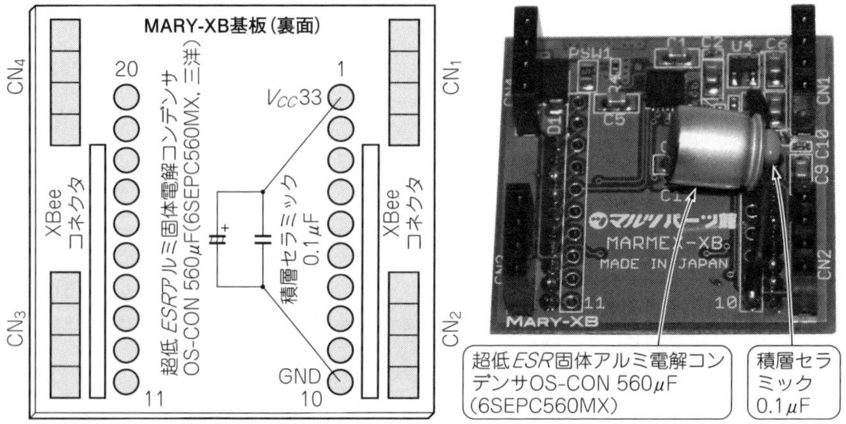

図4　MARY-XB基板改造方法
XBee Wi-FiのV_{CC}とGND間に超低ESRコンデンサを接続する．MARY-MBと重ねたときに干渉しないように注意して取り付ける．他の配線とショートしないように熱収縮チューブを使って必要な絶縁を施す

MARY基板の準備

● XBee Wi-Fiの電源電流は要注意

XBee Wi-Fiは，電源投入後のスタート・アップ時に瞬間的に750mA程度の大電流が流れます．このため500μF以上のパスコンを付けることが推奨されています．XBee Wi-Fi自体は動作継続できても，他の回路に影響を与える可能性が大きいので注意が必要です[注1]．

● MARY-XB基板の改造

XBee Wi-FiはMARY-XB基板に搭載します．MARY-XB上では，XBeeへの電源供給は専用の3.3Vレギュレータ XC6210（トレックスセミコンダクター）で行っており電流容量は800mA程度あります．

しかし，この基板には大容量パスコンが付いていないので，**図4**に示すようにXBee Wi-FiのVCCとGNDの間に超低ESRコンデンサ560μFと積層セラミック・コンデンサ0.1μFを接続してください．

最後に，MARY-XBにXBee Wi-Fiを取り付けます．XBeeモジュールの下部が基板端から少しだけはみ出ます．

● MARY-MB基板へのプログラム書き込み

MARY-MB基板に，フラッシュ・メモリ書き込みツールFlashMagicを使ってプログラムを書き込みます［参考文献(1)のp.15参照］．FlashMagic経由だとMARY-XB基板を接続しているとシリアル通信が干渉し合ってうまく書き込めませんので，MARY-MB基板単体をUSBケーブルでパソコンに接続して書き込みます．

プログラムは本書のサポート・ページからダウンロードします．解凍してできたフォルダの下の，

…¥Debug¥LPC1114.hex

をFlashMagicで書き込んでください．

MARY-MBにMARY-XBを接続したままプログラムを書き換えたいときは，解凍したプロジェクトを開発環境LPCXpressoにインポートして，参考文献(1)のp.27に示すようにデバッガLPC-Linkを接続して，デバッグ環境からダウンロードします．プログラムのデバッグもこの構成で行います．

● 全体の組み上げ

ウェブ・コンテンツではLPC1114に内蔵された

注1：現在販売されているXBee Wi-Fiモジュールのスタートアップ時の消費電流は改善されている．

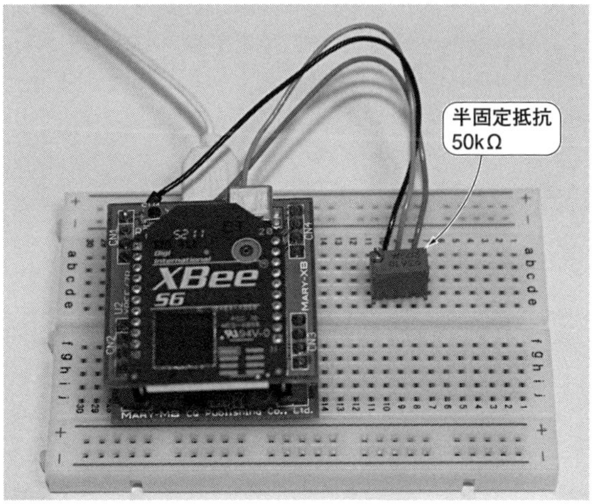

写真2　MARY超小型ウェブ・サーバの外観
MARY基板はブレッドボード上にちょこんと乗っているだけである

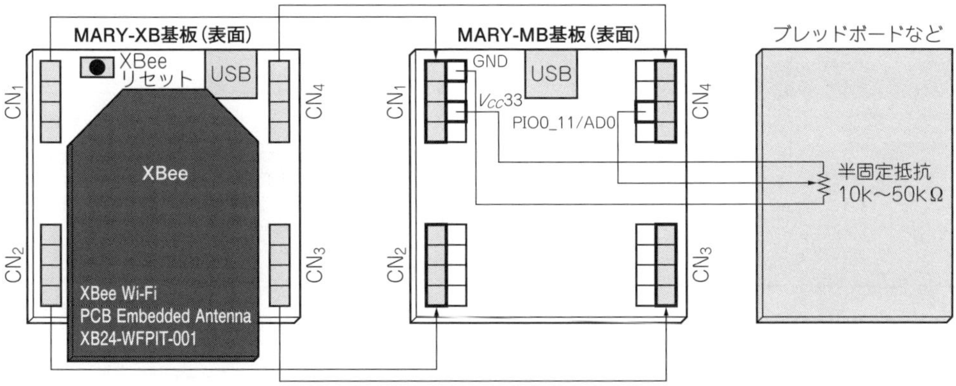

図5　MARY-MB周りの配線
MARY-MBと半固定抵抗を図のように接続する．MARY-MB基板のピン・ヘッダに電線を接続するには，基板用小型コネクタのコンタクト・ピン（例：日圧XH用コンタクトBXH-001T-P0.6）に電線をはんだ付けして熱収縮チューブで覆ったものをMB基板のピン・ヘッダに差し込むようにすると便利である

A-Dコンバータの変換結果がリアルタイムに表示され続けます．必須ではありませんが，確認のためA-Dコンバータへの入力電圧を変化できるように簡単な回路を接続してみましょう．

図5のように，ブレッドボードなどを使用して半固定抵抗を接続してください．MARY-XBとMARY-MBを重ね合わせて**写真2**のようになれば完成です．このあと，XBee Wi-Fiを設定するために，いったんMARY-XB基板を外し，そのあとで，また戻します．

XBee Wi-Fiの設定方法

MARY基板による超小型ウェブ・サーバを構築するためのXBee Wi-Fiの設定方法について説明します．

● X-CTUのインストール

以下のサイトからXBee Wi-Fiの設定を行えるパソコン用ソフトウェア「X-CTU」をダウンロードしてインストールしてください．すでに最新版をインストール済みであれば飛ばしてください．

`http://www.digi.com/`
→Support→Drivers→X-CTUを選択
→Diagnostics, Utilities and MIBs→“XCTU 32-bit ver. 5.2.7.5 installer”（原稿執筆時点の最新版）

● MARY-XB基板とパソコンの接続

まず，XBee Wi-Fiが搭載されたMARY-XB基板単体で，そのUSBコネクタとパソコンをUSBケーブルで接続してください．MARY-XBに対応する仮想COMポートを経由して**図6**に示す手順でXBee Wi-Fiを設定してください．

● XBee Wi-Fiのファームウェア更新

図6(**b**)の③でXBeeのファームウェアの更新を行う場合（バージョンが102Dより前の場合），下記から最新ファームウェアをダウンロードしてください．

`http://www.digi.com/`
→Support→Drivers→XBee Wi-Fi Modulesを選択
→Firmware Updates→“XBee Wi-Fi firmware ver. 102D”（原稿執筆時点の最新版）

解凍してできるxbee-wifi内のファイルを，X-CTUがインストールされたフォルダ（C:¥Program Files¥Digi¥XCTU）内の¥update¥xbee_wifi¥に移動してください．その後，**図6**(**c**)を実行します．

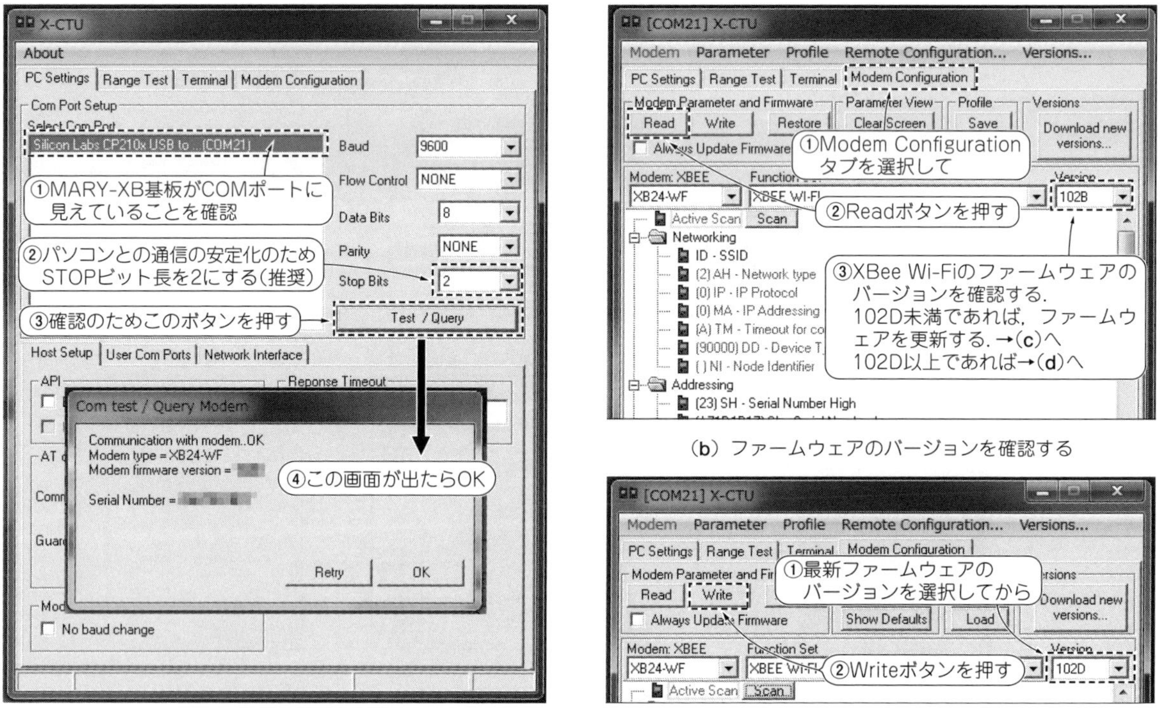

(b) ファームウェアのバージョンを確認する

(a) XBee Wi-Fiが載ったMARY-XB基板を単独でパソコンに接続してX-CTUを起動

(c) 本文に従って最新ファームをダウンロードしてファームウェアを更新する

図6　X-CTUによるXBee Wi-Fiの設定
XBee Wi-Fiとパソコンとの接続時，筆者の環境ではSTOPビット長を2にしたほうが安定した．マイコンとXBee間ではSTOPビット長は1でも問題ない

表1
XBee Wi-Fi設定のうちデフォルトから変更する箇所
ここには初期状態からの変更点のみ記したので，再度設定する場合は，Restoreボタンを押してから行うこと．ただしボーレートも9600 bpsに戻ってしまうことに注意

分　類	記号	項　目	選択内容
Networking	IP	IP Protocol	1 − TCP
Addressing	C0	Source Port	50（16進数指定，10進数で80）
Serial Interfacing	AP	API Enable	2 − API ENABLED WITH ESCAPING
	BD	Baud Rate	8 − 230400
	D7	DIO7 Configuration	0 − DISABLED

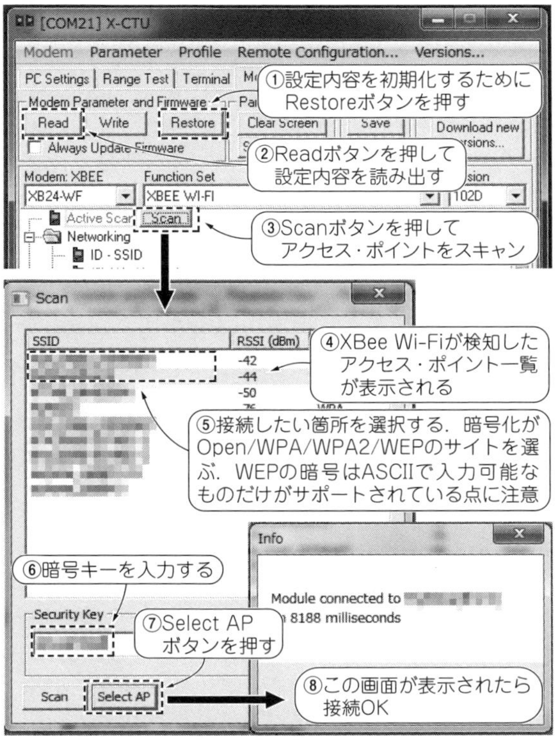

（d）アクセス・ポイントをスキャンして選択する

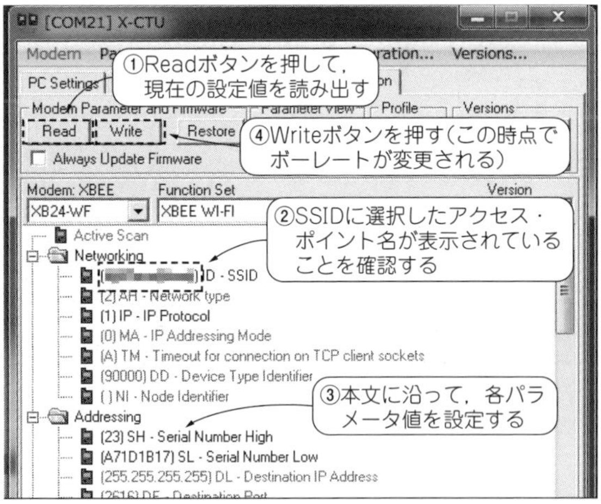

（e）XBee Wi-Fiのパラメータ設定を行う

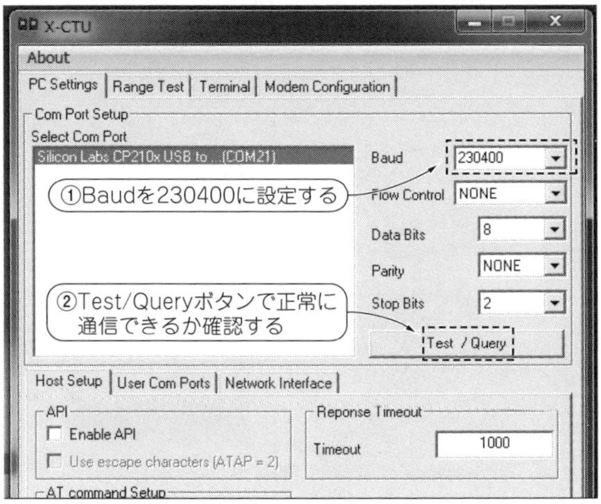

（f）ボーレートを230400bpsに再設定する

（g）設定したパラメータ値を確認しておく

● 無線LANアクセス・ポイントのスキャン

図6(d)の③で無線LANのアクセス・ポイントのスキャンを行います．XBee Wi-Fiの動作が正常であれば，ここでアクセス・ポイントがいくつか表示されるはずです．図2で示した無線LANルータに対応するものを選択してください．

もしアクセス・ポイントが表示されなかったら，MARY-XB基板に取り付けたパスコンの接続を再確認してください．

リスト3　telnetからの動作確認方法
HTTPプロトコルのGET要求を入力してレスポンスが返ればOK．"GET/"の入力は，"GET・空白・スラッシュ・空白・リターン"で最後に空白を入れること．telnetの終了は"Ctrl-]"の後に"q"

```
$ telnet XBee Wi-FiのIPアドレス 80
>Trying...
Connected to...
Escape character is '^]'.
GET /          ← GET・空白・スラッシュ・空白・リターン
<!DOCTYPE html>
<HTML>
...
GET /frame.html   ← GET・空白・スラッシュ・frame.html・リターン
<!DOCTYPE html>
<HTML>
...
```

● パラメータ設定

図6(e)の③で変更するパラメータ値を表1に示します．最後の図6(e)でパラメータを確認するときに，このXBee Wi-Fiに割り当てられたIPアドレスを記録しておいてください．Addressingの下のMY(Module IP Address)に表示されています．

実験！スマホのウェブ・ブラウザからマイコンにアクセス！

● ウェブ・ブラウザからアクセスしてみよう

ここまでできたら，再度MARY-XB基板をMARY-MB基板に乗せてください．MARY-MB基板側のUSBコネクタにケーブルをつないで電源供給してください．XBee Wi-Fiの立ち上がり時の急峻な電流消費によってマイコンLPC1114が不安定になる場合があるので，いったんMARY-MB基板上のマイコンのリセット・スイッチを押してください．

この状態で10秒くらい待ってから，パソコンやスマートフォンなどのクライアント機器のウェブ・ブラウザから，URL = "`http://`(XBee Wi-FiのIPアドレス)/"にアクセスしてください．うまくウェブ・コンテンツが表示されましたか？

column　応用例：ウェブ・ブラウザで見るオシロスコープ

XBee Wi-Fiを使えば簡単にウェブ・ブラウザをマイコンに構築できます．

JavaScriptを応用すれば，グラフィックも描画できますので，今回のプログラムを発展させれば，ウェブ・ブラウザで見るオシロスコープ(図A)も作れます．

マイコンのA-Dコンバータで取得したデータをオシロスコープ1掃引分JavaScriptのテキストの中に埋め込めばウェブ・ブラウザ側で波形表示させることができるでしょう．

また，今回のプログラムは特殊なことをやっていないので，UARTを持つマイコンであれば，そのまま移植できるし，さらなる拡張もできるでしょう．ぜひ，XBee Wi-Fiを使って，スマートフォンやパソコンからウェブ・アプリで操作できるマイコン基板システムを構築してみてください．筆者はPSoC5とXBee Wi-Fiを組み合わせて遊んでみようと思っています．

そのほか，次のような用途が考えられます．

▶複数の人が各種センサからの情報を共有/収集
- 温度センサや湿度センサを持つウェブ・サーバを家庭の各部屋に置き，適切なエアコン運転の管理
- 加速度センサを持つウェブ・サーバを高層ビルの各階に置き，地震の揺れデータを共有化

▶操作盤
- 照明などの家庭内の機器を，外出先から操作

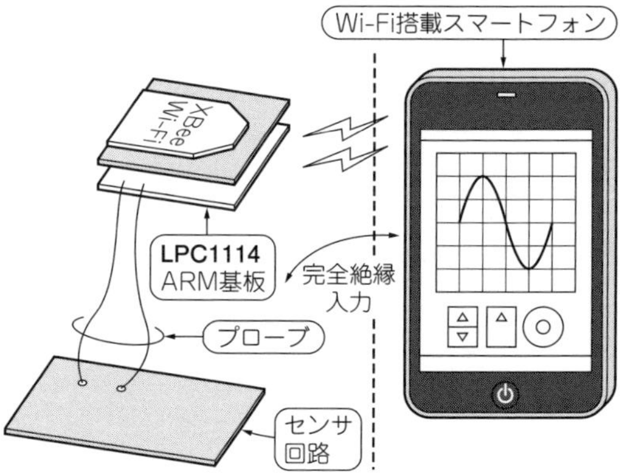

図A　ウェブ・ブラウザによるワイヤレス・オシロスコープ
無線LAN経由のワイヤレス・オシロスコープは，計測側と表示操作側を電気的に絶縁できるので安全性も向上する

● うまくアクセスできない場合

もしウェブ・ブラウザからのアクセスがNGの場合は，Cygwinコンソールなどからtelnetを使って，**リスト3**のように動作確認してみてください．

デバッグとしてXBee Wi-Fiが送受信しているデータをモニタしたい場合は，まずMARY-MB基板のUSBコネクタとMARY-XB基板のUSBコネクタをともにパソコンに接続して，それぞれの仮想COMポートを生成します．

TeraTermなどの通信ターミナルを両方の仮想COMポートに対して2枚開きます．ボーレートは共に230400bpsに設定します．MARY-MB側についてはモデム制御端子のDTRとRTSがアサートしないように設定してください(TeraTermの場合は，マクロ・テキスト・ファイル“setdtr 0［改行］setrts 0”を実行しておく)．

MARY-XB側のコンソールにXBeeの送信データ(HTTPリクエストなど)，MARY-MB側のコンソー

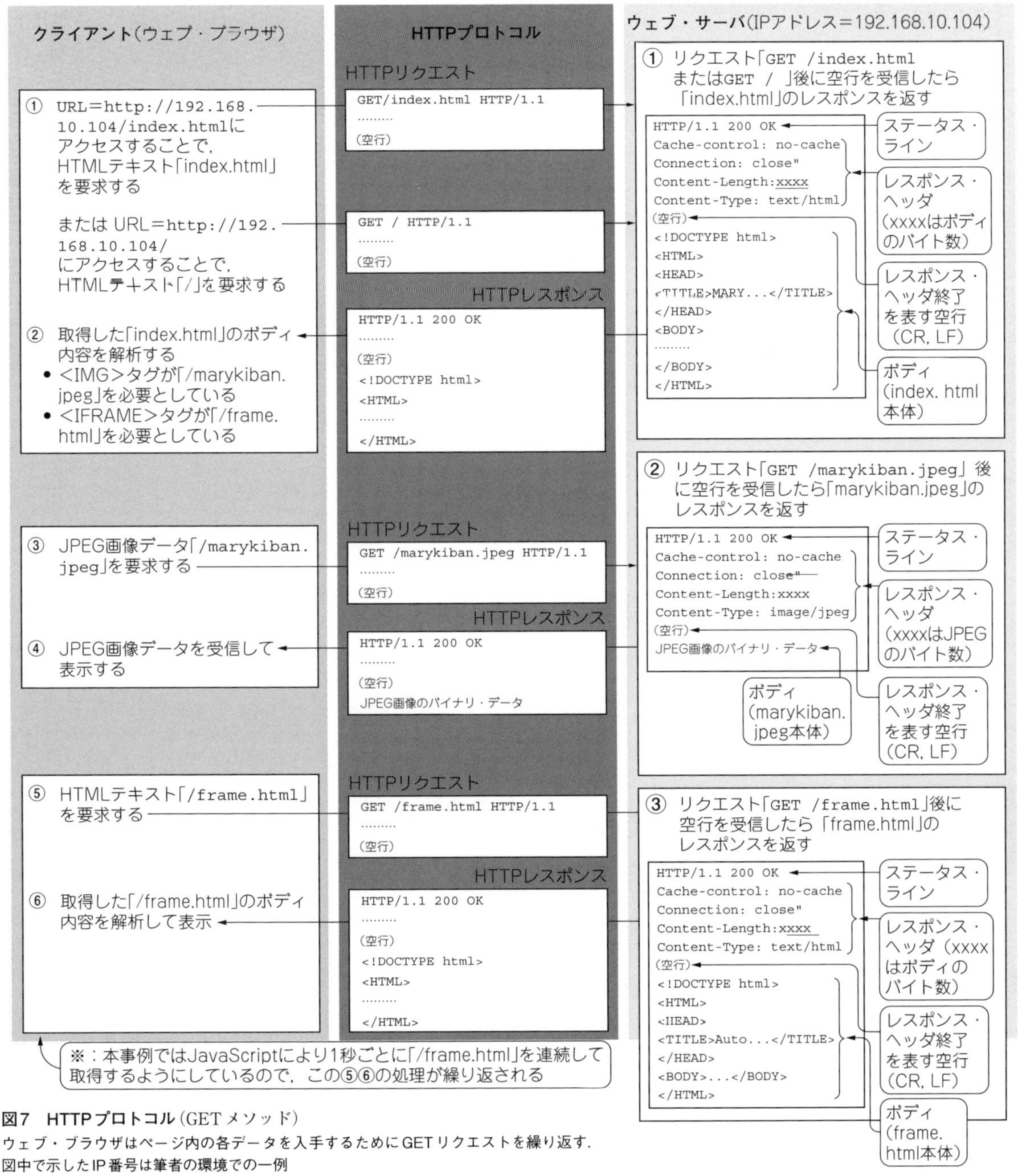

図7　HTTPプロトコル(GETメソッド)
ウェブ・ブラウザはページ内の各データを入手するためにGETリクエストを繰り返す．図中で示したIP番号は筆者の環境での一例

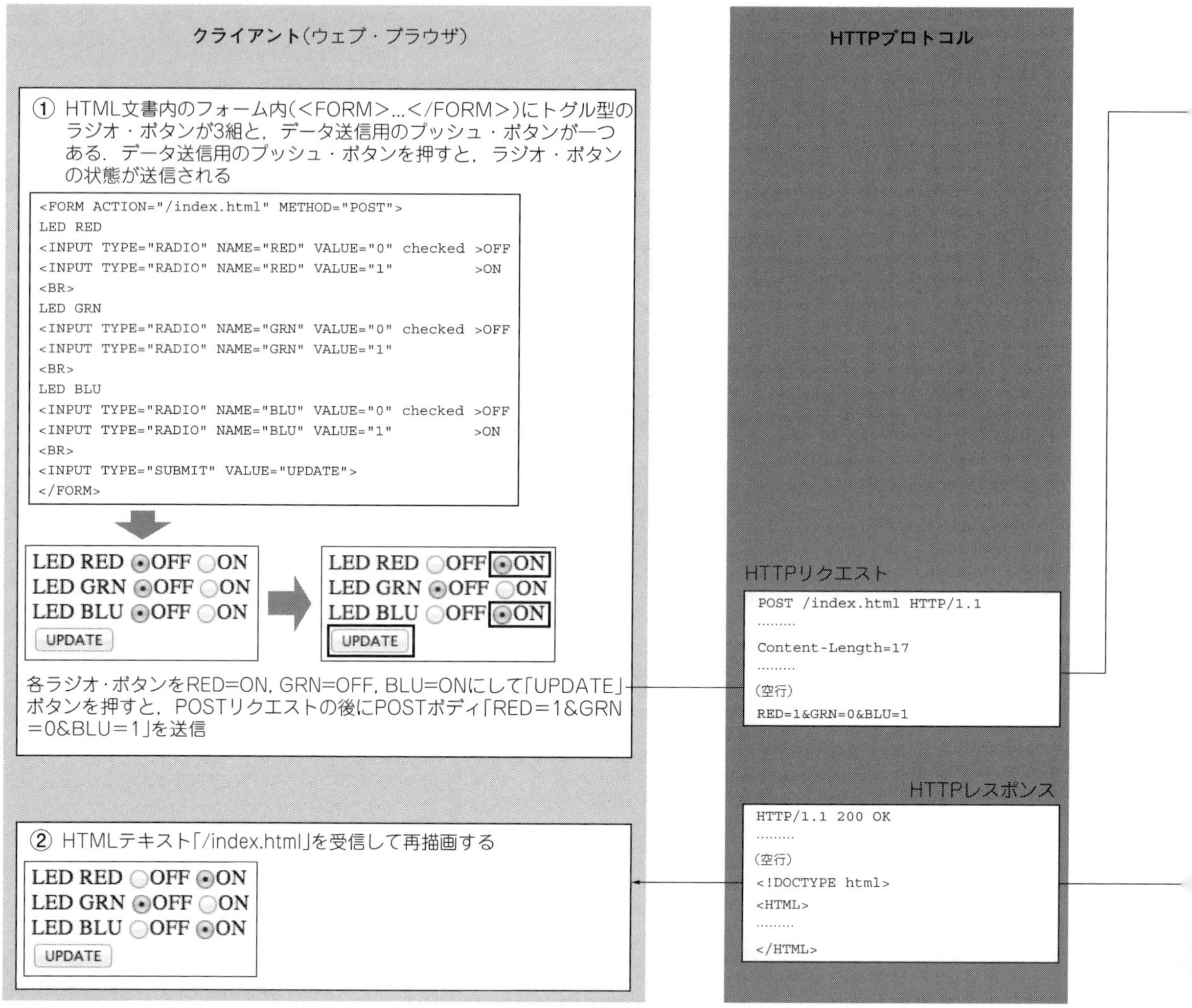

クライアント(ウェブ・ブラウザ)
HTTPプロトコル
① HTML文書内のフォーム内(<FORM>...</FORM>)にトグル型のラジオ・ボタンが3組と，データ送信用のプッシュ・ボタンが一つある．データ送信用のプッシュ・ボタンを押すと，ラジオ・ボタンの状態が送信される
<FORM ACTION="/index.html" METHOD="POST">
LED RED
<INPUT TYPE="RADIO" NAME="RED" VALUE="0" checked >OFF
<INPUT TYPE="RADIO" NAME="RED" VALUE="1" >ON

LED GRN
<INPUT TYPE="RADIO" NAME="GRN" VALUE="0" checked >OFF
<INPUT TYPE="RADIO" NAME="GRN" VALUE="1"

LED BLU
<INPUT TYPE="RADIO" NAME="BLU" VALUE="0" checked >OFF
<INPUT TYPE="RADIO" NAME="BLU" VALUE="1" >ON

<INPUT TYPE="SUBMIT" VALUE="UPDATE">
</FORM>
LED RED OFF ON
LED GRN OFF ON
LED BLU OFF ON
UPDATE
各ラジオ・ボタンをRED=ON，GRN=OFF，BLU=ONにして「UPDATE」ボタンを押すと，POSTリクエストの後にPOSTボディ「RED=1&GRN=0&BLU=1」を送信
HTTPリクエスト
POST /index.html HTTP/1.1
Content-Length=17
(空行)
RED=1&GRN=0&BLU=1
HTTPレスポンス
HTTP/1.1 200 OK
(空行)
<!DOCTYPE html>
<HTML>
</HTML>
② HTMLテキスト「/index.html」を受信して再描画する

図8 HTTPプロトコル(POSTメソッド)
ウェブ・ブラウザは，FORM情報をサーバに送るためにPOSTリクエストとして，POSTヘッダとPOSTボディを送出する．図中で示したIP番号は筆者の環境での一例

ルにXBeeの受信データ(HTTPレスポンスなど)が表示されます．

MARYウェブ・サーバのしくみ

このMARYウェブ・サーバのしくみについて詳しく説明します．

● HTTPプロトコルの基本

ウェブ・サーバを動作させるために，LPC1114上ではHTTPプロトコルを処理しています．HTTPプロトコルは基本的にはテキスト・ベースでやりとりをするシンプルなものです．クライアント側がリクエストを出して，サーバ側がレスポンスを返す処理を繰り返します．

図7のように，クライアント側のウェブ・ブラウザがコンテンツ・データ(HTML文書や画像ファイル)を入手したいときはGETリクエストを送ります．それに対してサーバ側は，レスポンスとしてヘッダ情報とコンテンツ・データのボディを送り返します．

図8のように，クライアント側のウェブ・ブラウザが，FORM情報(ラジオ・ボタンの状態など)をサーバ側に送りたいときは，POSTリクエストとPOSTボディを送信します．それに対してサーバ側は，対応するページのコンテンツ情報を送り返します．

本章で紹介するプログラムは，上記の動作を単純に繰り返しているだけです．

● XBee Wi-FiのIPサービス

XBee Wi-FiのIPサービスには2種類あります．一

ウェブ・サーバ(IPアドレス=192.168.10.104)
① リクエスト「POST /index.html」後に空行を受信したら「RED=?&GRN=?&BLU=?」のそれぞれの「?」を得てMB基板のLEDを点灯/消灯させ，「index.html」のテキスト中の<FORM>…</FORM>中のラジオ・ボタンの状態を更新して送り返す
<FORM ACTION="/index.html" METHOD="POST">
LED RED
<INPUT TYPE="RADIO" NAME="RED" VALUE="0" >OFF
<INPUT TYPE="RADIO" NAME="RED" VALUE="1" checked >ON

更新
LED GRN
<INPUT TYPE="RADIO" NAME="GRN" VALUE="0" checked >OFF
<INPUT TYPE="RADIO" NAME="GRN" VALUE="1"

LED BLU
<INPUT TYPE="RADIO" NAME="BLU" VALUE="0" >OFF
<INPUT TYPE="RADIO" NAME="BLU" VALUE="1" checked >ON

更新
<INPUT TYPE="SUBMIT" VALUE="UPDATE">
</FORM>
更新
HTTP/1.1 200 OK
Cache-control: no-cache
Connection: close"
Content-Length:xxxx
Content-Type: text/html
(空行)
<!DOCTYPE html>
<HTML>
<HEAD>
<TITLE>MARY...</TITLE>
</HEAD>
<BODY>
………
</BODY>
</HTML>
ステータス・ライン
レスポンス・ヘッダ (xxxxはボディのバイト数)
レスポンス・ヘッダ終了を表す空行(CR, LF)
ボディ (index. html本体)

つ は"XBee Application Service" で，他 のXBee Wi-FiとUDP通信するものです．ポート番号が0xBEEに限定されます．

もう一つが"Serial Communication Service" で，XBeeのシリアル端子でアプリケーション・レイヤの通信ができるものです．本章では，この後者を使ってTCPプロトコルでHTTPの送受信を行っています．このサービスにはさらに二つのモードがあります．

一つが"Transparent Mode"で，HTTPプロトコルを直接シリアル端子で送受信できるので簡単なのですが，送り主のIPアドレスを知ることができません．さらに，相手側のIPアドレスをブロードキャストに設定すると強制的にUDP通信になってしまいます．

残りが"API Mode"で，HTTPプロトコルを専用パケットに載せる必要があり少し面倒ですが，HTTPリクエストがどのIPアドレスのどのPORTから送られたかがわかるので，HTTPレスポンスを送る相手を指定してTCP通信が可能になります．複数の相手からアクセスされても問題なくレスポンスを返せます．今回はこの"API Mode"を使用しました．

表4　Txステータス(0x89)受信パケットの構造

フレーム・フィールド		オフセット	例	説　明
開始デリミタ		0	0x7E	
長さ		MSB 1	0x00	オフセット3～オフセット5のバイト数
		LSB 2	0x03	
APIフレームデータ仕様	APIフレーム識別子	3	0x89	送信ステータスの場合は0x89
	フレームID	4	0x01	「RX(受信)パケット：IPv4」のフレームIDで指定した値を返す
	ステータス	5	0x00	0x00：送信成功 0x03：送信棄却(スタック未完了のため) 0x04：Wi-Fi送受信で物理エラー発生 0x21：TX64送信のタイムアウト 0x32：リソース枯渇エラー 0x74：メッセージが長すぎてエラー 0x76：クライアント・ソケット生成エラー
チェックサム		6	0x75	オフセット3からオフセット5までの和の下位8ビットを0xFFから引いた値

● APIパケット

"API Mode"で今回最低限実装すべきパケットは，RxIPv4(0xB0)とTxIPv4(0x20)です．TxIPv4パケットが正しくクライアントに届いたかどうかをデバッグするための戻り受信パケットTxStatus(0x89)もサポートしています(デバッガでブレークをかけてステータスをチェックできる)．各パケットの構造を**表2**～**表4**に示します．

また，各パケットのデリミタ(0x7E)を途中からでも正しく検出できるように"API Mode"はEscape付きを使いました．**表2**～**表4**のオフセット1からチェックサム・コードまでの間で，0x7E(デリミタ)，0x7D(Escape)，0x11(XON)，0x13(XOFF)のコードが入る場合は，その直前に0x7Dを挿入して，元のコードには0x20をXORした値を置きます．チェックサムはEscapeを掛ける前のデータの和で求めます．

表2　RxIPv4 (0xB0) 受信パケットの構造

RxIPv4 (0xB0) 受信パケットの構造				
フレーム・フィールド		オフセット	例	説　明
開始デリミタ		0	0x7E	
長さ		MSB 1	0x00	オフセット3から最終RFデータまでのバイト数
		LSB 2	0x10	
APIフレーム データ仕様	APIフレーム識別子	3	0xB0	RX (受信) パケット：IPv4の場合は0xB0
	IPv4 32ビット：ソース・アドレス	MSB 4	0xC0	このパケットを送信したソース側のアドレス (この例では192.168.0.104)
		5	0xA8	
		6	0x00	
		LSB 7	0x68	
	16ビット：デスティネーション・ポート番号	MSB 8	0x26	このXBee Wi-Fiのポート番号 (C0コマンドで指定した値と同じ)
		LSB 9	0x16	
	16ビット：ソース・ポート番号	MSB 10	0x26	このパケットを送信したソース側のポート番号
		LSB 11	0x16	
	プロトコル	12	0x00	受信データのプロトコル (0 = UDP, 1 = TCP)
	ステータス	13	0x00	リザーブ
	RFデータ	14	0x48 'H'	受信データ (最大1400バイト)
		15	0x65 'e'	
		16	0x6C 'l'	
		17	0x6C 'l'	
		18	0x6F 'o'	
チェックサム		19	0x13	オフセット3からRFデータの最後までの和の下位8ビットを0xFFから引いた値

● XBee Wi-FiのTCP通信上の注意点

(1) XBee Wi-Fiが同時にオープンできるTCPコネクションは1本だけなので，前述のとおりウェブ・ブラウザがindex.htmlにぶらさがるデータを取得する処理を，JavaScriptにより時間間隔を空けて順番にやらせています．

筆者が試した範囲では，Windows 7のInternet Explorer 9では1本のTCPコネクションしか開けないように見えており，前記対策をしなくても問題なくウェブ・ページの表示ができました．

しかし，Mac OS上のSafariやChromeでは高速化のため複数のTCPコネクションを開けるようで，前記対策無しではmarykiban.jpegまたはframe.htmlのどちらかを取りこぼしてしまいました．

(2) サーバから返すHTTPレスポンスのヘッダ情報でConnection：Keep-Aliveにした場合，複数のクライアント（ウェブ・ブラウザ）からこのウェブ・サーバへのアクセスを同時並行に行うと，どれか一つのクライアントが先にXBee Wi-FiとのTCPソケットを開けてそれを占有し続け，他のクライアントが入れなくなってしまうようです．

このため，今回はConnection: closeとして，一つのHTTPセッションが終わるたびにTCPコネクションをクローズするようにしています．HTTPセッションのたびにTCPソケットをオープンするため通信速度が落ちる可能性がありますが，このアプリケーションではほとんど問題にならないでしょう．パソコンやスマートフォンから同時にこのウェブ・サーバにアクセスしても問題なく動作しています．

プログラムの構造

● ウェブ・コンテンツは書き換えながら送出

ウェブ・コンテンツのボディ情報“index.html”，“marykiban.jpeg”，“frame.html”は，すべてCプログラムに組み込んでROMに持たせています．レスポンスのヘッダ情報も同様です．

クライアント側へのレスポンスとして，まずヘッダ情報を送りますが，ここにはボディ情報のバイト長を入れる必要があります．次にボディ情報を送りますが，HTML文書の場合は必要な部分（LED状態を示すラジオ・ボタンやA-D変換データ）を書き換える必要があります．

これにより最新のウェブ・サーバ側の状態をクライアント側が知ることができますが，この書き換えの際にボディの長さが変わると先のヘッダ情報の内容に影響が出るので，今回は空白を使って書き換え時にボディの長さが変わらないようにしています．

● JPEGデータのROMへの仕込み方

HTMLはテキスト文書なのでプログラムへの仕込みは簡単ですが，JPEG画像はバイナリ・データなの

表3　TxIPv4 (0x20) 送信パケットの構造

TxIPv4 (0x20) 送信パケットの構造				
フレーム・フィールド		オフセット	例	説　明
開始デリミタ		0	0x7E	
長さ		MSB 1	0x00	オフセット3から最終RFデータまでのバイト数
		LSB 2	0x11	
APIフレーム データ仕様	APIフレーム識別子	3	0x20	TX (送信) パケット：IPv4の場合は0x20
	フレームID	4	0x01	このパケットを送信後，TXステータス・フレームを受け取る場合は0x00以外を，受け取らない場合は0x00を指定
	IPv4 32ビット：デスティネーテョン・アドレス	MSB 5	0xC0	このパケットを送信するデスティネーション側のアドレス (この例では192.168.0.100) ＊：プロトコルがUDPでブロードキャストする場合は0xFFFFFFFFを指定
		6	0xA8	
		7	0x00	
		LSB 8	0x64	
	16ビット：デスティネーション・ポート番号	MSB 9	0x26	このパケットを送信するデスティネーション側のポート番号
		LSB 10	0x16	
	16ビット：ソース・ポート番号	MSB 11	0x26	このXBee Wi-Fiのポート番号 (C0コマンドで指定した値と同じ)
		LSB 12	0x16	
	プロトコル	13	0x00	受信データのプロトコル (0 = UDP，1 = TCP)
	送信オプション	14	0x00	送信後のTCPソケットの状態を指定 0x00：TCPソケットを開いたままとする (TCPタイムアウトで閉じる) 0x01: 送信後TCPソケットを閉じる ＊：UDPパケットではこのフィールドは無視
	RFデータ	15	0x48 'H'	送信データ (最大1400バイト)
		16	0x65 'e'	
		17	0x6C 'l'	
		18	0x6C 'l'	
		19	0x6F 'o'	
チェックサム		20	0xA6	オフセット3からRFデータの最後までの和の下位8ビットを0xFFから引いた値

でそのままではプログラムに仕込めません．

今回は，参考文献(5)の"bin2c"を使いました．バイナリ・データをCの定数配列ソース・プログラムに変換してくれます．これをCプログラムに組み込みました．本書のサポート・ページからダウンロードしたデータの/jpeg以下を参照ください．

● プログラムの流れ

図9にプログラムのフローを示します．XBee Wi-FiからLPC1114がUARTを介して受信したデータ（リクエスト）は，1バイトずつXBee APIパケットとしての解釈を行い，RF本体データを受け取りはじめたら，HTTPプロトコルの解釈ルーチンにまた1バイトずつ送ります．受信データのサイズはブラウザごとにまちまちで，最大サイズを想定できないのであらかじめ受信バッファを用意することはせず，1文字ずつステート・マシンで解釈する方法にしました．

レスポンスは，リクエストの解釈ができてコンテンツ情報を返せる状態になったら，APIパケットの形で一気に送信します．

ウェブ・ブラウザによっては，サーバ側が想定していないコンテンツを要求する場合があります．例えばChromeでは，ウェブ・サイトのアイコンfavicon.icoをまず取り出そうとします．今回は，想定外のコンテンツをGETしようとした場合はレスポンスとして"204 NO Content"を返すようにしています．そうすればウェブ・ブラウザ側も正常に動作します．

まるやま・むねとも

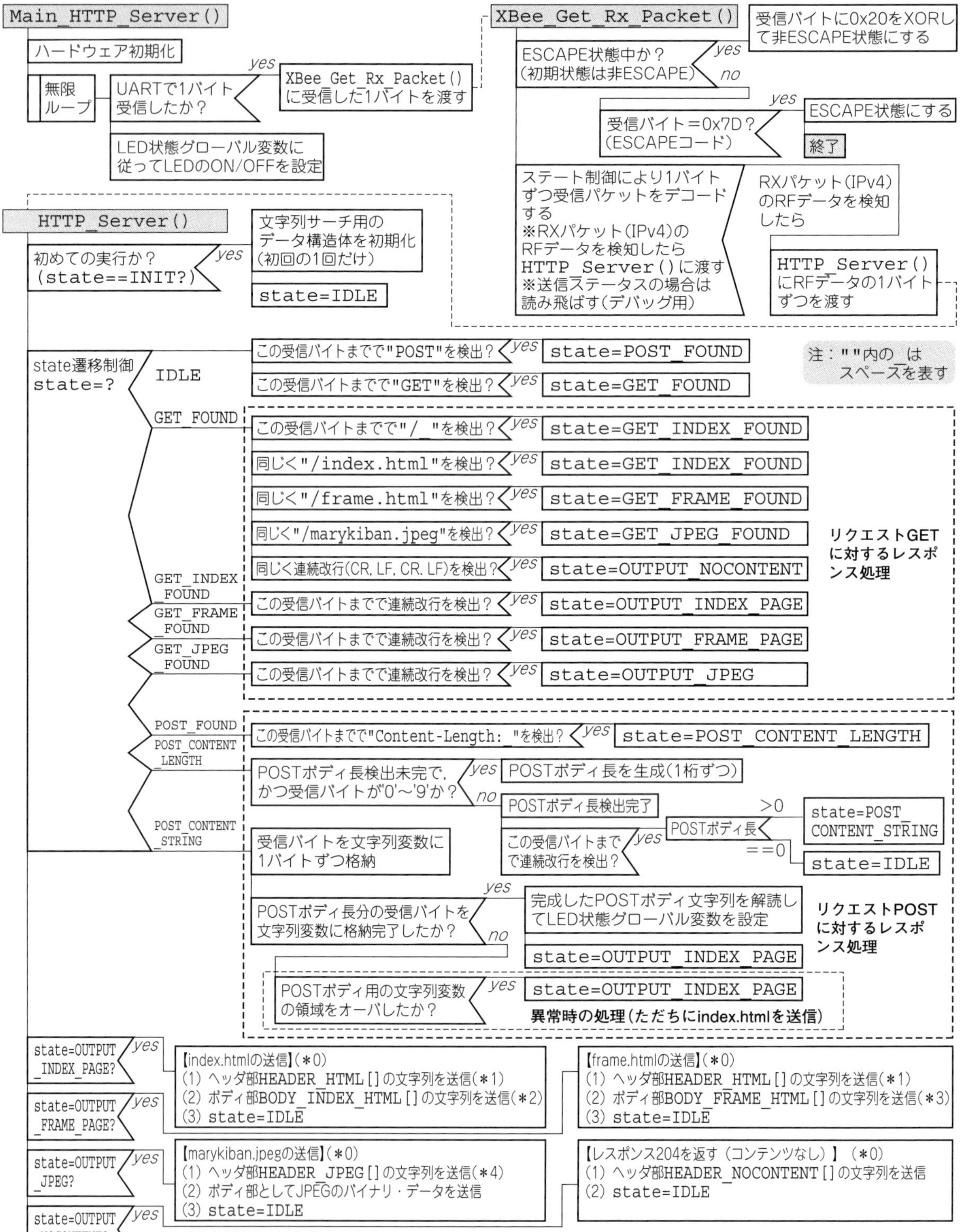

*0：文字列送信はXBee_Put_Tx_Packet()で行う
*1：ヘッダ部文字列内の"##LEN_BODYHTML##"の部分（16文字）をボディ部の長さの数字に置換してから送信
*2：ボディ部文字列内の"#CHECK__xxx_xxx#"の部分（16文字）の6箇所をLED状態グローバル変数に応じてONなら"checked"に，OFFなら"（空白）"に置換してから送信．置換後は「文字列＋空白」が16文字になるようにしてボディ部の長さは変えない
*3：ボディ部文字列内の"####ADC_DATA####"の部分（16文字）をその瞬間のA-D変換値に置換してから送信．置換後は「数字＋空白」が16文字になるようにしてボディ部の長さは変えない
*4：ヘッダ部文字列内の"##LEN_JPEGDATA##"の部分（16文字）をボディ部の長さの数字に置換してから送信

図9　プログラムの構造

ウェブ・サーバとしてのプログラム本体は"http.c"である．ここにXBeeのAPIパケット・サポートとHTTPプロトコル・サポートが組み込まれている

第11章

iPhoneもOK！ 1kbpsていどならFSK変調でピッ！

実験研究！オーディオ・ジャックでスマホとI/O

佐々木 友介

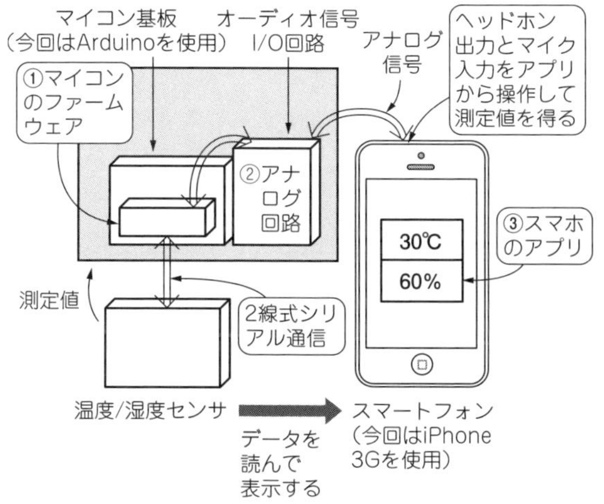

図1　スマートフォンのオーディオ・ジャックを使ってマイコンとデータをやりとりする
マイコンのファームウェアやスマホのアプリが比較的簡単に作れる．ただしデータ転送速度は1kbpsていど

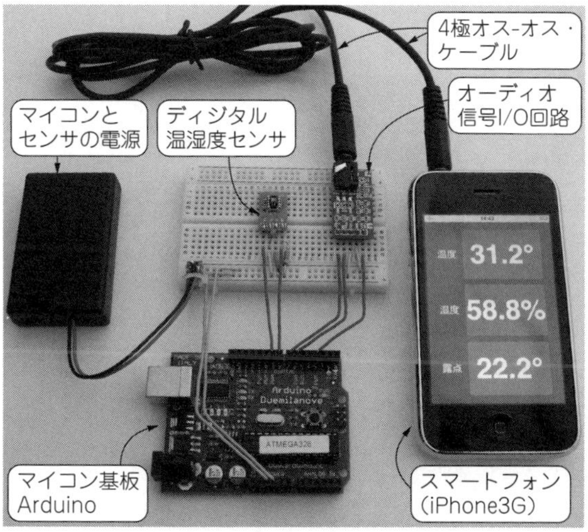

写真1　オーディオ・ジャック通信の実験！温度/湿度センサの値を読んで温度/湿度/露点を表示してみた
マイコンにはArduinoを使ってみた

本章では，スマートフォンのオーディオ・ジャックを使ってマイコンと通信する方法について解説します．

例として，**図1**のような温湿度計を試作しました．**写真1**に動作のようすを示します．温度/湿度センサから読み取った値は，オーディオ端子を通してマイコンからスマートフォンに送られます．スマートフォンのアプリはオーディオ端子を通じてマイコンから値を受け取り，その値から温度，湿度，露点を求めて，画面に表示します．

▶通信速度の上限…1225bpsていど

筆者が行った実験では最大2450bpsで通信することができました．ただ連続してデータの送受信を行っているとデータが化けてしまうことが何度もありました．2450bpsを超えるとマイコン側がまったく受信できなくなってしまいます．安定して通信を行うには1225bpsを選択するほうがよいでしょう．少量のデータのやりとりなら十分な速度です．

オーディオ・ジャック通信のしくみ

● オーディオ・ジャックを使えばスマホにアナログ信号を入出力できる

オーディオ端子を使った通信の送信時は，マイコン側では，ディジタル信号をアナログ信号（オーディオ信号）に変換します．オーディオ信号は，オーディオ・ジャックのマイク入力を通してスマートフォンに入力されます．

スマートフォンから送信されるデータはオーディオ信号としてLチャネルから出力され，マイコンに送られます．マイコンは入力されたオーディオ信号をディジタル信号に変換してデータを受信します．

● ディジタル・データの‘1’と‘0’とで違う周波数のアナログ信号を発生させる

実験では，シリアル・データにFSK（Frequency Shift Keying；周波数偏移）変調をかけて通信を行っています．

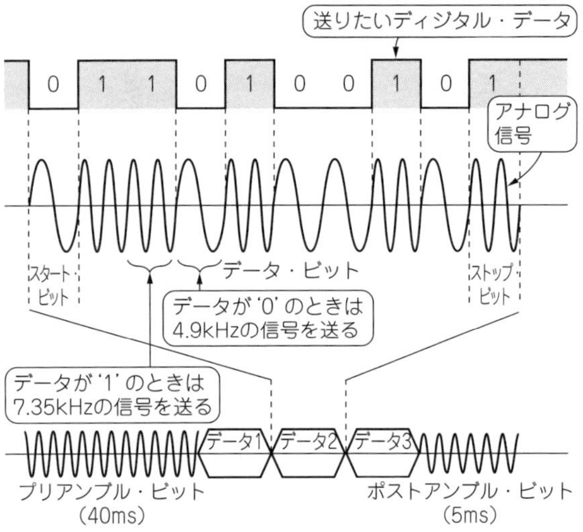

図2　スマホ-マイコン間通信に使うFSK変調…データが'1'のときと'0'のときで異なる周波数の信号を送る

FSK変調は周波数の異なる二つの信号を送ります．すなわち，データが'0'のときは低周波数(例えば111000111000などのシリアル・データ)の信号を，データが'1'のときは高周波数(例えば110011001100などのシリアル・データ)の信号を送ります．

図2にシリアル・データとFSK変調後の信号のようすを，**表1**にオーディオ・ジャック通信の仕様を示します．

標準的なシリアル・プロトコルのデータはスタート1ビット，データ8ビット，ストップ1ビットで構成されます．データはLSB(最下位ビット)から送信されます．

今回の試作では，オーディオ信号の安定用に，データ送信の前に40ミリ秒のプリアンブル・ビット＝データ'1'，データ送信の後に5ミリ秒のポストアンブル・ビット＝データ'1'を送信しています．

● 変調周波数とボー・レートの設定

変調周波数は，オーディオ信号のサンプリング周波数として一般的な44100Hzを分周した値を使います．44100Hzを分周した周波数を使うことで，スマートフォン側の受信精度を向上させます．またスマートフォンからの送信波形もひずみのないきれいな波形になり，マイコン側の受信エラーを減らせます．

ボー・レートは変調波形の位相が連続するように，二つの周波数(データ'0'の低周波数とデータ'1'の高周波数)の公約数の中から選びます．実験で使用した変調周波数とボー・レートの組み合わせでは，データ1ビットあたり4回(低周波数＝データ'0')または6回(高周波数＝データ'1')の周期が含まれます．周期の回数が多いほど受信精度が向上しますが，変調周波数を上げすぎるとマイコン側の受信処理の負荷が高くなり，処理が間に合わないと受信エラーを引き起こします．

表1　オーディオ・ジャック通信の仕様

項　目	値
ボー・レート	1225bps
変調方式	FSK変調
データ'0'低周波数	4900Hz
データ'1'高周波数	7350Hz
スタート・ビット	1ビット
データ・ビット	8ビット
ストップ・ビット	1ビット
パリティ・ビット	なし
プリアンブル・ビット	約40ms分のデータ'1'
ポストアンブル・ビット	約5ms分のデータ'1'

ハードウェア

● 使ったもの

図3に実験で製作した温湿度計の回路を示します．

▶マイコン

オープンソース・ハードウェアのArduino Duemilanove(アトメルのATmega328P搭載)を使いました．

▶スマートフォン

iPhone 3G(アップル)を使いました．

▶温度・湿度センサ

ディジタル温湿度センサSHT11(センシリオン)を使いました．

▶オーディオ信号I/O回路

スマートフォンとの接続には，「SoftModemインターフェースボード2」(スイッチサイエンス)を使いました．このSoftModemインターフェースボード2は，オーディオ端子通信に必要な回路が一つになったインターフェース基板です．筆者が設計したボードを基に，スイッチサイエンスが製造・販売しています．オーディオ端子通信に必要な部品は，4極オーディオ・ジャックといくつかの抵抗とコンデンサのみです．自作することも可能です．

写真2に，マイコンと主な部品の接続を示します．

● 回路の動作

▶マイコン→スマートフォン通信

マイコンの3番端子から出力されるFSK信号は5Vの矩形波です．分圧器(R_1，R_2)で信号を約1/3に制限した後，DCカット用コンデンサ(C_1)を通してスマートフォンのマイク入力に送られます．スマートフォン

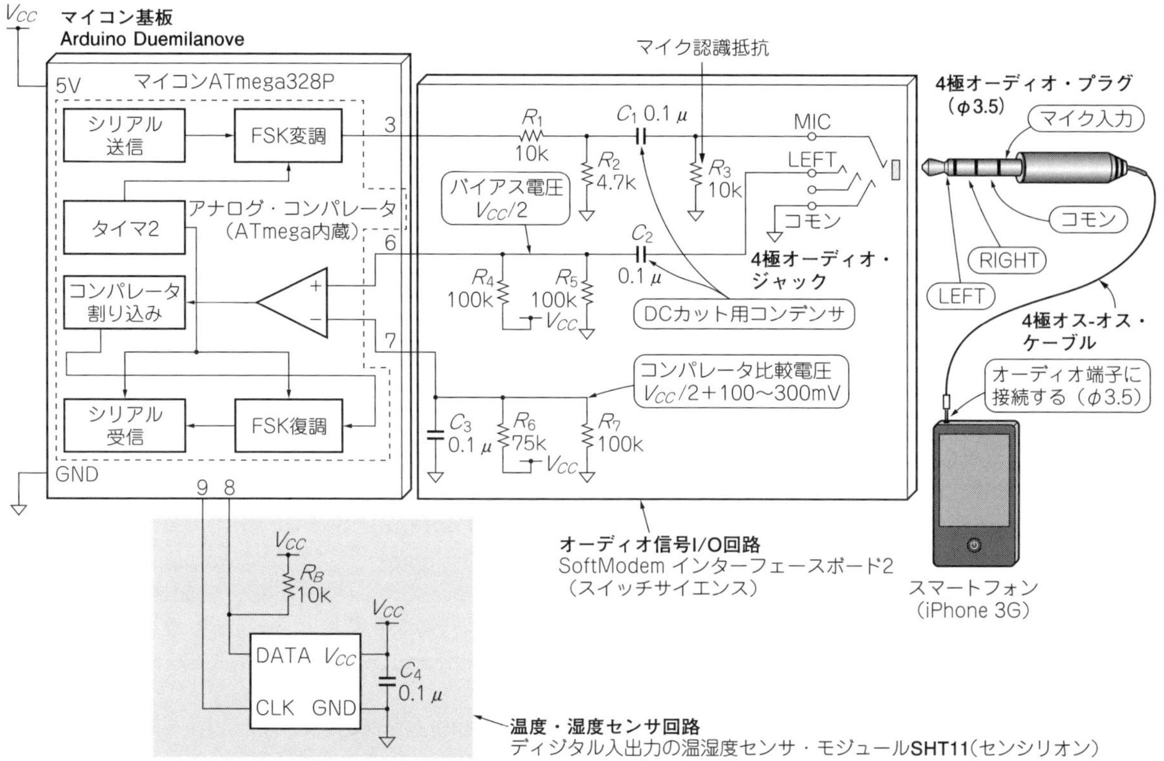

図3 オーディオ・ジャック通信の実験回路ブロック

はマイク入力からの信号を，44100Hzでサンプリングして FSK信号を取り込みます．

マイコンとスマートフォンは4極のオス-オスケーブルで接続します．クロストーク・ノイズが発生しないように，1mほどのシールドされたケーブルを使います．R_3はマイク代わりの負荷抵抗で，スマートフォンにマイクが接続されたことを認識させるために必要です．

マイコンから送信されるFSK信号は，マイク入力にしては振幅が大きすぎるかもしれません．R_2の値は510Ωぐらいが妥当かもしれません．またR_2と並列にコンデンサを入れると矩形波の高周波成分を除去できます．

▶スマートフォン→マイコン通信

スマートフォンのLチャネルから出力されるFSK信号はサイン波です．DCカット・コンデンサ(C_2)を通して，$V_{cc}/2$ (R_4, R_5)のバイアス電圧を加えた後，マイコンの6番端子(ATmega328p内蔵のアナログ・コンパレータ＋側)に入力されます．

マイコンの7番端子(アナログ・コンパレータの－側)には$Vcc/2$＋約350mV ($R6$, $R7$)のコンパレータ比較用の電圧を入力します．実験で使用したスマートフォン(iPhone 3G)からは約2VP-Pのオーディオ出力(音量最大時)が得られました．コンパレータを動作させるのに十分な値です．

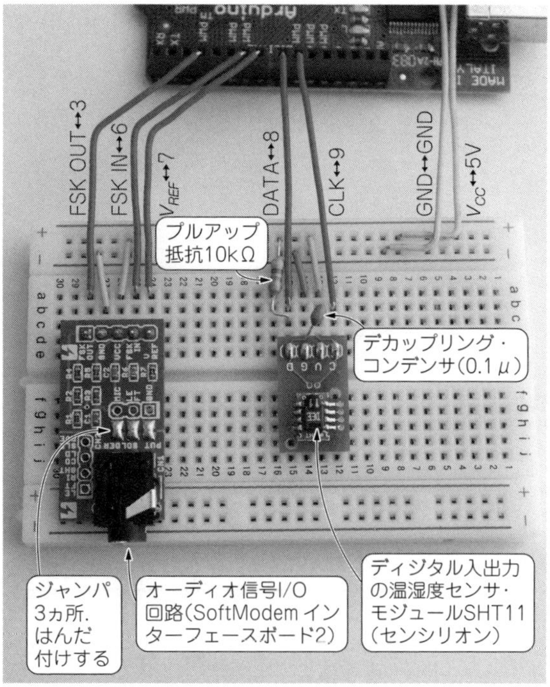

写真2 マイコンと主な部品との配線

▶温度/湿度センサ・モジュールとのシリアル通信

温度/湿度センサSHT11とマイコンは，DATAとCLKの2線式シリアル・インターフェースで接続します．DATAは10k (R_8) でプルアップします．V_{cc}とGNDの間には0.1μF (C_4) のデカップリング・コンデンサを接続します．

通信の主な流れ

図4にスマートフォンとマイコンの通信シーケンスを示します．

まず最初に，スマートフォンからマイコンにデータ・リクエスト (0x5a) を送ります．マイコンはデータ・リクエストを受信すると，温度・湿度の計測を開始します．計測が完了すると温度2バイト，湿度2バイト，チェックサム1バイトをスマートフォンに送ります．チェックサムはCRC8を使い，温度と湿度の4バイトからCRC値を計算します．

スマートフォンは受信したデータからCRC値を計算し，CRC値が一致したら温度・湿度・露点を計算し画面に表示します．CRC値が一致しない場合はそのデータを破棄し，次のデータ・リクエストのタイミングを待ちます．

スマートフォンからは5秒間隔でデータ・リクエストを送ります．温湿度センサの自己加熱による精度低下を防ぐため，計測は4秒以上空けて行います．

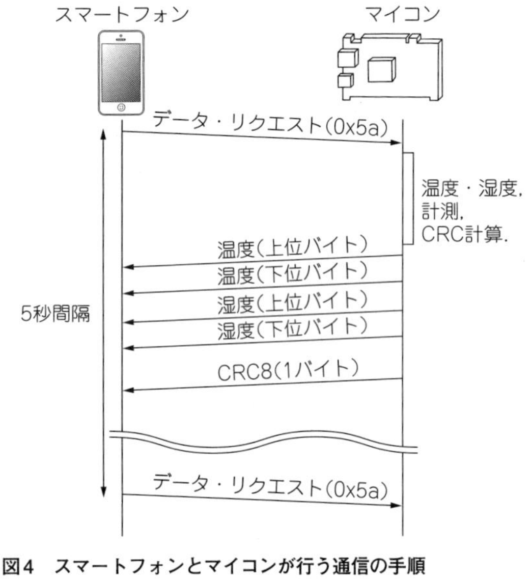

図4 スマートフォンとマイコンが行う通信の手順
スマートフォンからデータ・リクエストを送信すると，マイコンからデータを返信してくる

マイコン側のソフトウェア

今回マイコン側として，超お手軽マイコン基板Arduinoを使って実験を行いました．**表2**にマイコン側のソフトウェア・モジュールを示します．アプリケーション部分はArduinoのスケッチ (Arduinoの開発環境では，Arduinoのプログラムのことをスケッチと呼ぶ) として記述されています．SoftModemライブラリ，SensirionライブラリはArduino向けのソフトウェア・ライブラリです．C/C++で記述されています．

Arduinoの開発環境はArduinoのウェブ・サイト (http://arduino.cc/) からダウンロードできます．

● プログラム全体の流れ

リスト1に温度・湿度計のスケッチを示します．Arduinoに電源を供給するとsetup関数が1度だけ呼ばれ，以降，loop関数が繰り返し呼び出されます．setup関数ではSoftModemライブラリの初期化関数を呼び出し受信動作を開始します．loop関数ではSoftModemライブラリのavailable関数でデータを受信しているかどうかをチェックします．データ・リクエストを受信したら温度・湿度の計測を開始します．温度・湿度の計測が終わるとCRC値を計算し，計測結果を送信します．

● 送受信処理はSoftModemライブラリの関数を使用

送受信の処理はATmega328Pのハードウェア・モジュール (アナログ・コンパレータ) とタイマ2を使って実装しています．アナログ・コンパレータはFSK信号のゼロクロス検出に，タイマ2はFSK信号の周波数測定に使用します．またタイマ2はFSK信号送信時

表2 マイコンのプログラムに使っているプログラム・モジュール

モジュール	ファイル名	説明
温度・湿度計スケッチ (Arduinoプログラム)	komakusa_sketch.ino, SensorSerialProtocol.h	温度，湿度計のアプリケーション部分を実装したモジュール
SoftModemライブラリ	SoftModem.cpp, SoftModem.h	オーディオ端子通信の機能を実装したモジュール
Sensirionライブラリ	Sensirion.cpp, Sensirion.h	温湿度センサ・モジュールSHT11との通信機能を実装したモジュール．Arduino Playgroundで公開されているオープン・ソースのライブラリ．http://www.arduino.cc/playground/code/Sensirion

のタイミング生成に使用します．

● 初期化

begin関数でライブラリの初期化を行います．タイマ2のプリスケーラ分周比を64に設定し，フリーラン・モードで作動させます．アナログ・コンパレータ出力の立ち下がりエッジ割り込みを有効にします．

タイマ2は1カウントが4μsでTCNT2レジスタ（8

リスト1　マイコン側プログラムその1…温湿度計の全体の処理を行うスケッチ

```
#include <SoftModem.h>
#include <Sensirion.h>
#include "SensorSerialProtocol.h"

// SotfModemインスタンス生成
SoftModem myModem;

// SHT11接続端子定義
const uint8_t DATA_PIN  =  8;
const uint8_t CLOCK_PIN =  9;

// SHT11インスタンス生成
Sensirion tempSensor = Sensirion(DATA_PIN,
CLOCK_PIN);

// 生温度データ
uint16_t temperatureRaw = 0;
// 生湿度データ
uint16_t humidityRaw = 0;
// 送信用バッファ
uint8_t data[5];

void setup()
{
  // SoftModem受信開始
  myModem.begin();
}

void loop()
{
  // データ受信したか?
  if(myModem.available()){
    // 1byte読み出す
    int c = myModem.read();
    switch(c){
    case SSP_READ:
      // 温度・湿度計測
      tempSensor.measTemp(&temperatureRaw);
      tempSensor.measHumi(&humidityRaw);
      // 送信用バッファにデータを格納し，CRC8を計算
      data[0] = temperatureRaw >> 8;
      data[1] = temperatureRaw & 0xff;
      data[2] = humidityRaw >> 8;
      data[3] = humidityRaw & 0xff;
      data[4] = crc8(data, 4);
      // 5byte送信
      myModem.write(data, 5);
      break;
    default:
      break;
    }
  }
  else{
    // ポーリングの間隔を適度にあける
    delay(20);
  }
}
```

（void setup() → 1度だけ呼ばれる）
（void loop() → 以降メイン・ループ）
（if(myModem.available()) → SoftModemライブラリのavailable関数を使っている）

リスト2　マイコン側プログラムその2…送信処理

```
void SoftModem::modulate(uint8_t b)
{
    uint8_t cnt,tcnt,tcnt2;
    if(b){
        cnt = (uint8_t)(HIGH_FREQ_CNT);
        tcnt2 = (uint8_t)(TCNT_HIGH_FREQ / 2);
        tcnt = (uint8_t)(TCNT_HIGH_FREQ) -
tcnt2;
    }else{
        cnt = (uint8_t)(LOW_FREQ_CNT);
        tcnt2 = (uint8_t)(TCNT_LOW_FREQ / 2);
        tcnt = (uint8_t)(TCNT_LOW_FREQ) - tcnt2;
    }
    do {
        cnt--;
        {
            // 次の割り込みタイミングを設定
            OCR2B += tcnt;
            // タイマ2コンペア割り込みBフラグ・クリア
            TIFR2 |= _BV(OCF2B);
            // タイマ2コンペア割り込みの発生を監視
            while(!(TIFR2 & _BV(OCF2B)));
        }
        // 出力ポートの論理を反転する
        *_txPortReg ^= _txPortMask;
        {
            OCR2B += tcnt2;
            TIFR2 |= _BV(OCF2B);
            while(!(TIFR2 & _BV(OCF2B)));
        }
        *_txPortReg ^= _txPortMask;
    } while (cnt);
}

size_t SoftModem::write(const uint8_t *buffer,
size_t size)
{
    // プリアンブル・ビット送信
    uint8_t cnt = ((micros() - _lastWriteTime) /
BIT_PERIOD) + 1;
    if(cnt > MAX_CARRIR_BITS){
        cnt = MAX_CARRIR_BITS;
    }
    for(uint8_t i = 0; i<cnt; i++){
        modulate(HIGH);
    }
    size_t n = size;
    while (size--) {
        uint8_t data = *buffer++;
        // スタート1ビット送信
        modulate(LOW);
        // データ8ビット送信
        for(uint8_t mask = 1; mask; mask <<= 1){
            if(data & mask){
                modulate(HIGH);
            }
            else{
                modulate(LOW);
            }
        }
        // ストップ1ビット送信
        modulate(HIGH);
    }
    // ポストアンブル・ビット送信
    modulate(HIGH);
    _lastWriteTime = micros();
    return n;
}
```

（void SoftModem::modulate(uint8_t b) → 1ビット分のFSK信号を生成するmodulate関数）
（size_t SoftModem::write(...) → write関数で指定バイト数のデータを送信）

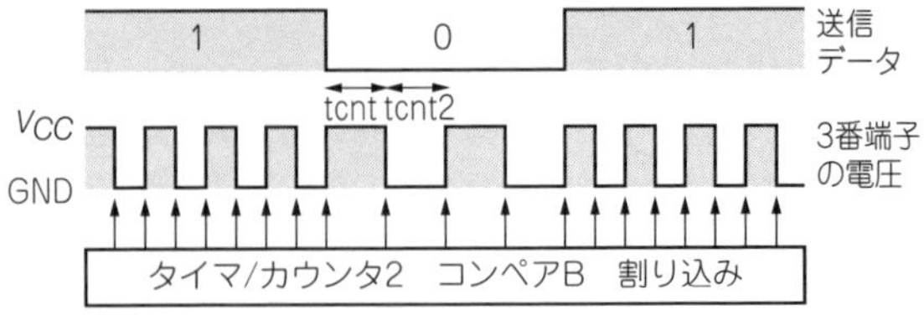

図5 送信処理のようす…タイマ割り込みでポート出力を反転させFSK信号を生成

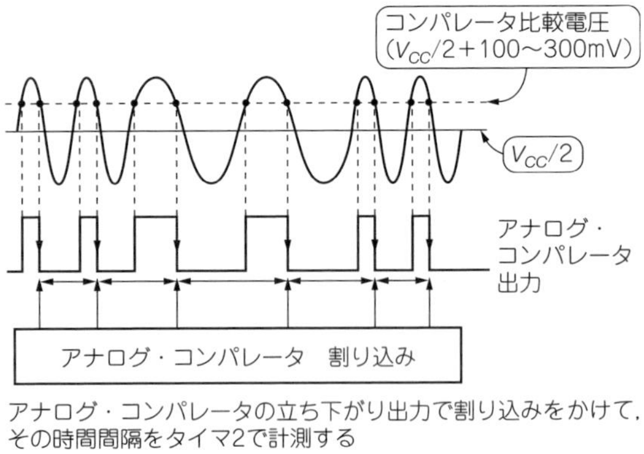

図6 受信のようす1…受信したオーディオ信号から波形の時間間隔を取り出す

ビット)をインクリメントします．TCNTレジスタはオーバーフローすると0から再びインクリメントを始めます．

● 送信処理(FSK変調)

リスト2に送信処理のソース・コードを示します．writeの関数は指定バイト数のデータ送信を行います．最初にプリアンブル・ビットの送信を行い，次にデータを1バイトずつ，LSBから送信します．最後にポストアンブル・ビットを送信します．

modulate関数は1ビット分のFSK信号を生成します．OCR2Bレジスタに変調周波数の半周期分のカウンタ値を加算し，タイマ2コンペアB割り込みが発生するのを待ちます．OCR2BレジスタとTCNT2レジスタの値が一致すると割り込みが発生します．TIFR2レジスタのOCF2Bビットを読み出し，割り込みの発生を監視します．割り込みが発生したら出力端子(3番端子)の出力を反転させます．これを1ビット分繰り返します．**図5**に3番端子から出力されるFSK信号とタイマ2コンペアB割り込みのタイミングを示します．

● 受信処理(FSK復調)

リスト3に受信処理のソース・コードを示します．受信処理は二つの割り込み関数で実装されています．

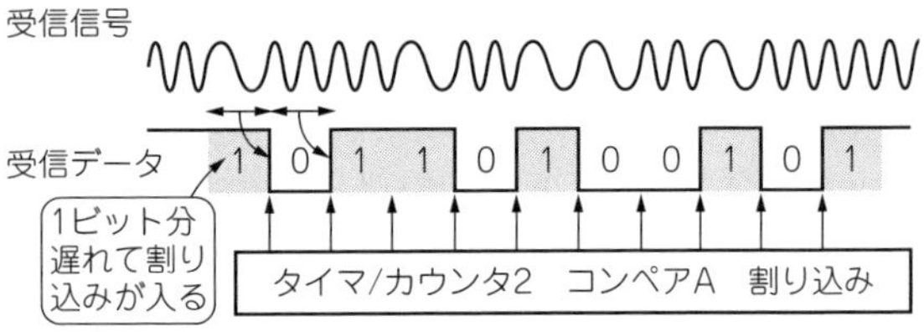

図7 受信のようす2…定期的な割り込みと比較して受信データの‘1’/‘0’を判定する

表3 受信のときは周波数の判定に許容範囲を設ける

仕様		許容範囲	
変調周波数	カウンタ値	変調周波数	カウンタ値
4900Hz	51	4464〜5813Hz	43〜56
7350Hz	34	6410〜8333Hz	30〜39

一つはdemodulate関数でFSK信号の復調を行います．もう一つはrecv関数で，demodulate関数で復調された1ビットのデータをバイト・データに変換して受信用FIFOに格納します．

図6にFSK信号とアナログ・コンパレータ割り込みのタイミングを示します．demodulate関数はアナログ・コンパレータ出力の立ち下がりエッジ割り込みで呼び出されます．割り込みの発生間隔がFSK信号の1周期の時間になります．この時間をタイマ2のカウンタ値の差から求めます．割り込み処理の遅延や受信信号の誤差を考慮し，カウンタ値の差の移動平均をとって，低周波数(4900Hz)か高周波数(7350Hz)か，ある程度幅を持たせて判定を行います．**表3**に許容する周波数とそのカウンタ値を示します．

recv関数はタイマ2のコンペアA割り込みで呼び出されます．**図7**にFSK信号とタイマ2のコンペアA割り込みのタイミングを示します．タイマ2のコンペアA割り込みはボー・レートと同じ間隔で発生し，demodulate関数の結果から直前の1ビットのデータが‘0’か‘1’か判定します．1バイト分の受信が完了したら受信用FIFOにデータを格納します．受信中にエラーが発生した場合(ストップ・ビットが1ではないまたは受信用FIFOがいっぱい)，そのデータを破棄します．

available関数は受信したデータのバイト数を返します．read関数は受信用FIFOから1バイトを読み出します．

● Sensirionライブラリ関数を使ってセンサからデータを読み出す

温度・湿度の計測はmeasTemp関数とmeasHumi関数で行います．この二つの関数が返す値はセンサが出力するRAWデータで，実際の温度(摂氏)・湿度

リスト3　マイコンのプログラムその3…受信処理

```
#define TCNT_HIGH_TH_L    (TCNT_HIGH_FREQ * 0.90)
#define TCNT_HIGH_TH_H    (TCNT_HIGH_FREQ * 1.15)
#define TCNT_LOW_TH_L     (TCNT_LOW_FREQ * 0.85)
#define TCNT_LOW_TH_H     (TCNT_LOW_FREQ * 1.10)

(省略)

void SoftModem::demodulate(void)  ← FSK信号を復調する
{
    // タイマ2カウンタ読み出し
    uint8_t t = TCNT2;
    uint8_t diff;

    diff = t - _lastTCNT;

    // チャタリング対策
    if(diff < 4)
        return;

    _lastTCNT = t;

    if(diff > (uint8_t)(TCNT_LOW_TH_H))
        return;

    // 移動平均
    _lastDiff = (diff >> 1) + (diff >> 2) +
                                (_lastDiff >> 2);

    if(_lastDiff >= (uint8_t)(TCNT_LOW_TH_L)){
        _lowCount += _lastDiff;
        if(_recvStat == INACTIVE){
            // スタート・ビット検出
            if(_lowCount >= (uint8_t)
                    (TCNT_BIT_PERIOD * 0.5)){
                _recvStat = START_BIT;
                _highCount = 0;
                _recvBits  = 0;
                OCR2A = t + (uint8_t)
                   (TCNT_BIT_PERIOD) - _lowCount;
                TIFR2 |= _BV(OCF2A);
                TIMSK2 |= _BV(OCIE2A);
            }
        }
    }
    else if(_lastDiff <= (uint8_t)
                            (TCNT_HIGH_TH_H)){
        if(_recvStat == INACTIVE){
            _lowCount = 0;
            _highCount = 0;
        }
        else{
            _highCount += _lastDiff;
        }
    }
}

// アナログ・コンパレータ割り込み
ISR(ANALOG_COMP_vect)
{
    SoftModem::activeObject->demodulate();
}

void SoftModem::recv(void)  ← 復調された1ビットのデータをバイト・データに変換して受信用FIFOに格納する
{
    uint8_t high;

    // ビット論理判定
    if(_highCount > _lowCount){
        _highCount = 0;
        high = 0x80;
    }
    else{
        _lowCount = 0;
        high = 0x00;
    }

    // スタート・ビット受信
    if(_recvStat == START_BIT){
        if(!high){
            _recvStat++;
        }
        else{
            goto end_recv;
        }
    }
    // データ・ビット受信
    else if(_recvStat <= DATA_BIT) {
        _recvBits >>= 1;
        _recvBits |= high;
        _recvStat++;
    }
    // ストップ・ビット受信
    else if(_recvStat == STOP_BIT){
        if(high){
            // 受信バッファに格納
            uint8_t new_tail = (_recvBufferTail
             + 1) & (SOFT_MODEM_RX_BUF_SIZE - 1);
            if(new_tail != _recvBufferHead){
                _recvBuffer[_recvBufferTail] =
                                      _recvBits;
                _recvBufferTail = new_tail;
            }
            else{
                ;// オーバーランエラー
            }
        }
        else{
            ;// フレミングエラー
        }
        goto end_recv;
    }
    else{
    end_recv:
        _recvStat = INACTIVE;
        TIMSK2 &= ~_BV(OCIE2A);
    }
}

// タイマ2比較一致割り込みA
ISR(TIMER2_COMPA_vect)
{
    OCR2A += (uint8_t)TCNT_BIT_PERIOD;
    SoftModem::activeObject->recv();
}

int SoftModem::available()  ← 受信データのバイト数を返す
{
    return (_recvBufferTail + SOFT_MODEM_RX_BUF_
                    SIZE - _recvBufferHead) &
                (SOFT_MODEM_RX_BUF_SIZE - 1);
}

int SoftModem::read()  ← 受信用FIFOからバイトを読み出す
{
    if(_recvBufferHead == _recvBufferTail)
        return -1;
    int d = _recvBuffer[_recvBufferHead];
    _recvBufferHead = (_recvBufferHead + 1) &
                (SOFT_MODEM_RX_BUF_SIZE - 1);
    return d;
}
```

リスト4 スマートフォン側プログラムの抜粋(主に通信部分)

```
(MainViewController.m より)

- (void)viewDidLoad ←(初期化)
{
    [super viewDidLoad];

    _tempLabel.layer.cornerRadius = 5;
    _tempLabel.clipsToBounds = true;

    _humidityLabel.layer.cornerRadius = 5;
    _humidityLabel.clipsToBounds = true;

    _dewPointLabel.layer.cornerRadius = 5;
    _dewPointLabel.clipsToBounds = true;

    _sspState = 0;

    // Audio Sessionの初期化
    AVAudioSession *session = [AVAudioSession
                                    sharedInstance];
    session.delegate = self;
    if(session.inputIsAvailable){
        [session setCategory:AVAudioSessionCateg
                   oryPlayAndRecord error:nil];
    }else{
        [session setCategory:AVAudioSessionCateg
                       oryPlayback error:nil];
    }
    [session setActive:YES error:nil];
    [session setPreferredIOBufferDurati
                     on:0.023220 error:nil];

    // FSK復調モジュール初期化
    _recognizer = [[FSKRecognizer alloc] init];
    [_recognizer addReceiver:self];

    _analyzer = [[AudioSignalAnalyzer alloc]
                                         init];
    [_analyzer addRecognizer:_recognizer];

    // FSK変調モジュール初期化
    _generator = [[FSKSerialGenerator alloc]
                                         init];
    [_generator play];

    // 録音開始
    if(session.inputIsAvailable){
        [_analyzer record];
    }

    // データ・リクエスト・タイマ起動
    [NSTimer scheduledTimerWithTimeInterval:5.0
                                  target:self
                                selector:@
                  selector(intervalReadReq:)
                                userInfo:nil
                                 repeats:YES];
}

- (void)intervalReadReq:(NSTimer*)theTimer ←(データ・リクエストの送信)
{
    // データ・リクエスト送信
    [_generator writeByte: (UInt8)SSP_READ];
    // 状態変数初期化
    _sspState = SSP_READ;
    _sspRecvDataLength = 0;
}

#define D1 (-40.1)
#define D2 (0.01)
#define C1 (-2.0468)
#define C2 (0.0367)
#define C3 (-1.5955E-6)
#define T1 (0.01)
#define T2 (0.00008)

- (void) receivedChar:(char)input ←(受信&表示処理)
{
    switch (_sspState) {
        case SSP_READ:
            //受信バッファにデータを格納
            _sspRecvData[_sspRecvDataLength++]
                                      = input;
            //データ受信完了?
            if(_sspRecvDataLength >= (SSP_DATA_
                                       LEN)){
                //CRC値計算
                UInt8 sum = crc8(_sspRecvData,
                                 SSP_DATA_LEN);
                //一致したか?
                if(sum == 0){
                    float temp, humi, dewpoint;
                    UInt16 tempRaw, humiRaw;

                    tempRaw = _sspRecvData[0]
                                      << 8 | _
                              sspRecvData[1];
                    humiRaw = _sspRecvData[2]
                                      << 8 | _
                              sspRecvData[3];

                    //温度計算
                    temp = D1 + D2 * (float)
                                      tempRaw;

                    //湿度計算
                    humi = C1 + C2 * humiRaw +
                                C3 * humiRaw *
                                      humiRaw;
                    humi = (temp - 25.0) * (T1 +
                         T2 * humiRaw) + humi;
                    if (humi > 100.0) humi
                                      = 100.0;
                    if (humi < 0.1) humi = 0.1;

                    //露点温度計算
                    dewpoint = log(humi/100) +
                 (17.62 * temp) /(243.12 + temp);
                    dewpoint = 243.12 * dewpoint
                            / (17.62 - dewpoint);

                    //表示更新
                    _tempLabel.text = [NSString
                stringWithFormat:@"%.1f°", temp];
                    _humidityLabel.text =
          [NSString stringWithFormat:@"%.1f%%", humi];
                    _dewPointLabel.text =
      [NSString stringWithFormat:@"%.1f°", dewpoint];
                }
                _sspState = 0;
                _sspRecvDataLength = 0;
            }
            break;
        default:
            _sspState = 0;
            _sspRecvDataLength = 0;
            break;
    }
}
```

表4　スマートフォン側のプログラムに使っているプログラム・モジュール

モジュール	ファイル名	説　明
温度・湿度計アプリケーション	AppDelegate.h, AppDelegate.m, FlipsideViewController.h, FlipsideViewController.m, MainViewController.h, MainViewController.m, SensorSerialProtocol.h	スマホの操作&測定した温度・湿度の表示を行う
オーディオ端子通信モジュール	AudioQueueObject.h, CharReceiver.h, FSKSerialGenerator.mm, AudioQueueObject.m, FSKByteQueue.h, MultiDelegate.h, AudioSignalAnalyzer.h, FSKModemConfig.h, MultiDelegate.m, AudioSignalAnalyzer.m, FSKRecognizer.h, PatternRecognizer.h, AudioSignalGenerator.h, FSKRecognizer.mm, lockfree.h, AudioSignalGenerator.m, FSKSerialGenerator.h	FSKによるオーディオ・ジャック通信を行う

(パーセント)はこの値から計算式で求めます．Sensirionライブラリには実際の温度・湿度を計算して返す関数も用意されていますが，今回の実験では複雑な温度・湿度の計算はスマートフォン側で行うようにしました．計算式の詳細はSHT11のデータシートを参照してください．

スマートフォン側のアプリケーション

表4にスマートフォン側のソフトウェア・モジュールを示します．すべてのモジュールはObjective-C/C++で記述されています．ここではiOS特有のライブラリの使い方には触れず，マイコンとの通信部分の動作についてのみ解説します．**リスト4**にスマートフォン側の通信部分のソース・コードを示します．

なお，iOSアプリの開発にはアップルが提供する開発環境「Xcode」が必要です．また実機iPhoneでの動作確認にはiOSデベロッパ・プログラム(有償)に参加する必要があります．

● 初期化

MainViewControllerクラスのviewDidLoadメソッドで初期化を行います．

AVAudioSessionクラスのsetCategoryメソッドでAVAudioSessionCategoryPlayAndRecordを設定し，このアプリケーションが音声の録音と再生を行うことをシステムに通知します．

次にFSKRecognizerクラスとAudioSignalAnalyzerクラスのインスタンスを作成します．AudioSignalAnalyzerクラスはマイク入力のサンプリング・データを解析し，立ち上がりエッジ，立ち下がりエッジを検出します．FSKRecognizerクラスはAudioSignalAnalyzerクラスが解析した結果を基にデータを復元します．

次にFSKSerialGeneratorクラスのインスタンスを作成します．FSKSerialGeneratorクラスはデータ・ビットを音声データに変換し，出力します．

最後に，データ・リクエストを定期的に送信するためのタイマを起動します．

● データ・リクエストの送信

データ・リクエストの送信はintervalReadReqメソッドで行います．NSTimerクラスにより5秒間隔で実行され，FSKSerialGeneratorクラスのwriteByteメソッドでデータ・リクエスト(0x5a)を送信します．

● 受信と表示

データを1バイト受信するたびにreceivedCharメソッドがFSKRecognizerクラスから呼び出されます．受信データは引き数として渡され，受信バッファ(_sspRecvData変数)にいったん格納されます．温度2バイト，湿度2バイト，CRC1バイトの受信が終わったらCRC値を計算し，CRC値を比較します．一致していれば温度，湿度，露点を計算し，表示を更新します．

＊　＊　＊

今回，筆者が開発したソフトウェアのソース・コードは本書のサポート・ページからダウンロードできます．

ささき・ゆうすけ

マイクとスピーカでデータ通信！iPhoneもAndroidもOK！

第12章 超音波ワイヤレスI/Oアダプタの製作

飯田 光浩

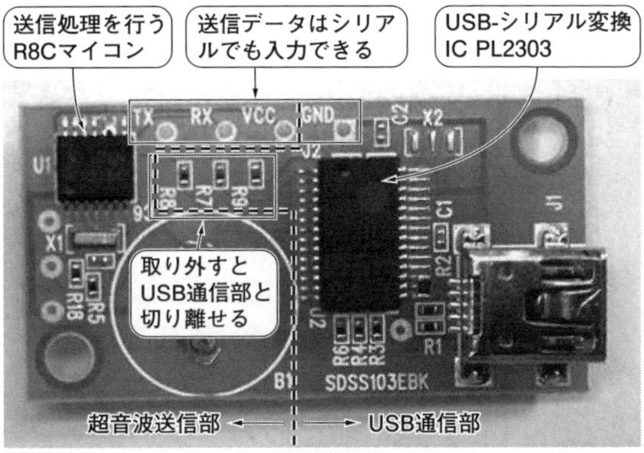
送信処理を行うR8Cマイコン
送信データはシリアルでも入力できる
USB-シリアル変換IC PL2303
取り外すとUSB通信部と切り離せる
超音波送信部
USB通信部

(a) 表

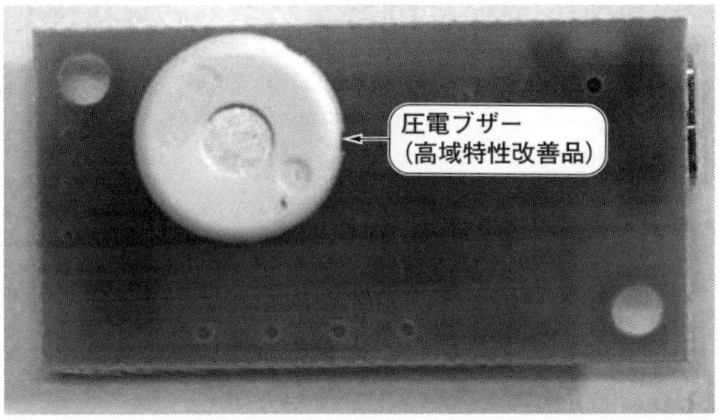
圧電ブザー
(高域特性改善品)

(b) 裏

写真1　スマホにデータ送信可能！17 k～19 kHz音波送信モジュール
マルツパーツ館で入手できる．送信距離は約2 m

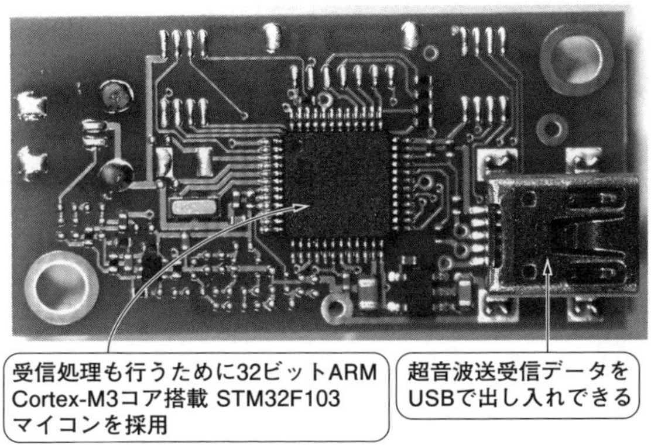
受信処理も行うために32ビットARM Cortex-M3コア搭載 STM32F103マイコンを採用
超音波送受信データをUSBで出し入れできる

(a) 表

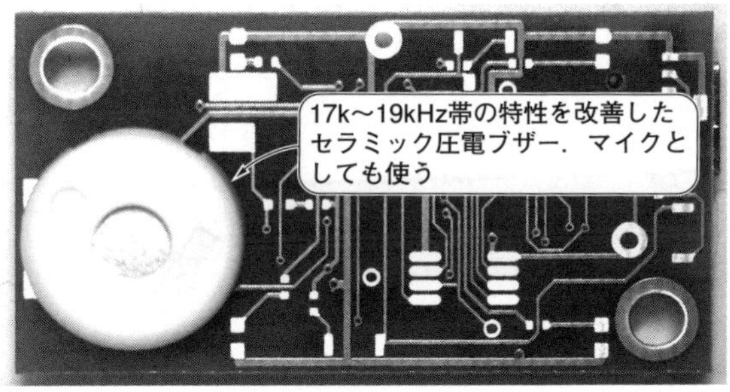
17k～19kHz帯の特性を改善したセラミック圧電ブザー．マイクとしても使う

(b) 裏

写真2　スマホとデータI/O可能！送受信モジュール
受信距離は約60 cm

iPhoneやAndroid端末などのスマートフォン（以下，スマホ）と電子回路の通信に使える主なワイヤレス方式を**表1**に示します．

- ▶ Bluetooth：3 Mbps（ビット／秒）ていどで通信できるが，初期接続に時間がかかる．
- ▶ Wi-Fi：数百Mbpsで通信できるが，消費電力が大きい．
- ▶ 13.56 MHz帯RFID：おサイフケータイなどで使われており，最大200 kbpsていどで通信できるが，5 cmの距離でしか通信できない．

そこで本章では，音声周波数帯域の上限に近い17 k～19 kHz付近を使った超音波マイク／スピーカ・モジュールによるスマホと電子回路の通信を紹介します．通信速度は約2 kbps，最大通信距離は送信のみなら単体で2 m，ホーンを使用して5 mていどです．音波は指向性があって遮へい物に弱いので，近距離で通信エリアをコントロールしたい用途に向きますし，医療現場などで使うことも可能です．マイクやスピーカがすでに搭載されているので，スマホ側に追加のハードウェアは不要です．電子回路側には，送信だけなら超音波圧電ブザーが，受信も行いたいならさらに受信処理用IC（受信用信号処理を書き込んだマイコン）が必要です．

表1 電子回路との通信に使えるスマホのワイヤレス・インターフェース
消費電力はRF回路や通信処理回路，ソフトウェアによる消費電力を合わせたおよその値．初期接続は最初の通信を始めるまでに必要な時間．Bluetoothでは，インクエリー・スキャンの標準的なタイムアウト時間にPINコードの入力時間が加算される．Wi-Fiでは，WEPキー入力後の認識時間に，Wi-Fiの選択時間とキー入力が加算される

通信方式	伝送方式	消費電力	初期接続	コスト	通信速度[bps]	通信距離
超音波データ通信	音波	1 mA以下	100 ms	○	2.205 k	5 m
Bluetooth	電波	20 mA	30秒～1分	△	3 M (v2.1 + EDR)	10～100 m
Wi-Fi	電波	100 mA	5秒～	△	数百M	10～100 m
RFID	電波/磁界	50 mA	50 ms	○	212 k (ISO18092)	5 cm

送信モジュールと送受信モジュールを**写真1**と**写真2**に，超音波圧電ブザーを**写真3**に示します．

17k～19kHz超音波データ通信の特徴

スマホはマイクとスピーカを搭載しています．周波数帯域は最大20 kHzまでカバーしていますが，人間の聞こえる帯域は通常15 kHzまでです．今回作成した通信モジュールは，通常は聞こえない17 k～19 kHzを利用しています(**図1**)．

● メリット

17 k～19 kHz超音波通信のメリットを次に示します．

① スマホ側には追加部品が不要
② 回路側もシンプル．送信なら圧電ブザーをマイコンに直結するだけ
③通信可能なエリアをわりとコントロールしやすい．指向性が強くて遮へい物に弱いので，干渉を抑えたり漏えいを防いだりしやすい．逆にホーンを使えば通信距離を2 mから5 mていどまで延ばすことも可能(**写真3**)
④ 電波法のような法的規制がないので，医療現場などでも使える

● 課題：マルチパス・エコーの影響でエラーが発生

音波の速度は約300 m/sで，電波の速度300,000,000 m/sの100万分の1ですから，音波ならではの問題が生じます．

今回紹介する17 k～19 kHz超音波通信は2205 bpsのFSK (Frequency Shift Keying) です．この場合，**図2**のように14 cmずれると1ビットずれます．実際の環境ではいくつかの反射波が重なってマルチパス・エコーとなるため，さらにエラーが発生しやすくなります．

マルチパス・エコーをキャンセルして正しく受信するためには，80 DMIPS (Dhrystone2.1) 以上の信号処理性能が必要です．

▶受信には80 DMIPSの演算性能が必要

電子回路からスマホにデータを送信する場合は，ス

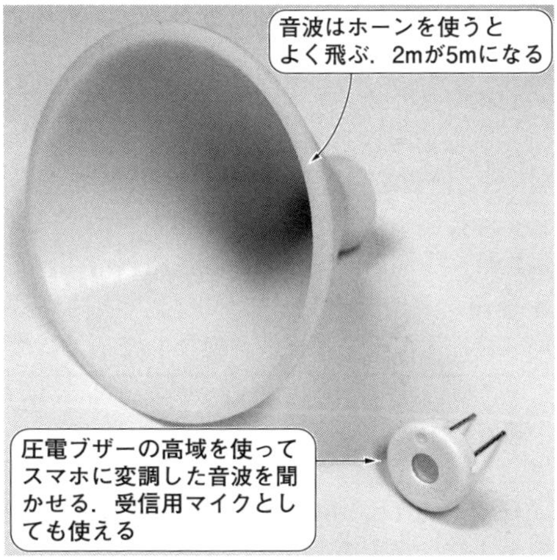

写真3 超音波圧電ブザーを電子回路側のマイコンに直結するだけでスマホにデータを送信できる
左側のホーンを使えば通信距離を2 mから5 mまで延ばすことも可能．指向角度は約30度

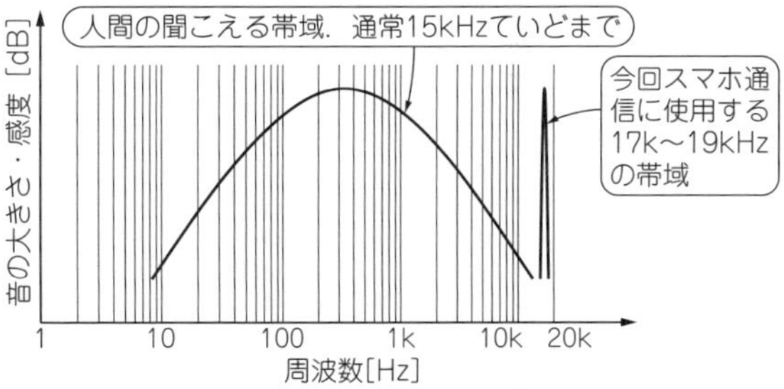

図1 通常は聞こえない音声帯域17 k～19 kHzを利用して超音波通信を実現した

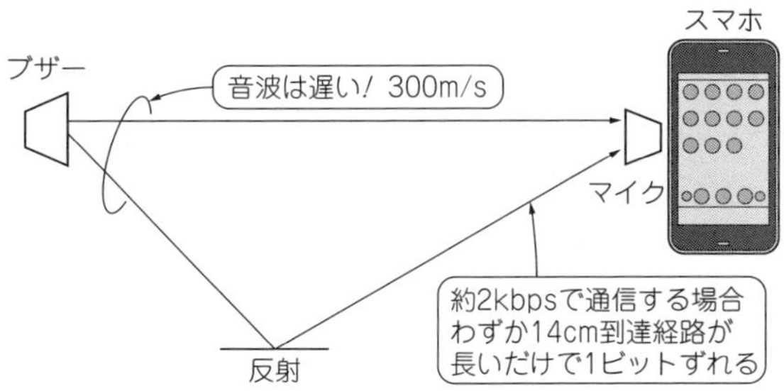

図2 17 k～19 kHz超音波通信の課題…14 cmずれただけで1ビットずれるのでエコーのキャンセル演算が必要

表2　17 k～19 kHz超音波通信の主な仕様

項　目		仕　様
通信仕様	通信方式	FSK周波数変調（2値）
	周波数	マーク18100 Hz/ スペース17600 Hz
	ビット・レート	2.205 kbps
	エラー訂正	FECコード レート2/3
	データ・チェック	CRC16ビット

マホのCPUのクロック周波数が1 GHzを超えており，汎用命令で十分受信処理が行えます．スマホ側に受信演算を行うライブラリを用意しました．

電子回路でスマホからのデータを受信する場合は，DSPライクな命令が追加され，処理クロックが速く，80 DMIPSの演算を行えるマイコンが必要です．

詳しくは後述しますが，マルチパス・エコーのキャンセルには，中間周波数における包絡線情報から，反射波を推測する演算を行っています．中間周波数とは，局部発振と混合して周波数変換した周波数です．

通信方式

● 17.6 kHzと18.1 kHzを1/0に応じて切り替える

通信の主な仕様を表2に示します．変調方式は，シンプルなFSKです．変調指数m<0.5なので，MSK (Minimum Shift Keying) です．変調後のスペクトラムを図3に示します．

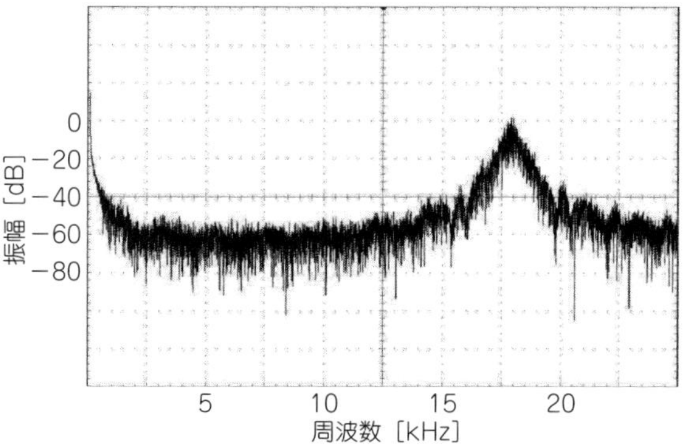

図3　17 k～19 kHz超音波通信の変調信号スペクトラム（圧電ブザーの入力信号）

10ビットのデータに冗長な誤り訂正符号5ビットを追加することで，10ビット中1ビットまでのエラー訂正を行います．FECコード レート2/3と呼び，多項式は，

$$g(D) = (D+1)(D4+D+1)$$

です．最終的に受信したデータ（ペイロード）が正しいかどうかはCRC16ビット（CRC-16-CCITT）を用いてチェックします．

● データ・パケット・フォーマット

通信パケットは図4に示すように，次の四つの部分で構成されています．LSBからデータを送出します．

▶パケット全体の構成

① プリアンブル：16ビット　AACCh
② ヘッダ：16ビット　データ（ペイロード）長など．後述
③ CRC：16ビット（ペイロードに対するチェック・ビット）
④ データ（ペイロード）：最大400バイト（誤り訂正FECがON時266バイト）

受信側は，①プリアンブル部分のパターンマッチで受信クロックをデータと同期しています．受信クロッ

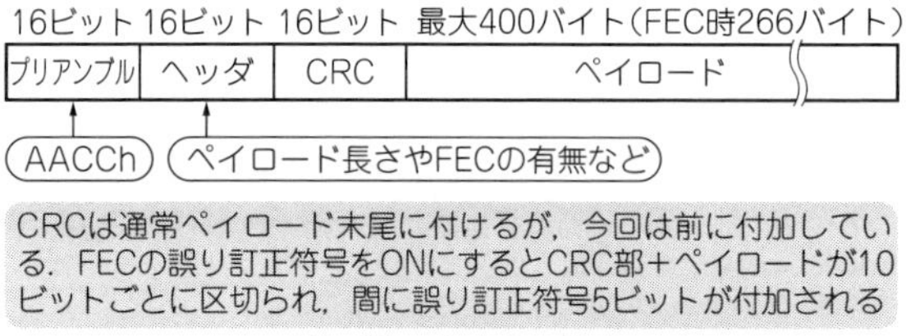

（a）パケット全体の構成

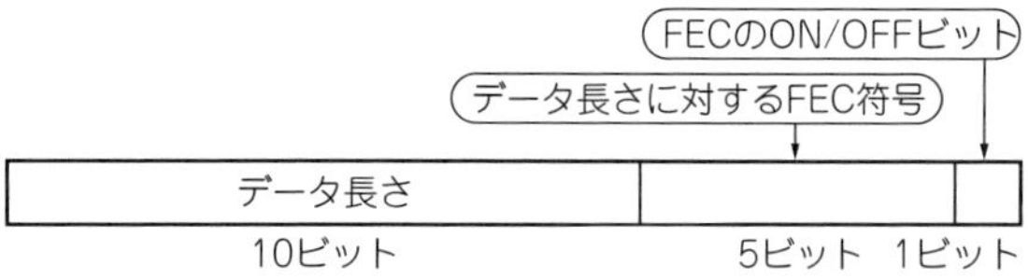

（b）ヘッダ部の構成

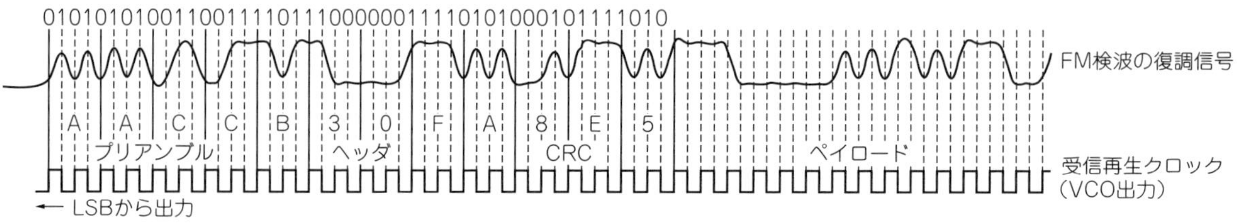

（c）FM検波復調信号：プリアンブルで同期をとった受信クロックの立ち上がり

図4　本器のデータ・パケット・フォーマット

ク再生のPLLはソフトウェアで実現しています．②ヘッダ部は後述します．

③CRC部はペイロードの前に付加しています．④データ（ペイロード）はFEC OFF時に400バイト送信できます．FEC ON時は，③CRC＋④ペイロード が，10ビットごとに区切られ，間に誤り訂正符号が5ビットずつ付加されます．最大で266バイトのデータを1パケットで送出できます．

▶**ヘッダ部の構成**

ヘッダ部は次の三つの部分で構成されています．

① データ長：10ビット
② データ長に対するFEC誤り訂正ビット：5ビット
③ ペイロードとCRCの誤り訂正（FEC）の有無：1ビット

● 送受信の方法

▶**電子回路側マイコンからの送信**

電子回路側のマイコンの送信処理ブロックを**図5**（**a**）に示します．送出データの1/0に応じてマイコン内蔵カウンタの設定を切り替え，分周比を変えてFSKを実現します．

▶**スマホ側の送信処理**

スマホ側のスピーカから17 k ～ 19 kHz超音波通信信号を出力する処理を**図5**（**b**）に示します．

正弦波1サイクル分の数値を収納したROMテーブルに対して，規則的なクロック間隔でアドレスを加算し，指定した周波数信号を生成する方式をDDS（Direct Digital Synthesizer）といいます．スマホ側のソフトウェアでDDSを実現し，送信する1/0に応じて周波数を切り替えます．

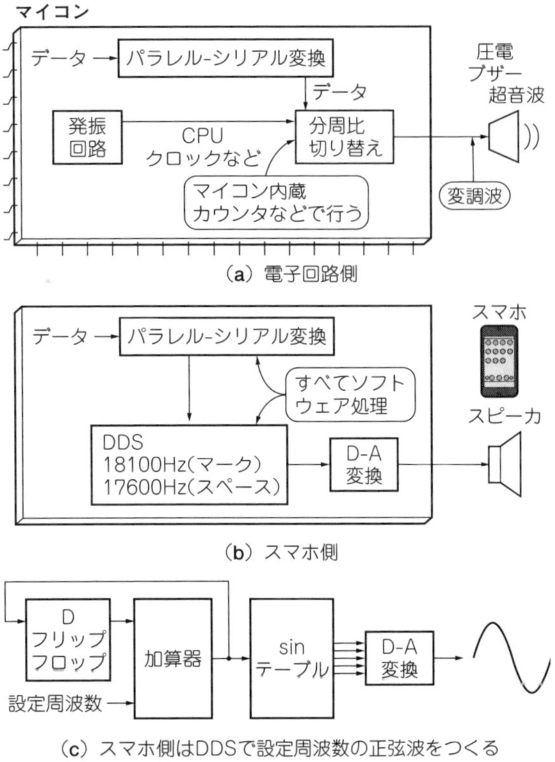

図5　17 k～19 kHz超音波通信の送信処理

▶**受信処理**

受信信号の基本処理は**図6**（**a**）に示すスーパーヘテロダイン方式の無線と同じです．

A-D変換以降はソフトウェアで実現しました．

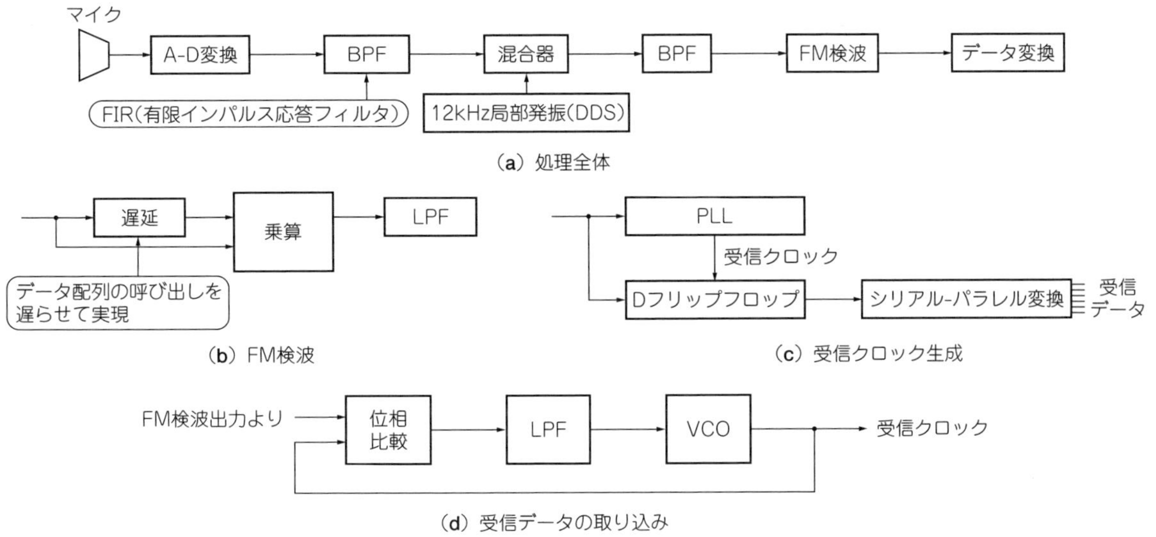

図6　17 k～19 kHz超音波通信の受信処理の流れ

80 DMIPS以上の演算処理を行える32ビットのRXマイコン（ルネサス エレクトロニクス）やARM Cortex-Mクラスで動かせます．

図6(b) の信号処理でFM検波を行い，**図6(c)** の処理で受信クロックを生成し，**図6(d)** の構成でデータを取り込みます．

実験1…電子回路→スマホ送信モジュールを使う

● 回路側の構成

電子回路からスマートフォンにデータを送信するためのモジュールを作成しました（以下送信モジュール）．送信モジュールの外観を**写真1**に示します．

送信は，プログラムを書き込んだマイコンと圧電ブザーのみで実現可能です．筆者はR8C/M11Aマイコン（ルネサス エレクトロニクス）を使いました．

使用するマイコンのペリフェラルは次の三つだけです．**図7**に示します．

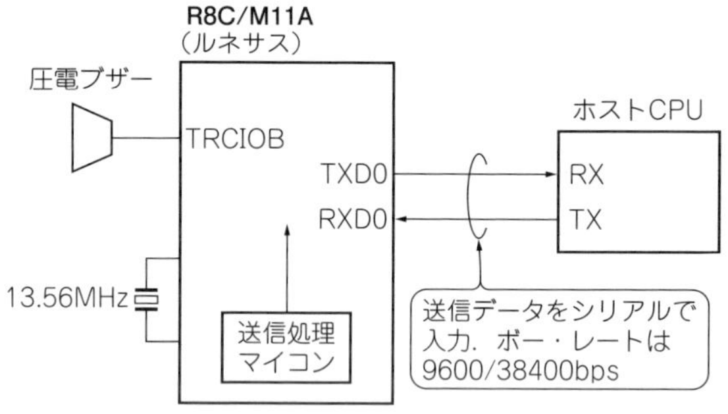

図7　二つのタイマとホスト・インターフェースだけでスマホに超音波でデータを送信できる

タイマRC：出力波形作成用で圧電ブザーに接続する
タイマRB2：ビット・レート2205 bpsの基準信号を作成する
シリアル通信：外部通信に使用する

CPUクロックが数百kHzていどで十分に性能は足りるので，動作時の消費電流を2 mA以下に抑えられます．**図8**に送信モジュールの回路を示します．

TRCIOBは，タイマRCの出力です．圧電ブザーに直結します．

タイマRBは，通信の基準信号として，2205 bpsの周期約454 μs周期を発生させるために使用します．マイコンとセラミック発振子，圧電ブザーのみで構成できます．

送信プログラムはROMサイズ2 Kバイト以下で済みました．PICなどの小規模マイコンにも移植可能です．ホストCPUに，直接移植すれば，マイコンを一つ節約できます．

実際の処理を**図9**に示します．プログラムは本書のサポート・ページからダウンロードできます．ファイル名はssc-tx_smp.a30です．

● 予備実験…変調信号の確認

電子回路からスマホへの送信実験を行いました．

送信モジュールとスマホ・マイクの距離は1 cmと2 mで通信が行えました．それぞれの，受信レベルを計測してみました．実験構成を**図10**に，実験結果を**図11**に示します．

距離1 cmで受信レベルが最大1.3 V，距離2 mで受信レベルが約20 mVです．

この時点で，0.3 mVの分解能を得ています．粗い計算ですが必要なダイナミック・レンジは，73 dB［=

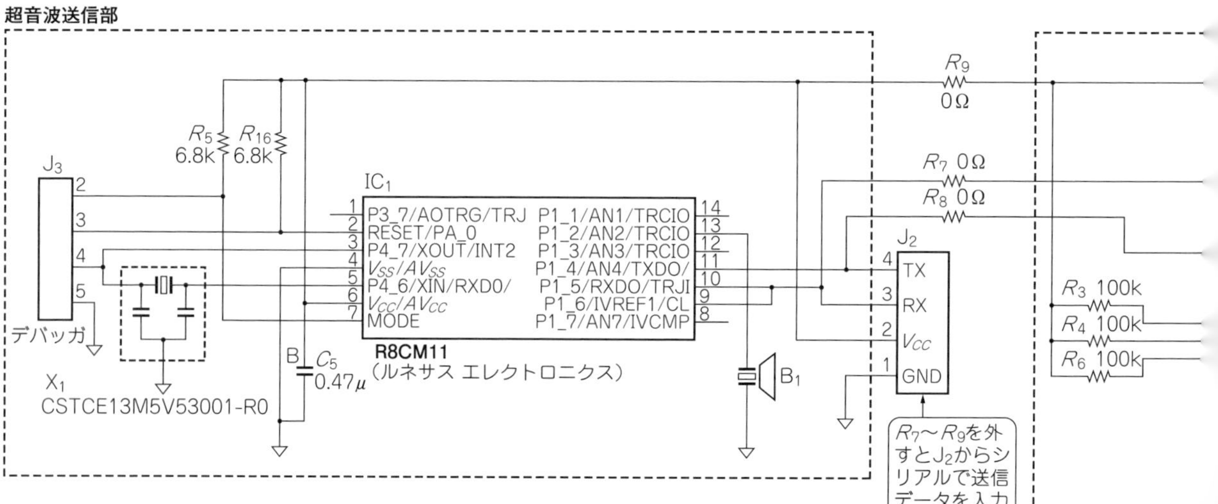

図8　スマホにデータを送信できる送信モジュールの回路

column 圧電ブザーはマイクにもなる

圧電ブザーは，圧電素子により，電気と振動の変換を行い音波を発生しています．逆変換も可能です．つまり，**図A**のようにブザーがマイクの代用にもなります．

送信・受信を兼用することで，マイクは不要です．圧電ブザーを受信に使った場合，通信距離はコンデンサ・マイクを使ったときに劣りますが，50cm以下の用途で使えば問題ありません．

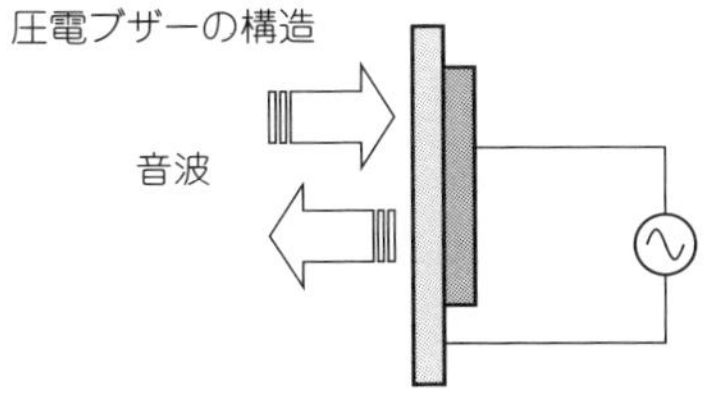

図A　圧電ブザーはマイクとしても使える
円形の黄銅板に圧電セラミックスが接着されている構造．電気信号により，圧電セラミックスが伸縮し，音が発生する．逆に，音によって圧電セラミックスが伸縮すると，電気信号が発生する

20 log (1.3 V/0.3 mV)］です．12ビットA-Dコンバータのダイナミック・レンジは約72 dB (≒ 12 × 6) なので，送受信モジュールでは12ビットA-Dコンバータ内蔵マイコンを使えばギリギリなんとか使えそうです．

● 実験…送信データをスマホに表示

実験の構成を**図12**に示します．Windowsパソコンと送信モジュールを使って，**写真4**のようにスマホ (iPhone/Android端末) にデータを送信してみます．

必要なソフトウェアと入手先は次のとおりです．

- Windowsパソコン用USB-シリアル変換IC PL2303ドライバ
  `http://www.prolific.com.tw/`
- Windowsパソコン用サンプル・プログラムssc_sample.exe

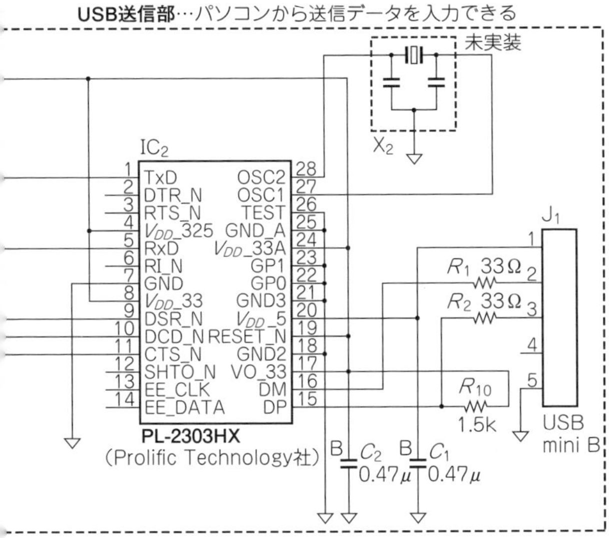

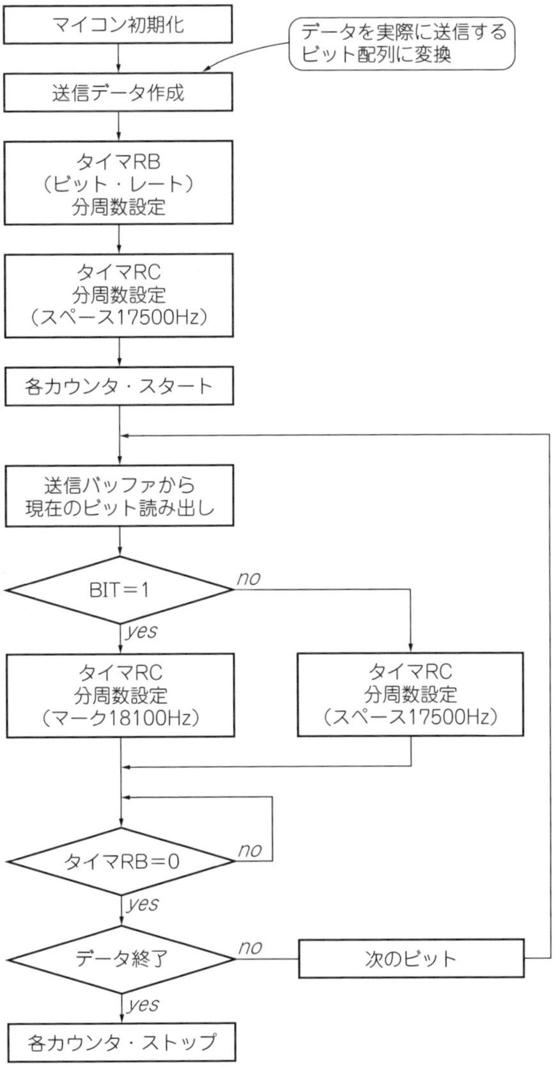

図9　送信モジュールで動かすプログラム

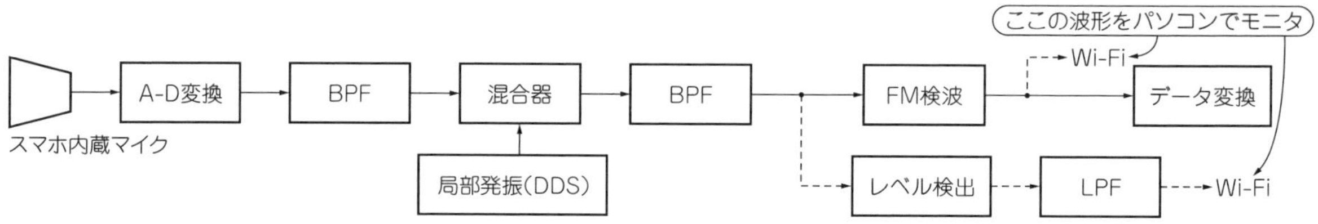

図10 送信モジュールからの超音波信号をスマホで受信して，受信波形をWi-Fi経由で取り出してみる

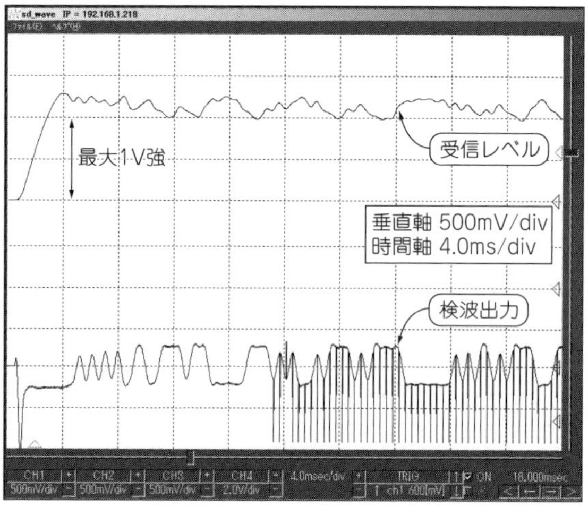

(a) 通信距離1 cm

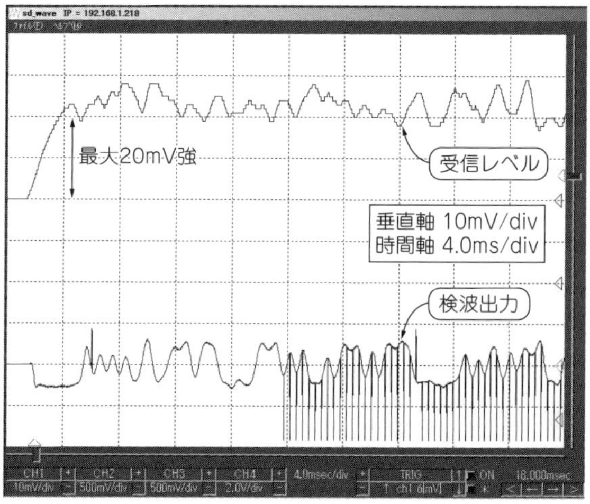

(b) 通信距離2 m

図11 確認！ スマホで受信した波形

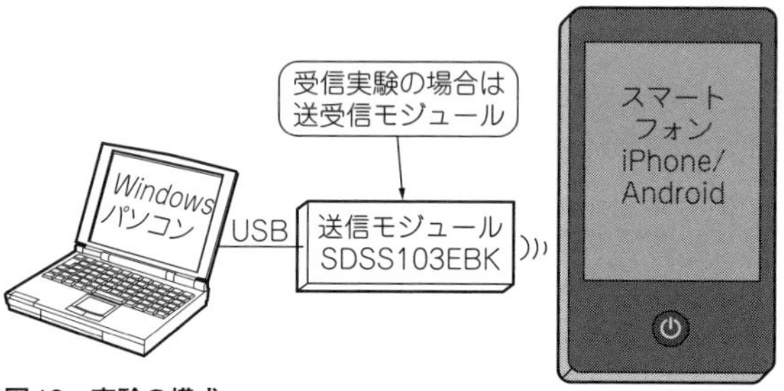

図12 実験の構成

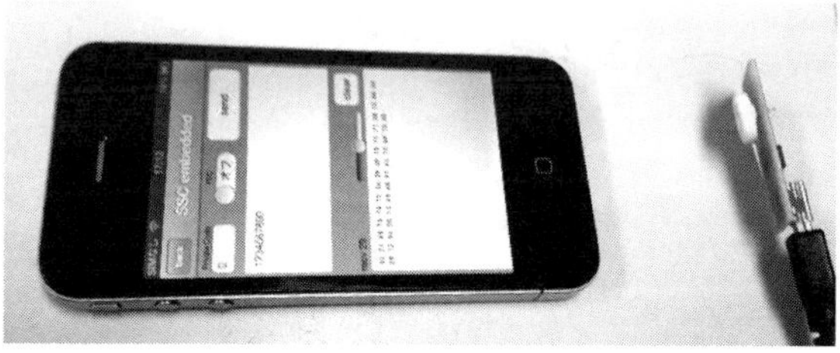

写真4 17 k～19 kHz帯超音波通信モジュールを使えば，人間にはほとんど聞こえずスマホと通信できる

http://www.sdi.sc/evaluation

- スマホ用実験アプリ
  ＜iPhoneの場合＞SSCconnect
  App Storeで入手可
  ＜Android端末の場合＞SSsample
  Google Playで入手可

必要なハードウェアとソフトウェアがそろったら，次の手順で実験を行います．

▶手順

① PL2303用USBドライバをパソコンにインストール
② 送信モジュールをパソコンに接続
③ ssc_sample.exeを起動(**図13**)
④ COMを[OPEN]する．COMポート番号はデバイス・マネージャで調べる
⑤ [FILE READ]をクリックしテスト・データtest.datを読み込む
⑥ iPhoneもしくはAndroidにアプリをインストールして起動する
⑦ 送信モジュールのブザーをiPhoneもしくはAndroidに向ける
⑧ [DATA SEND]をクリック

iPhoneでデータを受信したようすが**写真4**と**図14**

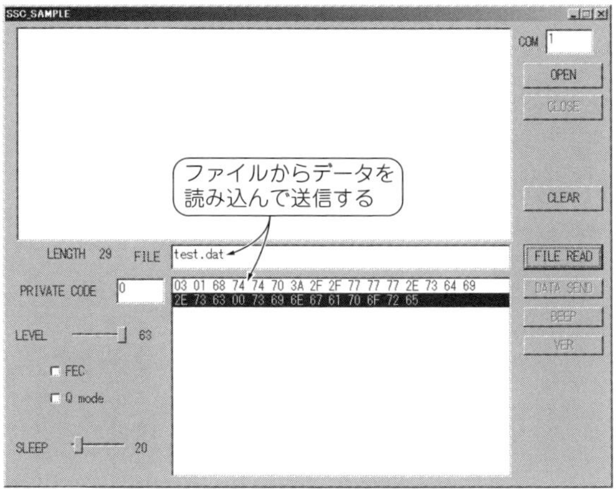

図13　パソコン側のソフトウェアで送信するデータをファイルから読み込む
このソフトウェアで送受信モジュールによる受信データも表示できる

図14　iPhoneで受信成功！パソコンからUSB経由で超音波送信モジュールに送信したデータが表示された

です．パソコンに表示されたデータを，送信モジュールを使ってiPhoneで受信できたことがわかります．

実験2…電子回路⇔スマホ送受信モジュールを使う

電子回路とスマホの17 k～19 kHz超音波通信送受信モジュール（以下送受信モジュール）のハードウェア構成を**図15**に，回路を**図16**に示します．外観は**写真4**です．

TIM3_CH2は，送信に使用するタイマの出力です．受信時は，このポートを入力ポートに切り替えて，ハイインピーダンス化しています．

OPアンプは，CMOSのBU7445HFVを使用しています．簡単ですが，$R = 1\,\mathrm{k}\Omega$，$C = 6800\,\mathrm{pF}$の1次LPFを構成し，アンチエリアシング・フィルタとしています．ちょっと心配ですが，実験では問題ありませんでした．

● 意外とたいへん!? マイコンの受信処理

送受信モジュールのマイコンは送信と受信を両方実現する必要があります．

前述したように，受信処理には80 DMIPS以上の演算処理を行える32ビットのRXマイコン（ルネサス エレクトロニクス）やARM Cortex-Mクラスが必要です．

今回は次のマイコンを使用しました．

- 型名：STM32F103（STマイクロエレクトロニクス）
- 最高クロック周波数：72 MHz
- 内蔵フラッシュ：64 Kバイト
- 内蔵RAM：20 Kバイト
- A-Dコンバータ：12ビット

現時点では，このマイコンがギリギリのスペックです．実際に，スマホ側で受信するときにアプリで実現したFIRフィルタ段数は59段でしたが，29段に減らしました．バッファ・サイズなども再設計しました．

フィルタの設計については参考文献(1)を参考にしました．

FIRフィルタのソース・コードは本書のサポート・ページから入手できるssc-fir-smp.cを参考にしてください．

● 実験

実験構成や必要なソフトウェア，手順は送信モジュールの実験のときと同じですが，送信モジュール

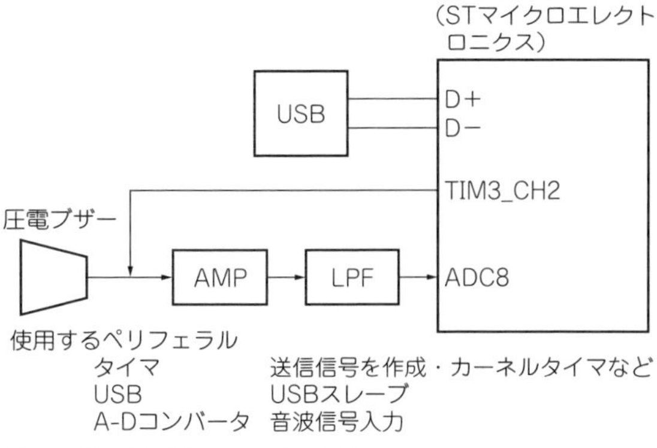

図15　送受信モジュールの主な構成

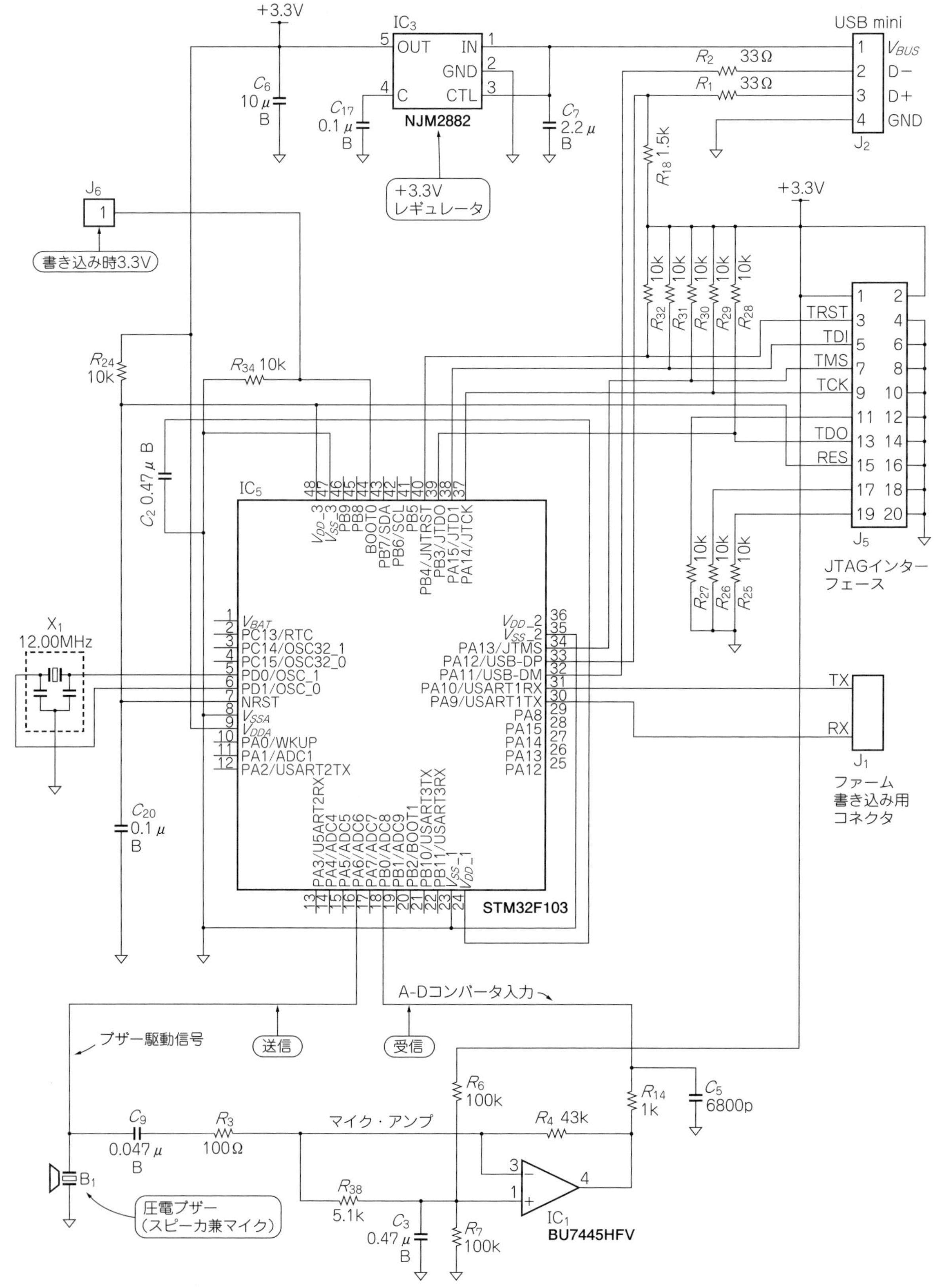

図16　送受信モジュールの回路

図17　iPhoneアプリを使って超音波で文字列を送信する

の代わりに送受信モジュールを使う点が異なります．

図17のようにiPhoneアプリで設定した値が，**図18**のように表示できました．送受信モジュールでiPhoneからの超音波信号を受信できていることがわかります．

送信モジュールと送受信モジュールの入手方法

マルツパーツ館の次のサイトから，キットや部品セットを購入できます．

▶【SDSS103EBK】
超音波データ送信評価キット
http://www.marutsu.co.jp/shohin_157177/

▶【SDSS103KIT×100セット】
超音波データ送信パーツセット
http://www.marutsu.co.jp/shohin_157178/

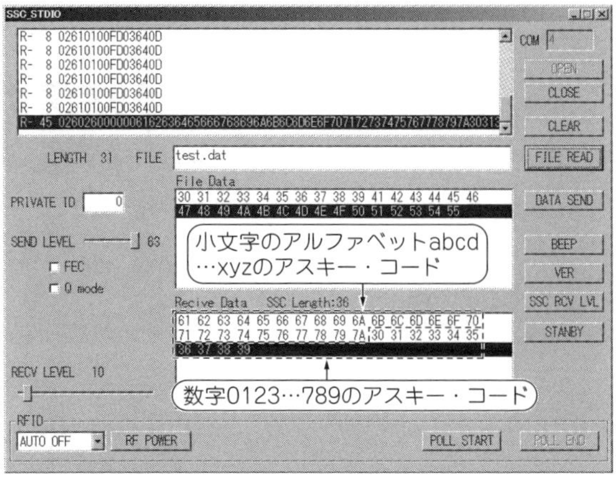

図18　実験成功！ iPhoneアプリで設定した文字列のアスキー・コードが表示された

【SDSS2000】超音波データ送受信評価キットについては，以下のウェブ・ページを確認のうえお問い合わせください．

http://www.sdi.sc/evaluation

マイコン側とスマホ側のサンプル・プログラムやライブラリ仕様書なども，上記のサイトからダウンロードできます．iOS /Android 対応です．

いいだ・みつひろ

第13章

Androidプログラミングが苦手な人向け！

アプリ開発なしで始めるマイコンのスマホ制御

海老原 祐太郎

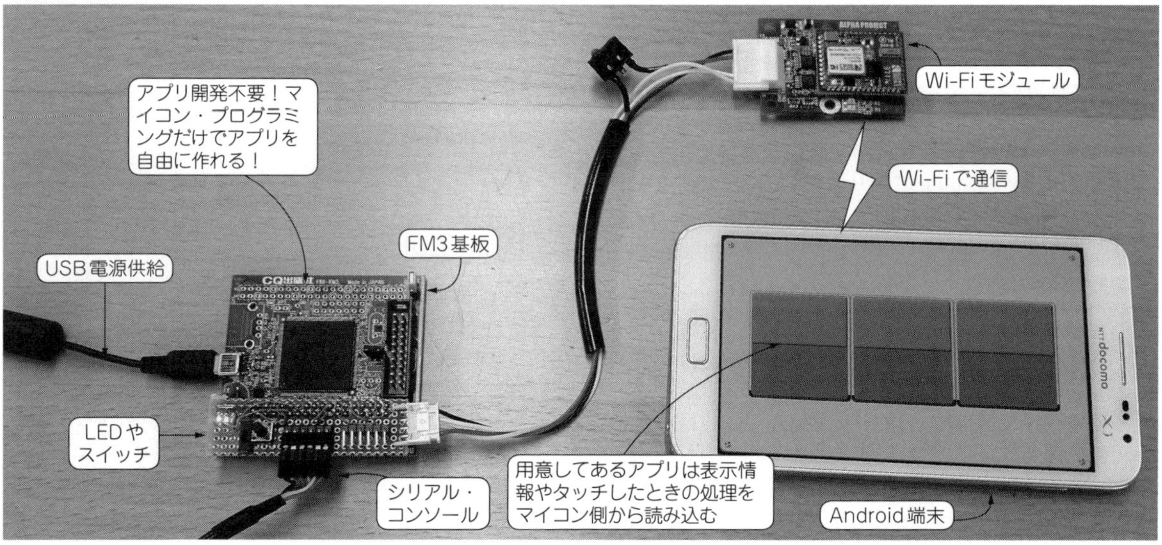

写真1　アプリ開発は不要！マイコン・プログラミングだけで自由にアプリを作れます！

昨今，スマートフォンやタブレットが急速に普及しています．これらにはタッチ・パネルや液晶画面が搭載されており，リッチなグラフィカル・ユーザ・インターフェース(GUI)を容易に実現できます．安価で入手性も良いこれらの端末を組み込みシステムのGUIとして使ってしまおう！というのが，本章の目標です．

ここでは組み込みマイコン基板にWi-Fi無線モジュールを接続し，スイッチ入力やLED点灯出力をAndroid端末から制御する方法を紹介します(**写真1**)．

本システム開発の背景

数点のI/OポートやUARTしか持たない組み込みマイコンへ，タッチ・パネル付き液晶パネルを接続してGUIを実現するには，ハードウェアやソフトウェアともに追加リソースが必要です．

そこで昨今注目されているAndroidのスマートフォンやタブレット端末を，組み込み装置のGUIとして利用することを考えました．Androidを利用することにより，機種選定の幅が広がり，リッチなGUIを構築できます．さらに日本語フォントの問題やソフトウェア・キーボード，日本語入力といった問題が一度に解決できます．

● Androidをユーザ・インターフェース装置として使うと…Javaによるアプリ開発がたいへん

マイコン側の開発と並行してAndroidアプリの開発を行えればよいのですが，当然ながらAndroidアプリ開発の環境と知識が必要で，開発環境の維持にも注意が必要となります．また，似たようなマイコン組み込みの開発時に，その都度，似たようなAndroidアプリの開発を行わければなりません．

● 解決方法…アプリの実体をマイコンに持たせることでアプリ開発から解放される

そこでそれらの問題を“スマートに”解決するソリューションとして，筆者はPlusG SmartSolutionを開発しました．GUI表示情報や処理をマイコン側に持たせ，Android側にはそれらを読み出して実行するアプリを用意しておけば，マイコン側のプログラミング

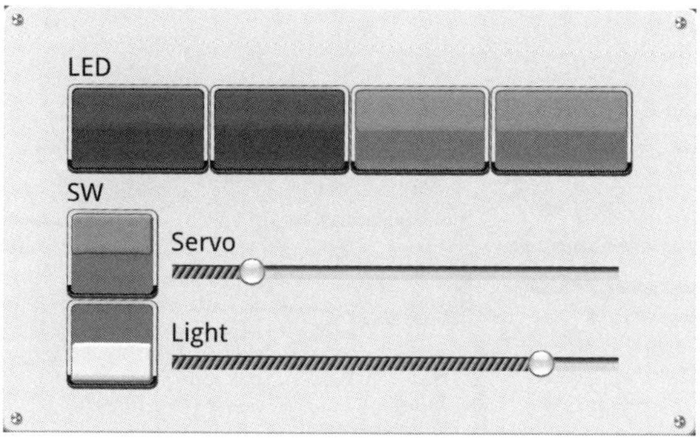

(a) LEDのON/OFFやサーボの位置制御，PWM点灯LEDの明るさを設定できる

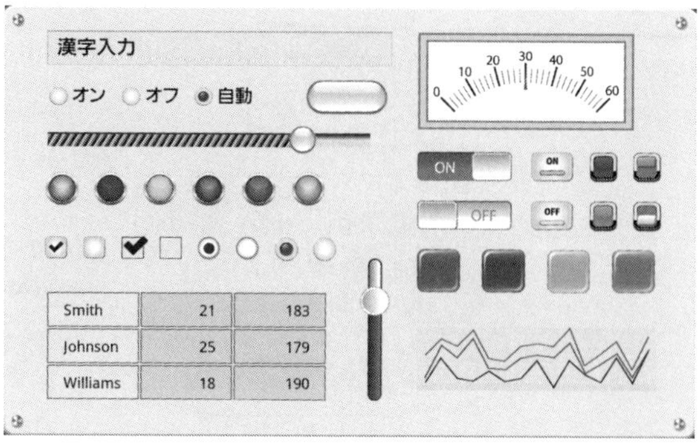

(b) さまざまなボタンやスイッチ，テキストを表示した画面例

図1　PlusG SmartSolutionを使えばJavaプログラミングなしで写真2のハードウェアの制御/計測を行うアプリを作成できる

だけで任意のアプリが作成できるようになります．筆者が作成したこのしくみを「PlusG SmartSolution」といいます．

実際の応用事例を**写真2**に示します．LEDやスイッチ，そしてサーボを制御できるマイコン・ボードですが，画面表示やキーボード入力のようなユーザ・インターフェース機能は持ちません．しかしホストCPUにUSBホスト機能を内蔵しているので，無線LANアダプタを接続すればWi-Fiでのネットワーク通信が可能です．そこでPlusG SmartSolutionを使い，Android端末からLEDやサーボを制御できるようにしてみました．Android端末の画面例を**図1**に示します．

Androidプログラミング不要アプリ PlusG SmartSolution

組み込み装置のGUIにAndroidを用いるアイデアは以前からあったのですが，何回か開発を行っていくと，その都度似たようなアプリを作っていることに気が付きます．そこで組み込み装置のユーザ・インターフェースでよく使う便利なコア機能をパッケージ化してクライアント・アプリ化したのがPlusG Smart Solutionです．

● PlusG SmartSolutionの目標

PlusG SmartSolutionは下記を目標として開発しました．

(1) Android側のアプリ開発を不要とする．Android端末はアプリ（モニタ・ソフト）をインストールするだけで組み込み装置と接続できるようにする．
(2) 組み込み装置でよく使われる「ボタン」，「スライド・レバー」，「ビットマップ描画」，「テキスト入力ボックス」などのオブジェクトは，画面エディタのツールを使って配置できるようにする．

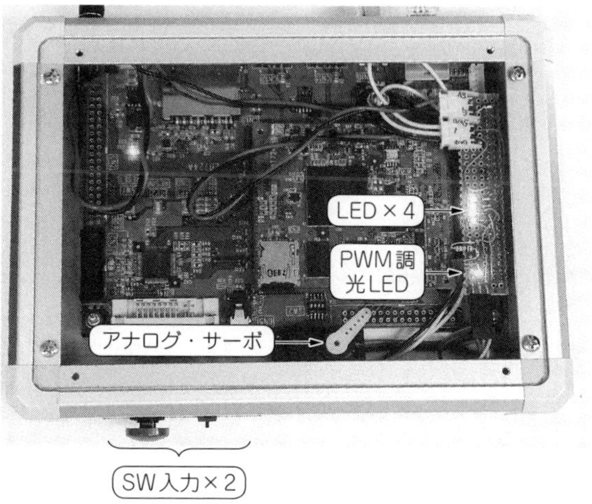

写真2　実験ハードウェア…LEDやサーボモータ，スイッチなどを備えている

(3) 1対Nの接続（1台の組み込み装置に対して複数の画面）に対応するため，組み込み装置側をサーバ，Android側をクライアントとする．
(4) 組み込み装置側（サーバ）の動作要件は，組み込みLinuxを搭載したマイコンでも，Linuxを搭載できないマイコンでも動かせるようにする．組み込みLinuxではフル機能が使え，Linuxを載せないマイコンでは制限はかかるものの利用可能とする．
(5) 日本語の表示はもちろん，入力にも対応する．

● 本システムの全体像

PlusG SmartSolutionを使ったシステムの全体像を**図2**に示します．最初はパソコンで，リソース・エディタを使って画面を作成し，Android端末からパソコンに接続して表示情報および処理情報（JSONファイル）をやりとりし，動作を確認します．画面や動作

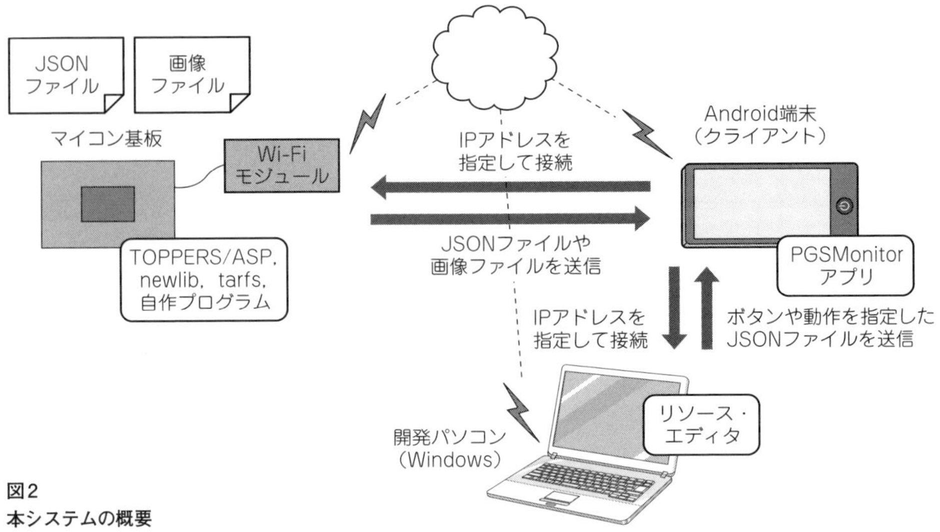

図2
本システムの概要

が出来上がったら，最終的には表示情報および処理情報をマイコン基板に持たせ，マイコン基板とAndroid端末で情報をやりとりして動作します．

● 画面設計は実機レスでも動かせる

早速PlusG SmartSolutionを使ってみましょう．用意するものはAndroid端末(執筆時はAndroid 2.3とAndroid 3.0端末で動作検証した)です．

本章では実際にマイコン基板にLEDやスイッチなどのハードウェア，Wi-Fiモジュールを取り付けて動作させるところまでを解説しますが，マイコン基板を用意しなくてもPlusG SmartSolutionでAndroidの画面を設計し，実際にスマートフォンなどで動かしてみることはできます．以下の内容はマイコン基板が無くても動作を試せるので，ぜひ実際にインストールして手持ちのAndroid端末を動かしてみてください．

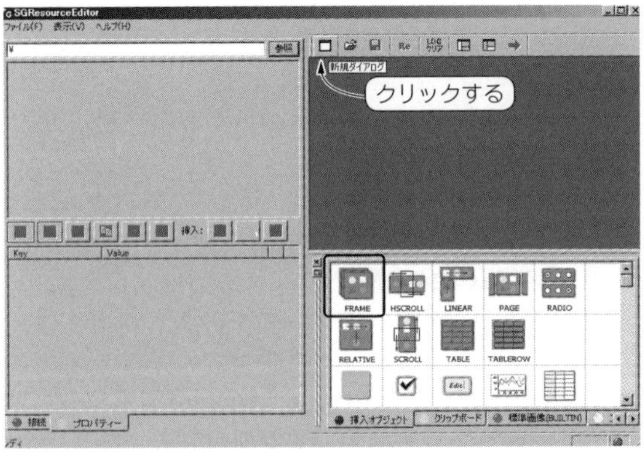

図3　リソース・エディタの画面

● 画面を作成するリソース・エディタ

リソース・エディタは筆者の会社のWebサイト(`http://www.si-linux.co.jp/`)からダウンロードします．Windows XP, Vista, 7の32ビットおよび64ビット環境で動作します．インストーラは無く圧縮ファイルを展開後，実行形式ファイルを選択すれば起動します．起動直後の画面を**図3**に示します．新規ダイアログ作成アイコンをクリックして，空のページを作成します．

リソース・エディタはAndroid側の画面を作成するツールです．保存されるファイルの形式はJSON(ジェイソン)とよばれるテキスト形式です．画面作成に慣れてきたら，リソース・エディタでひな型を作り，使い慣れているテキスト・エディタで画面情報のJSONファイルを加筆修正する方法でもかまいません．

ボタンなどのオブジェクトが複数並んでいる場面などは，テキスト・エディタでコピー&ペーストしてオブジェクト名を修正していく方が早い場面もあります．

● 簡単な画面作成例

では最も単純な，ボタンが二つ並んでいるだけの画面を作ってみます．先ほど起動したリソース・エディタの左側のツリーがボタンなどの画面オブジェクトの配置情報になります．最初に今回作成するダイアログに名前を付けます(**図4**)．

- Name(作成するダイアログの名前)…Dialog1
- TargetLayoutWidth(画面の仮想的な横幅)…100
- TargetLayoutHeight(画面の仮想的な縦幅)…100

Android端末は機種によって液晶画面の縦横ドット数が異なります．また画面を縦持ちにするか横持ちにするかでも方向が90度変わってきます．そこで

図4　リソース・エディタで簡単な画面を作る

SmartSolutionでは，TargetLayoutWidth/TargetLayoutHeightという仮想的な縦横ドット数を定め，これを基準にして画面設計を行います．ここでは縦横共に100としたので，以後は画面幅を100%と仮定して画面設計を行います．

次に，**図3**右下の「挿入オブジェクト」タブから「FRAME」をダブルクリックすると，「Dialog:Dialog1」の下に「Group:FRAME()」が追加されるので，このプロパティを変更します．

- Name（フレームの名前）…Page1
- Width… PARENT（親オブジェクトと同じ大きさ）
- Height…PARENT

「挿入オブジェクト」タブから「PICTURE」をダブルクリックして，「Object:PICTURE()」を追加します．以下のようにプロパティを変更し，ダイアログの背景画像を選びます．

- Width…PARENT
- Height…PARENT
- File…pict_frame.9.png
  （右下の「標準画像（BUILTIN）」タブから選択）

「挿入オブジェクト」タブから「LINEAR」をダブルクリックして追加します．ボタン類のオブジェクトを横または縦に一列並びにするときの“枠”がLINEARです．

- Width…PARENT
- Height…PARENT
- Padding…10，20，10，20
  （左，上，右，下の順で外側の空白域）
- Align…CENTER¦MIDDLE（真ん中寄せ）

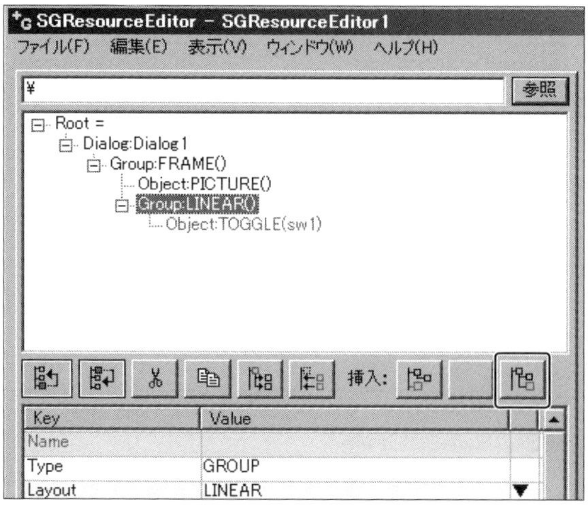

図5　「Group:LINEAR()」の下に「TOGGLE」を追加する

さらに「Group:LINEAR()」の下に，「挿入オブジェクト」タブから「TOGGLE」を追加します（「TOGGLE」を選択した状態で，**図5**に示した「下階層の末尾へ挿入」ボタンをクリックする）．トグルはONとOFFの2値を持つオブジェクトです．

- Name（オブジェクトの名前）…sw1
- Height…20（高さは20%）
- Weight…1（重み付け）
- FileOff…togl70sw_off.9.png
- FileOn…togl70sw_on.9.png

Weightは，LINEARグループの中に置いていくオブジェクトの重みづけです．1：1の大きさにするときはWeightを全て1にしておきます．もう一つTOGGLEオブジェクトを置いてname：sw2にしてください．他のパラメータはsw1と同じにしておきます．

図6のような画面が出来上がりました．ファイル・メニューから「リソースの保存（このソースのみ）」を

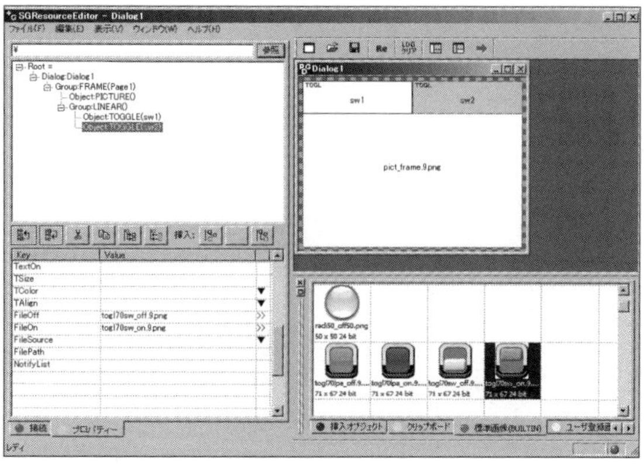

図6　画面イメージが完成した

リスト1 作成したサンプル画面のJSON形式ファイル(画面デザインのみ)

```
{'Commands':[
    {'Command':'DIALOG','Name':'Dialog1','TargetLayoutWidth':100,'TargetLayoutHeight':100,'Object':
        {'Name':'Page1','Type':'GROUP','Layout':'FRAME','Width':'PARENT','Height':'PARENT','NotifyList':'Name','
                                                                                                    Objects':[
            {'Type':'PICTURE','Width':'PARENT','Height':'PARENT','File':'pict_frame.9.png','NotifyList':'Name'},
            {'Type':'GROUP','Layout':'LINEAR','Width':'PARENT','Height':'PARENT','Padding':'10,20,10,20','Align'
                                                        :'CENTER|MIDDLE','NotifyList':'Name','Objects':[
                {'Name':'sw1','Type':'TOGGLE','Height':'20','Weight':1,'FileOff':'togl70sw_
                                                            off.9.png','FileOn':'togl70sw_on.9.png'},
                {'Name':'sw2','Type':'TOGGLE','Height':'20','Weight':1,'FileOff':'togl70sw_
                                                            off.9.png','FileOn':'togl70sw_on.9.png'}
            ]}
        ]}
    }
]}
```

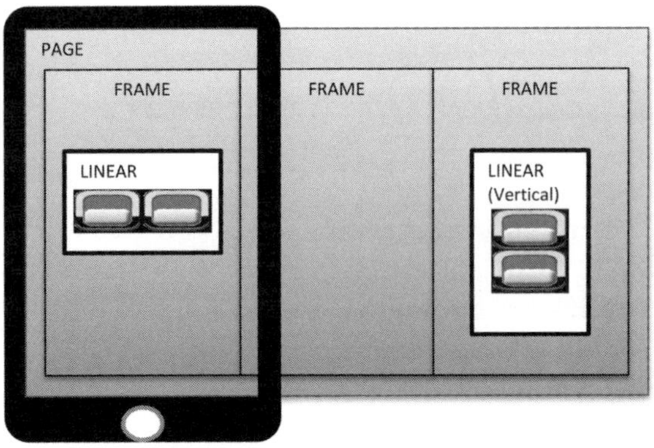

図7 ページ配置情報のイメージ

選択してください．ファイル名はdialog1A.jsonとします．**リスト1**に示すように，JSON形式(コラム参照)のテキスト・ファイルで保存されます．

また，PAGE，FRAME，LINEARの各グループ，およびTOGGLEなどのオブジェクトの関係を**図7**に示します．LINEARの中にLINEARを入れ子にすることもできます．

● リソース・エディタによる待ち受け

それではリソース・エディタの「接続」タブから「待受」ボタンを押してください(**図8**)．待ち受けポートはデフォルトでTCP/5000となっています(変更可能)．これで，TCPの5000番ポートでクライアントからの接続を待ち受ける状態になります．使用している

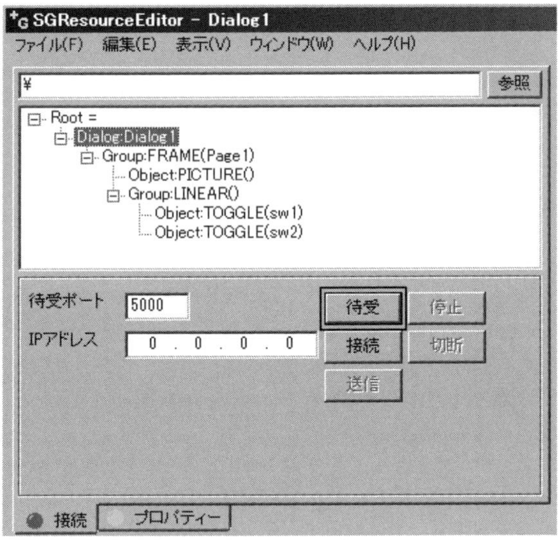

図8 リソース・エディタ側で待ち受けを開始

Windowsパソコンがサーバになるので，IPアドレスを調べてメモをしておきます．

Androidアプリの動作確認

● PlusG SmartMonitorのインストールと起動

Android端末にインストールするアプリケーションは，PlusG SmartMonitor(以下，PGSMonitor)と呼びます．Android端末を用意し，ブラウザから，

`http://www.si-linux.co.jp/pub/SmartSolution/PGSMonitor/CurrentVersion/PGSMonitor.apk`

を開いてPGSMonitor.apkファイルをダウンロードし，インストールしてください．インストールが完了すると**図9**のようなアイコンが用意されます．このアイコンをタップしてPGSMonitorを起動してください．

次にメニューから「IPアドレス登録」を選択します．

- 接続方式: TCP接続
- TCP IPアドレス：WindowsパソコンのIPアドレス

図9 PlusG SmartMonitorのアイコン

リスト2　作成したサンプル画面のJSON形式ファイル（クリック動作含む）

```
{'Commands':[
    {'Command':'DIALOG','Name':'Dialog1','TargetLayoutWidth':100,'TargetLayoutHeight':100,'Object':
        {'Name':'Page1','Type':'GROUP','Layout':'FRAME','Width':'PARENT','Height':'PARENT','NotifyList':'Name','
                                                                                            Objects':[
            {'Type':'PICTURE','Width':'PARENT','Height':'PARENT','File':'pict_frame.9.png','NotifyList':'Name'},
            {'Type':'GROUP','Layout':'LINEAR','Width':'PARENT','Height':'PARENT','Padding':'10,20,10,20','Align'
                                                                                  :'CENTER|MIDDLE',
            'NotifyList':'Name','Objects':[
                {'Name':'sw1','Type':'TOGGLE','Height':'20','Weight':1,'FileOff':'togl70sw_
                                                            off.9.png','FileOn':'togl70sw_on.9.png',
                'OnClick':{'Event':'OnClick','Command':'NOTIFY','MakeCommand':'CONDITION','Name':'sw1'}},
                {'Name':'sw2','Type':'TOGGLE','Height':'20','Weight':1,'FileOff':'togl70sw_
                                                            off.9.png','FileOn':'togl70sw_on.9.png',
                'OnClick':{'Event':'OnClick','Command':'NOTIFY','MakeCommand':'CONDITION','Name':'sw2'}}
            ]}
        ]}
    }
]}
```

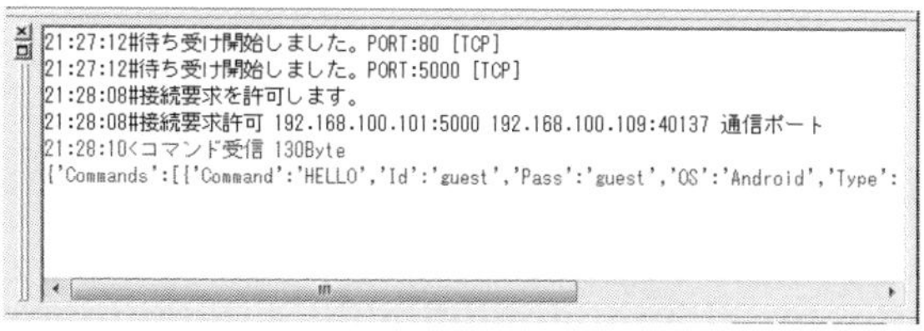

図10　リソース・モニタの「通信ログ」タブの表示

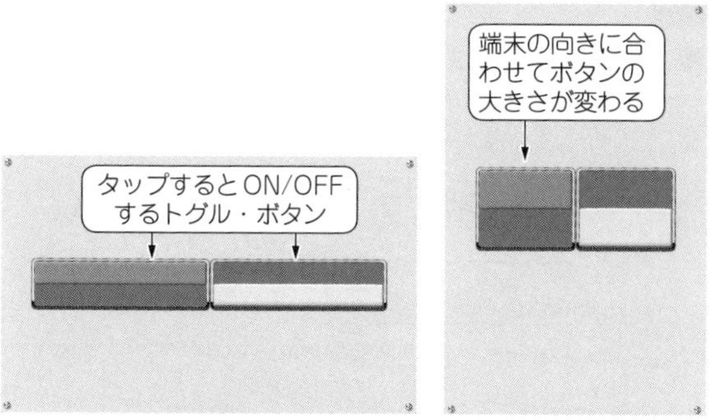

(a) 横位置　(b) 縦位置

図11　Android画面のボタン配置

• TCP ポート：5000

として「登録」ボタンを選択します．PGSMonitorからWindowsパソコンのリソース・エディタに対してTCP接続が行われ，リソース・エディタの「通信ログ」タブに，**図10**のように接続が行われた様子が表示されます．

● Androidへの画面表示

次にリソース・エディタの「接続」タブから「送信」ボタンを，あるいはツールバーから「⇨」矢印ボタンをクリックします．先程設計した画面情報のJSONファイルがPGSMonitorに送信され，PGSMonitorにトグル・ボタンが二つ表示されます．

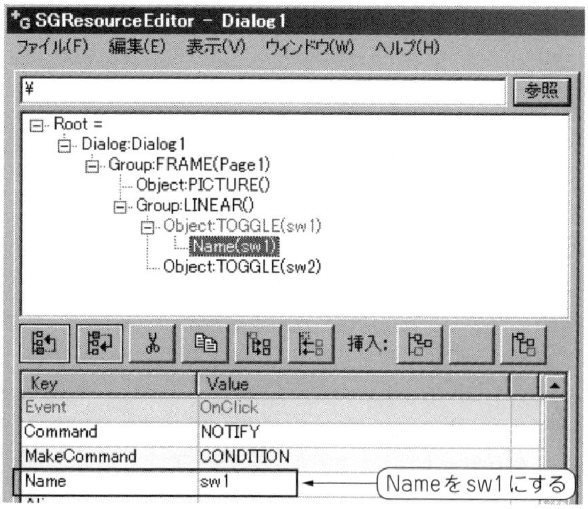

図12　クリック時の動作を設定．ここではCONDITIONを選択

トグル・ボタンなので，タップするごとにON/OFFが入れ替わります．Android端末の縦横を回転すると画面も自動的に回転します（**図11**）．

● クリックしたときの動作の追加

この状態ではボタンをタップしても実際の通信は行われません．再びリソース・エディタを使い，ボタンをタップしたときの動作を追加します．

sw1オブジェクトのプロパティからOnClickを選択すると，プルダウン・メニューから動作項目が選択できます．他のページに移動するOPENや，音を鳴らすSOUND，他のオブジェクトの数値を変えるUPDATEなどがあります．ここではサーバに状態を通達するCONDITIONを選択します．CONDITIONコマンドの詳細設定ページが現れるので，

Name：sw1

とします（**図12**）．同様にsw2オブジェクトに対してOnClickを選択してCONDITIONを選択し，Name：

リスト3　モニタ・ソフトとサーバ間の通信例

```
22:08:06<コマンド受信 77Byte
{'Commands':[{'Command':'CONDITION',
             'Objects':[{'Name':'sw1','Attr':
                                        'ON'}]}]}
22:08:06<コマンド受信 78Byte
{'Commands':[{'Command':'CONDITION',
             'Objects':[{'Name':'sw1','Attr':
                                       'OFF'}]}]}
22:08:08<コマンド受信 77Byte
{'Commands':[{'Command':'CONDITION',
             'Objects':[{'Name':'sw2','Attr':
                                        'ON'}]}]}
22:08:08<コマンド受信 78Byte
{'Commands':[{'Command':'CONDITION',
             'Objects':[{'Name':'sw2','Attr':
                                       'OFF'}]}]}
```

sw2としてください．ここまで設定したファイルを**リスト2**に示します．

● クリック時の動作確認

再びリソース・エディタの「送信」ボタンをクリックすると，PGSMonitorへ画面情報のJSONファイルが転送されます．PGSMonitorのトグル・ボタンをタップすると，ボタン・オブジェクトの状態がサーバに通達されます．リソース・エディタの「通信ログ」タブに，PGSMonitorから受信した電文のログが表示されます．

PlusG SmartSolutionではモニタ・ソフト（Androidアプリ）とサーバ（マイコン基板）間の通信もJSON形式でやり取りします．httpに乗せた通信または任意のTCPポートでの通信となります．トグル・ボタンsw1/sw2，on/offの4通りの組み合わせの電文は**リスト3**の通りです．

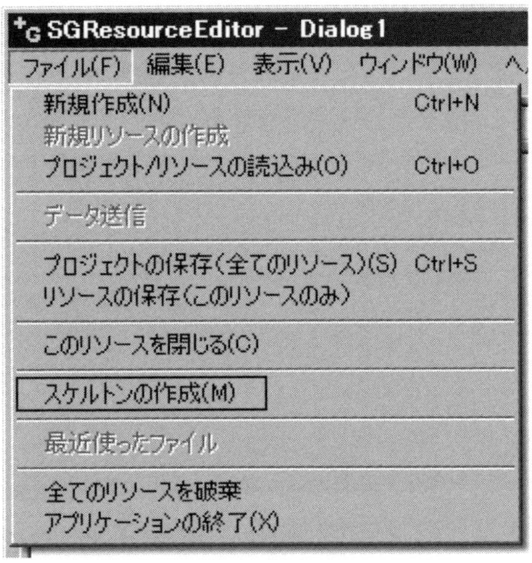

図13　C++によるスケルトンの作成

実機（サーバ）とのやりとり

● C++によるスケルトンの作成

サーバ側に組み込みLinuxを用いる場合は，リソース・エディタからサーバ側タスクのスケルトン・プログラムを自動生成することができます（**図13**）．言語

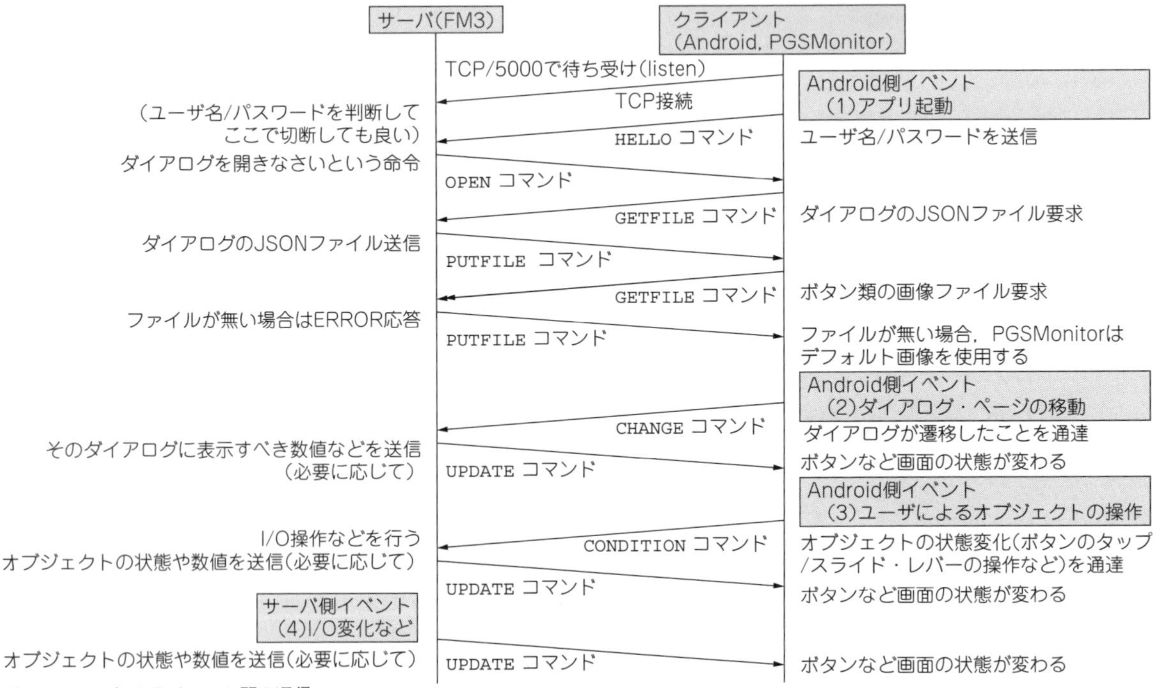

図14　サーバ-クライアント間の通信

はC++です．残念ながら今回使用するFM3基板のようなマイコンでは自動生成されたスケルトンを使用することはできませんが，マイコンからPGSMonitorを操ることはそれほど難しくはありません．

● マイコン基板とPGSMonitorの通信

PlusG SmartSolutionではサーバ（マイコン基板）とクライアント（Androidアプリ）間の通信にhttpポート（80）もしくは任意のTCPポートを選択できます．FM3のようなマイコン・ボードの場合は，TCPポートでの通信を選択するほうがよいでしょう．サーバとクライアント間の通信の流れを**図14**に示します．

(1) アプリ起動

PGSMonitorを起動すると，あらかじめ登録してあるIPアドレスのサーバへTCP接続を行います．接続が完了したのち“`HELLO`”コマンドを送信します．引き数はユーザ名，パスワード，OSタイプ，縦横の解像度などです．

サーバ側はユーザ名，パスワードを受けて，認証しないのであればTCP接続を閉じてかまいません．今回のFM3基板でのサンプル・プログラムでは，チェックせず，すべて通しています．

続いてサーバから“`OPEN`”コマンドを送ります．引き数にJSONファイル名を指定します．PGSMonitorはファイル名で指定されたダイアログを開くため，“`GETFILE`”でサーバに対してJSONファイルを要求します．サーバは“`PUTFILE`”でこれに応じます．

ダイアログ情報（JSONファイル）の中にはボタンなどの画像ファイル名も含まれています．PGSMonitorはこれらについても“`GETFILE`”コマンドでサーバに要求します．サーバはファイルがない時はERRORを返します．PGSMonitorは，ERRORが返った場合は自ら保持している（apkパッケージ内に含まれる）同名のデフォルト・ファイルを使用します．

(2) ダイアログが遷移した場合

PGSMonitorでダイアログが遷移した場合（別のページに移った場合），遷移したダイアログ名を“`CHANGE`”コマンドで通達します．サーバ側は，遷移先ダイアログに必要な情報を“`UPDATE`”コマンドで通達します．例えば，スイッチやA-D変換値といったI/Oの状態などです．このコマンドによってPGSMonitorには現在のI/O状態が表示されます．

(3) ユーザによるオブジェクトの操作

Android側でユーザがオブジェクトを操作したときは“`CONDITION`”コマンドでオブジェクトの状態が通達されます．サーバはこれを受けてI/O操作を行います．

(4) サーバ側でのI/Oイベント

サーバ側でI/O状態が変化したときは“`UPDATE`”コマンドでPGSMonitorにオブジェクトの状態更新を通達します．

表1　筆者の作成したTCPネットワーク関数

`int tcp_listen(int port);`
機能：tcpサーバ待ち受け開始
引き数：`int port` ポート番号
戻り値：ソケット番号，エラー時は負
`int tcp_recv(int sd, char *buf, int len);`
機能：tcpデータ送信
引き数：`int sd` ソケット番号 `char *buf` 送信データのバッファ・ポインタ `int len` 送信データのバイト数
`int tcp_send(int sd, char *buf, int len);`
機能：tcpデータ受信（データを受信するまでブロックする）
引き数：`int sd` ソケット番号 `char *buf` 受信データ・バッファのポインタ `int len` 受信データ・バッファのバイト数
`int tcp_close(int sd);`
機能：tcpソケットのクローズ

表2　筆者の作成したtarfsアクセス関数

`void tarfs_init(void *baseaddr, size_t size);`
機能：tarfsの初期化
引き数：`void *baseaddr` データが置かれているアドレス `size_t` データの大きさ
`int tarfs_ls(void);`
機能　：ファイル一覧の表示
戻り値：成功した場合は0
`int tarfs_open(const char *filename, int mode);`
機能　：ファイル・オープン
引き数　：`const char *filename` ファイル名 `int mode` オープンモード
戻り値：成功した場合はファイル・ディスクリプタ番号
`int tarfs_read(int fd, void *buf, int len);`
機能　：ファイル・リード
引き数　：`int fd` ファイル・ディスクリプタ番号 void *buf データをリードするバッファ int len バッファ・サイズ
戻り値：成功した場合読み込んだバイト数
`int tarfs_close(int fd);`
機能　：ファイル・クローズ
引き数　：`int fd` ファイル・ディスクリプタ番号
戻り値：成功した場合0
`int tarfs_fstat(int fd, struct stat *pstat);`
機能　：ファイルの情報を得る
引き数　：`int fd` ファイル・ディスクリプタ番号 `struct stat *pstat` ファイル情報を格納する構造体
戻り値：成功した場合0

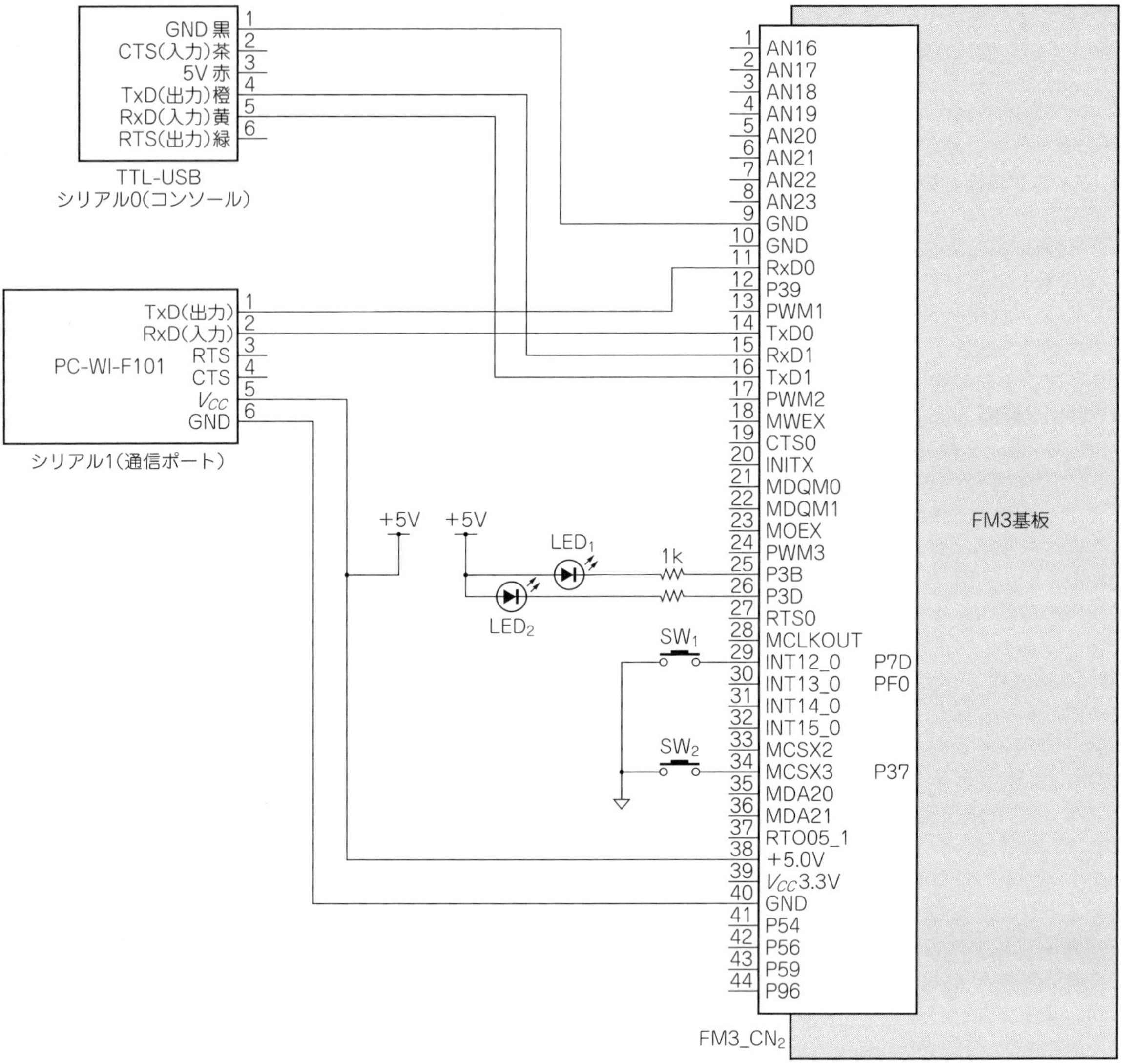

(a) Wi-Fiモジュールとシリアル・コンソールの接続回路

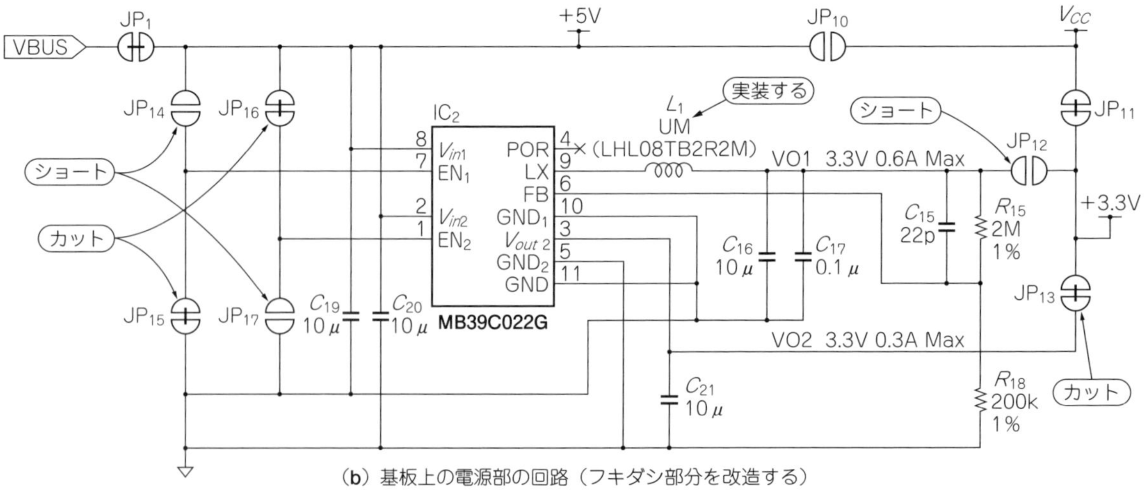

(b) 基板上の電源部の回路（フキダシ部分を改造する）

図15　FM3マイコン基板と各モジュールとの接続

FM3基板側の開発

● FM3マイコンのハードウェア

FM3基板にはLEDを二つ，スイッチを二つ接続します．FM3基板には基板上にLEDが一つ実装されているので，結果的に動作させるI/Oは，LED3個，スイッチ2個となります．Wi-Fi無線モジュール「PC-Wi-Fi01」とはシリアル接続します．TxD，RxD，GND，+5V の4本を配線します．

PC-Wi-Fi01には+3.3V/Max 350mAの電流供給が必要です．このためFM3基板の電源LSIをLDOモードで動作させると電流不足になるため，DC-DCモードで動作させます(1)．この電源部分の改造を含め，必要な配線を**図15**に示します．

● FM3マイコン側のソフトウェア

今回はスレッド(タスク)が使いたかったこと，文字列操作などCライブラリが必要だったことなどから，FM3基板向けにTOPPERS/ASPと newlibを載せることにしました．

TOPPERS/ASPとnewlib開発環境の構築は少し長くなるので，最後に紹介するダウンロード・ファイルを参照してください．

Android端末との通信にはWi-FiモジュールPC-Wi-Fi01を使用します(2)(3)．筆者は独自に通信ライブラリを構築しました．筆者が構築したTCP通信ライブラリは**表1**に示す四つの関数です．PC-Wi-Fi01以外の通常の有線LANなどでも，これら四つの関数を作成すれば今回のサンプル・アプリの移植は可能でしょう．

● tarfs(tar file system)を採用

FM3基板をSmartSolutionのサーバにするときは，ダイアログ情報のJSONファイルや画像アイコンなど，FM3基板にファイルを持たせる必要があります．ファイルの数量が多くなるのであればSDカードなどのストレージが必要になりますが，今回はJSONのテキスト・ファイルが少数必要なだけなので，FM3マイコンの内蔵フラッシュROMの一部にファイルを置くことにします．

また適当なアーカイバを独自開発するのではなく，UNIXのtarコマンドでファイルを固めてFM3マイコン内蔵フラッシュROMに格納することにします．tar file system，略してtarfsを作ります．

またこのメモリ上に存在するtarデータに対してアクセスする関数として，**表2**に示す六つの関数を作成しました．

● tarfsのフォーマット

tarファイルの構造はとてもシンプルです．**図16**にtarファイルの構造を示します．tarは1ブロックが512バイト単位で，ヘッダ・ブロックとファイル本体が交互に現れます．ファイルは512バイトに切り上げられます．最後は0x00だけのブロックが2個で終端となります．

ファイルのタイム・スタンプ(mtime)やファイル長(size)などの数値情報は，8進数のASCIIテキストで記録されている点に注意してください．例えばmtimeがASCII文字で“12005265470”だった場合，これを8進数と解釈してinteger 変換した値が，time_t型(UNIX系で標準的な1970年1月1日を0とした現在

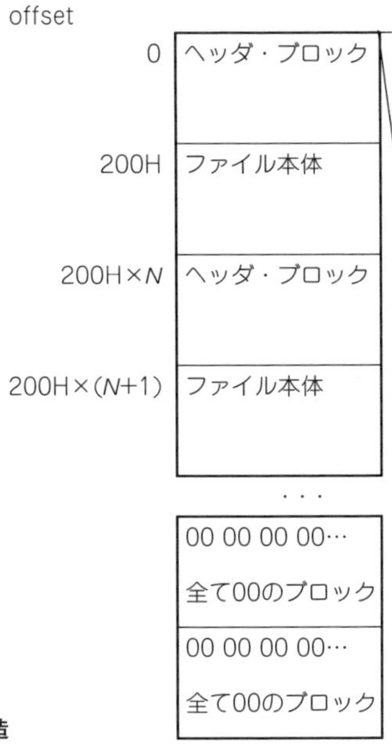


```
struct tarhead{
  char name [100];
  char mode [8];       /* oct */
  char uid [8];        /* oct */
  char gid [8];        /* oct */
  char size [12];      /* oct */
  char mtime [12];
  char chksum [8];
  char typeflag [1];
  char linkname [100];
  char magic [6];      /* "ustar" */
  char version [2];
  char uname [32];
  char gname [32];
  char devmajor [8];
  char devminor [8];
  char prefix [155];
  char dummy [12];
}__attribute__((packed)) ;
```

typeflag
0　通常ファイル
1　ハードリンク
2　シンボリックリンク
5　ディレクトリ

図16
tarファイルの構造

```
0x00000  ┌─────────────┐
         │ プログラム     │
         │  (asp.srec) │
0x40000  ├─────────────┤
         │ ファイル      │
         │  (tarfs.srec)│
         │             │
0xFFFFF  └─────────────┘
```

cat asp.srec tarfs.srec > output.srec
コマンドで単純に二つの srec ファイルを合体し
output.srec ファイルとしている

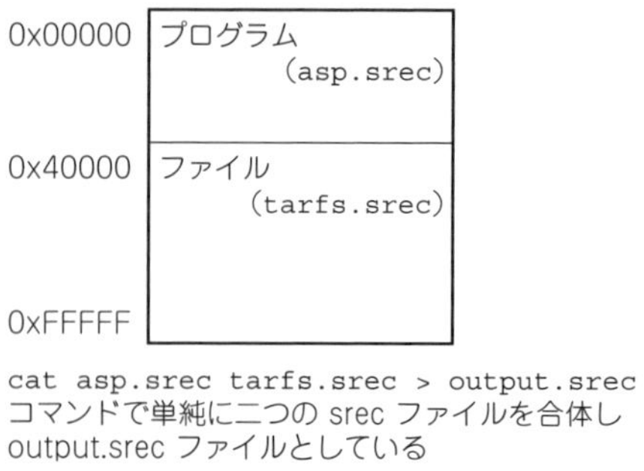

図17 フラッシュROMメモリ配置

までの経過秒数）となります．この場合は，2012-07-30 01:56:24を意味します．

tarはファイルが512バイト単位に切り上げられる点や，最後に1024バイトの0x00で終端となるなど，メモリ使用効率は良くありません．しかし扱いが簡単であること，アーカイバ・プログラムを新規作成しなくてよい利点があるので，今回はtar形式を採用しました．

● FM3基板でのフラッシュROMメモリ配置

FM3基板ではアドレス0x00000番地から0xFFFFFまでの1Mバイトが内蔵フラッシュROM領域になります．今回作成した最終的なサンプル・プログラムの必要ROMサイズ（.text，.data，.rodataセクションの合計サイズ）は0x1F5D0バイトだったので，倍の余裕を見てtarデータを置くアドレスを0x40000番地としました（**図17**）．

● tarfsの作成方法

resources/ディレクトリ以下に置いたリソース・

---

column　JSONとは

JSONとはJavaScript Object Notationの略でジェイソンと読みます．人間にもコンピュータ言語にも親和性が高く，読み書きしやすいテキスト表記方法のことです．例えば，

{"キー":"値"}

と表現し，キーが複数ある場合はカンマで区切ってつなげ，数値は""で囲みません．例えば，

{"name":"dialog1","width",640}

のように記述します．なお，JSONでは文字列をダブル・クォーテーション(")で囲む文法ですが，SmartSolutionではシングル・クォーテーション(')も許可しています．

リスト4　ファイル結合シェル・スクリプト（mksrec.sh）

```
#!/bin/sh
ROMADDRESS=0x40000
tar cf tarfs.tar resources/
tar tvf tarfs.tar
objcopy -I binary -O srec --adjust-vma=$ROMADDRESS tarfs.tar
                                                tarfs.srec
cat asp.srec tarfs.srec > output.srec
```

ファイル（ダイアログ情報を記録した.jsonファイルや，必要に応じてアイコン等の画像ファイル）をtarコマンドで固め，TOPPERS/ASPのコンパイル済み実行ファイルであるasp.srecと合体するシェル・スクリプトを**リスト4**に示します．objcopyコマンドで，単純なバイナリ形式である.tarファイルに対して仮想的にアドレスを割りつけ，.srec（モトローラS形式）に変換します．そしてcatコマンドで二つの.srecファイルを結合します．

● FM3マイコン実機での動作確認

リスト4のスクリプトを実行して生成されたoutput.srecをFM3マイコンに書き込み，起動してみます．

Androidアプリの画面から，IPアドレスなどを変更して接続先をFM3マイコンの実機に切り替えます．リソース・エディタでの動作確認と同様に，実機でもLEDの点灯状態を制御できるはずです（**写真1参照**）．

PGSMonitorについての補足説明

ここで，PGSMonitorの機能にうち説明していなかったいくつかの点について補足説明します．

● ファイル送信

PGSMonitorから"GETFILE"コマンドでファイル送信要求があった場合，サーバ（FM3基板）は"PUTFILE"コマンドで要求に応えます．"PUTFILE"の形式は次の通りです．

```
STX
{'Command':'PUTFILE',
 'File':'dailog1B.json',
 'Length':2721,
 'Date':'2012-08-16 16:42:45'}
ETX
```

このあとファイル本体（バイナリも可）がLengthで示したバイト数ぶん続くファイルが存在しないときは，次のような応答を返します．

```
STX
{'Command':'PUTFILE',
```

リスト5　スイッチ監視タスクの実装例（抜粋）

```
int send_update(int sd,char *name, char *attr, char
*title)
{
    int ret;
    char str[256];

    if(sd<=0)
        return 0;

/* PGSMonitorに送る JSONコマンドを作成する */
    sprintf(str,"%c{'Command':'UPDATE','Object':{'Nam
e':'%s',
        'Attr':'%s','Title':'%s'}}%c",0x02, name, attr,
title, 0x03);

/* TCP socket を通じてコマンドを送る */
    ret = socket_write(sd, str, strlen(str));
    return ret;
}

int send_switch_update(int sd, int sw, int val)
{
    if(sd<=0)
        return 0;

    if((sw==0)&&(val==0))
        send_update(sd, "SWITCH0", "ON", "On");
    if((sw==0)&&(val==1))
        send_update(sd, "SWITCH0", "OFF", "Off");
    if((sw==1)&&(val==0))
        send_update(sd, "SWITCH1", "ON", "On");
    if((sw==1)&&(val==1))
        send_update(sd, "SWITCH1", "OFF", "Off");

    return 0;
}

/* スイッチ監視タスク(スレッド) */

#define MAX_SW 2
int swval[MAX_SW];

void task_smartsol2(intptr_t arg)
{
    int task_no=(int)arg;
    int sw;
    int val;

    while(1){
        for(sw=0; sw<MAX_SW; sw++){
            val = fm3_switch(sw);
            if(swval[sw] != val)
                send_switch_update(smartsol_sd, sw,
val);
            swval[sw] = val;
        }
        dly_tsk(50);    /* 50msec ディレイ */
    }
}
```

```
  'File':'led_on.9.png',
  'Status':'ERROR'}
ETX
```

● **JSONの簡易解析**

先ほどの**図14**に示した“CONDITION”コマンドの解析について説明します．PGSMonitorでユーザがボタンなどの操作を行ったときに“CONDITION”コマンドが送られてきます．以下は‘LED0’オブジェクトを‘ON’にした場合のコマンドです．コマンドもすべてJSONの書式に従っています．JSON構造の前にSTX(0x02)，最後にETX(0x03)が付加されます．

```
STX
{'Command':'CONDITION',
  'Objects':[{'Name':'LED0','Attr':'
                                ON'}]}
ETX
```

本来であれば真面目にJSONをパースする必要がありますが，サンプル・プログラムでは簡易的な解析で済ませています．

- 'Command'…に続く文字列がコマンドであること
- 'Name'…に続く文字列がオブジェクト名であること
- 'Attr'…に続く文字列が状態であること（‘ON’または‘OFF’）

これらを解析してLED0，LED1，LED2に対するI/O操作を行います．

サーバからPGSMonitorに“UPDATE”などのコマンドを送る際は，単純にsprintf()関数でJSON文字列を構築しています（**リスト5**）．

＊　＊　＊

本章で紹介したFM3基板側の完全なプログラムは，下記のWebサイトで公開しています．

http://si-linux.co.jp/techinfo/index.php?FM3_SmartSolution

サンプルを動かしている様子の動画も公開しています．今回作成したtarfsやPC-Wi-Fi01のライブラリ・ルーチン単体はBSDライセンスとします．またTOPPERS/ASPやnewlibはそれぞれのライセンスが適用されます．

PlusG SmartSolutionは商用ソフトでありながら「ホビー・ユース」，「研究開発」，「展示会などでの商品デモ目的」など，非商用目的であればロイヤリティ・フリーの無償版を使うことができます．

マイコンの開発は昔からやっているのだけど，Androidの開発はちょっと…という場合でも（まさに筆者のことです！），自作マイコン・システムをAndroidのスマートフォンから制御できるようになります．スマートフォンを使い，3G回線やWi-Fi経由で自作マイコンを動かす…それがマイコン側のプログラミングだけで可能になります．Androidという便利な端末をぜひ活用してください．

えびはら・ゆうたろう

索　引

参考文献

■第1章

(1) Android公式APIガイド, http://developer.android.com/guide/index.html

■第4章

(1) AD5392データシート, アナログ・デバイセズ.
(2) AD8310データシート, アナログ・デバイセズ.

■第5章

(1) MPLAB X, http://www.microchip.com/pagehandler/en-us/family/mplabx/
(2) Microchip Application Libraries, http://www.microchip.com/stellent/idcplg?IdcService=SS_GET_PAGE&nodeId=2680&dDocName=en547784
(3) USB Framework for PIC18, PIC24 & PIC32, http://www.microchip.com/stellent/idcplg?IdcService=SS_GET_PAGE&nodeId=2680&dDocName=en537044
(4) android-serialport-api, http://code.google.com/p/android-serialport-api/

■第6章

(1) android-serialport-api, http://code.google.com/p/android-serialport-api/
(2) ROI (Roomba Open Interface) マニュアル, アイロボット.

■第7章

(1) PIC24FJ64GB004 Family Data Sheet, http://www.microchip.com/wwwproducts/Devices.aspx?dDocName = en536121
(2) 岩田 直樹, 杉浦 登, 高木 基成, 原田 明憲, 吉田 研一 ; Android ADKプログラミング&電子工作バイブル, 2012年5月, ソシム.
(3) マイクロチップ・テクノロジーのUSBライブラリ「Microchip USB Framework」
(4) グーグル提供のBluetoothサンプル・アプリケーション「BluetoothChat」

■第10章

(1) 圓山 宗智 ; トライアル・シリーズ「2枚入り！ 組み合わせ自在！ 超小型ARMマイコン基板」, 2011年4月, CQ出版社.
(2) XBee Wi-Fi Moduleマニュアル, 90002124_F, 2011, Digi International.
(3) ハイパーテキスト転送プロトコル －－ HTTP/1.1解説サイト, http://www.studyinghttp.net/rfc_ja/rfc2616
(4) 大藤 幹, 半場 方人 ; 詳解 HTML&CSS&JavaScript辞典, 第5版, 2011年8月, 秀和システム.
(5) bin2cユーティリティのダウンロード・サイト, http://sourceforge.jp/projects/sfnet_bin2c/

■第11章

(1) MSP430 Embedded Soft-Modem Demo, テキサス・インスツルメンツ, http://www.tij.co.jp/jp/lit/an/slaa204/slaa204.pdf

■第12章

(1) 岩田 利王氏のウェブ・サイト, http://www.digitalfilter.com/

■第13章

(1) 中島 和則 ; Appendix 1 電源IC MB39C022シリーズ製品概要, 特集 ARMコア搭載FM3マイコンではじめる組み込み開発, Interface 2012年6月号.
(2) 中田 宏 ; 第5章 8ビット・マイコンで作る！ シンプルWi-Fiネットワーク・アダプタ, 特集 作って試す！ Wi-Fi, Interface 2012年11月号.
(3) 川本 泰久 ; 第6章 Wi-Fiでスッキリ！ ロボットのパソコン制御, 特集 作って試す！ Wi-Fi, Interface 2012年11月号.

著者略歴

中本 伸一（なかもと しんいち）

1979年に北海道大学 工学部 電気工学科を中退し，有限会社ハドソンに入社．以後30年余り，エンターテインメント系のハードとソフトの開発に携わり，数多くの作品を世に送り出した．代表作はHuBasic，Human68K，PCEngine，CD-ROM2，ロードランナー，ボンバーマンなどのゲーム多数．2005年にエンジニアが理想とするメーカのあるべき姿を夢見て，ハドソン時代の同僚である岡田 節男とともに，有限会社サイレントシステムを設立．特徴あるオリジナルなプロダクトを発信し続けている．技術士（情報工学部門）．

後閑 哲也（ごかん てつや）

1947年：愛知県名古屋市で生まれる．
1971年：東北大学 工学部 応用物理学科を卒業．
1996年：ホームページ「電子工作の実験室」（`http://www.picfun.com/`）を開設．子供のころからの電子工作の趣味の世界と，仕事としているコンピュータの世界を融合した遊びの世界を紹介．
2003年：有限会社マイクロチップ・デザインラボを設立．代表取締役．
2012年：神奈川工科大学 客員教授．
E-mail gokan@picfun.com

大橋 修（おおはし おさむ）

都立高専 電気工学科を卒業後，日本精工（株）でエアバッグの制御ソフトウェア開発，ボッシュ（株）にてエンジン・マネージメント・システム開発，適合ツールの開発，PM，ノキアにてシンビアンOS用ミドルウェアS60の開発などを行う．インテルを経て，産業技術大学院大学在学中に大宮技研 合同会社 エグゼクティブエンジニア就任．

土屋 陽介（つちや ようすけ）

2006年に拓殖大学 大学院 工学研究科 博士後期課程を修了．ヒルベルト変換を用いた遅延時間推定法の研究で博士（工学）を取得．同年に産業技術大学院大学 研究員．2007年からは同大学助教，現在に至る．
産業技術大学院大学では，ネットワーク・サービス・プラットフォーム研究所の研究員としてロボット・サービス・プラットフォームの研究に従事し，現在は主にロボット・サービス・プラットフォームの国際展開について取り組んでいる．

成田 雅彦（なりた まさひこ）

早稲田大学 大学院 数学科 修士課程修了後，富士通（株）にて，ソフトウェア・プラットフォームの企画・研究開発と関連の国際標準活動に従事．Xコンソーシアムにて Xwindowの国際化のリーダや，ミドルウェアInterstageの企画を務めた．2010年，首都大学東京 大学院 システムデザイン研究科 博士課程修了．現在，産業技術大学院大学 教授，博士（工学）．ロボット学会ネットワークを活用したロボット・サービス研究専門委員会 委員長．

原田 明憲（はらだ あきのり）

中学からコンピュータに興味を持ち，ソフトウェア開発の仕事に就く．組み込みソフトウェア開発を行ったことから電子工作を始める．日本Androidの会横浜支部 ロボット部で活動を行っている．

圓山 宗智（まるやま むねとも）

京都市出身．マイコンLSI設計者．マイコンとの出会いは高校時代のTK-80．それ以来，32ビットから8ビットまで多くの組み込み用マイコン・チップやSoCを設計し，またありとあらゆるマイコンを使ったボードを設計・製作してきた．いまだに，CPUや機能モジュールをFPGA検証しながら開発し，同時にMacの上でWindows用の統合開発環境を開発している．ここ数年はマイコンとアナログを協調させることに興味津々．

佐々木 友介（ささき ゆうすけ）

1979年，和歌山県で生まれる．大阪のソフトウェア開発会社に勤務．大手家電メーカで組み込みソフトウェアの開発に従事．2006年ごろから電子工作に興味を持ち始め，コーヒーの空きカップを使ったコーヒー・カップ・アンプなどを製作．DIYの祭典，Maker Faireには毎年参加している．最近はもっぱら3Dプリンタに興味を示す．

飯田 光浩（いいだ みつひろ）

1967年：福井県福井市で生まれる．
1988年：石川工業高等専門学校 電気科を卒業後，電子部品メーカ勤務．
1995年：(株) システムデザイン（福井県福井市）を設立．代表取締役．
1996年：無線プリンタ共有装置の開発に従事．
2001年：Bluetoothベースバンド開発に従事．
2006年：RFIDモジュール開発に従事．

海老原 祐太郎（えびはら ゆうたろう）

シリコンリナックス（株）代表取締役．1995年にLinuxに出会い，2000年に組み込みLinuxを事業化するために起業，現在に至る．

本書で解説している各種サンプル・プログラムは，本書サポート・ページからダウンロードできます．URL は以下の通りです．

```
http://shop.cqpub.co.jp/hanbai/books/MIF/MIFZ201404.html
```

ダウンロード・ファイルは zip アーカイブ形式です．

インターフェース SPECIAL

スマホで I/O! My アダプタ全集

2014 年 4 月 15 日　発行

編　集　インターフェース編集部
発行人　寺　前　裕　司
発行所　ＣＱ出版株式会社
（〒 170 - 8461）東京都豊島区巣鴨 1 - 14 - 2
電話　編集　03 - 5395 - 2122
広告　03 - 5395 - 2131
営業　03 - 5395 - 2141
振替　00100 - 7 - 10665

定価は表四に表示してあります
乱丁，落丁本はお取り替えします

編集担当　平岡志磨子
DTP　クニメディア株式会社
印刷・製本　三晃印刷株式会社
Printed in Japan